W0259268

Festschrift zum 60. Geburtstag von
Professor Dr.-Ing. Eberhard v. Finckenstein

Umformtechnik

Ideen, Konzepte und Entwicklungen

Festschrift zum 60. Geburtstag von Professor Dr.-Ing. Eberhard v. Finckenstein

Herausgegeben von
Priv.-Doz. Dr.-Ing. Matthias Kleiner
Dr.-Ing. Robert Schilling
Universität Dortmund

B. G. Teubner Stuttgart 1992

Die Deutsche Bibliothek – CIP-Einheitsaufnahme

Umformtechnik : Ideen, Konzepte und Entwicklungen ; Festschrift zum 60. Geburtstag von Professor Dr.-Ing. Eberhard v. Finckenstein / hrsg. von Matthias Kleiner ; Robert Schilling. – Stuttgart : Teubner, 1992

ISBN 978-3-322-99879-8 ISBN 978-3-322-99878-1 (eBook)
DOI 10.1007/978-3-322-99878-1

NE: Kleiner, Matthias [Hrsg.]; Finckenstein, Eberhard von: Festschrift

Softcover reprint of the hardcover 1st edition 1992
Herstellung: Präzis-Druck GmbH, Karlsruhe

Vorwort

Umformtechnik - Ideen, Konzepte und Entwicklungen - ist der Titel und das Motto dieser Festschrift, unter dem sich die ehemaligen und jetzigen Doktoranden von Herrn Professor Dr.-Ing. Eberhard v. Finckenstein zusammengefunden haben, um ihren Lehrer, Förderer und Doktorvater zum 60. Geburtstag zu ehren.

1992 ist zudem ein weiteres Jubiläumsjahr: mit der Berufung von Herrn Professor v. Finckenstein auf den Lehrstuhl für Umformende Fertigungsverfahren im Jahre 1972 ist die Umformtechnik in Lehre und Forschung seit 20 Jahren an der Universität Dortmund vertreten.

Zu diesem doppelten Anlaß soll jedoch keine Rückschau auf diese schaffensreichen Jahre gehalten werden, denn die Ergebnisse dieser Arbeit sind in vielen Veröffentlichungen, Forschungsberichten, Vorträgen, aber auch als Anwendungslösungen in der Betriebspraxis dokumentiert.

Es soll vielmehr der Versuch unternommen werden, in einer Momentaufnahme Forschungen und Entwicklungen festzuhalten, die in Dortmund betrieben werden oder aus Dortmund im engeren und weiteren Sinne initiiert oder inspiriert wurden.

Die Beiträge dieser Festschrift stehen als Beispiele für eine Vielfalt von Forschungsthemen und Entwicklungsprojekten. Sie zeigen, in welcher Breite die Umformtechnik als Ingenieurwissenschaft heute nicht nur in klassischer Weise Verfahren, Maschinen und Werkzeuge untersucht, sondern mehr und mehr die Gesamtheit des Fertigungsprozesses betrachtet.

Dies betrifft Fragen der Technologie, der Kombination verschiedener Verfahren, sowie der Planung und Realisierung beispielsweise der Komplettbearbeitung vom Halbzeug bis zur einbaufertigen Baugruppe.

Eine große Bedeutung hat die Erhöhung der Flexibilität von Umformverfahren erlangt, sei es durch eine spezielle Prozeßführung, durch neue, flexible Werkzeugsysteme oder durch die Integration verschiedener Verfahrens- und Werkzeugkomponenten zu flexiblen Umformmaschinen.

Die Simulation von Umformprozessen ist in den letzten Jahren unentbehrlich geworden zur Beurteilung der Umformbarkeit von speziellen Werkstoffen und zur Überprüfung der Fertigungsmöglichkeiten von komplexeren Umformteilen. Sie wird eingesetzt, um das Bauteilverhalten umgeformter Werkstücke zu untersuchen und bildet die Basis für die CNC-Programmierung von numerisch gesteuerten Umformmaschinen.

Zur Prozeßsimulation werden zum einen Finite-Elemente-Programme entwickelt und eingesetzt, die auch aufgrund der eingesetzten Rechnerhardware immer leistungsfähiger werden. Dabei kann die Durchführung von Finite-Elemente-Berechnungen, die trotz sehr komfortabler Software für das Pre- und Postprocessing hochqualifizierte Fachleute erfordert, durch den Einsatz von wissensbasierten Systemen erleichert werden.

Zum anderen werden jedoch auch numerische Berechnungsverfahren, die auf analytischen Ansätzen aus der elementaren Plastizitätstheorie basieren, verwendet. Sie eignen sich wegen ihrer kompakten Programmierung und schnellen Algorithmen auch für den Einsatz direkt in der Maschinensteuerung zur werkstattorientierten, automatischen CNC-Programmierung.

Die Steuerungs- und Regelungstechnik hat in den letzten Jahren massiv Einzug in die Umformtechnik gehalten. Moderne Mehrprozessor-Steuerungssysteme erlauben die Realisierung von adaptiven Regelungen auf der Basis der klassischen Regelungstechnik, aber auch den Einsatz neuartiger Regler, die die Theorie der unscharfen Mengen nutzen und für Umformprozesse besonders gut geeignet zu sein scheinen.

Prozeßregelkreise werden direkt an der Maschine realisiert, aber auch als große Qualitätsregelkreise ausgeführt. Dazu ist eine leistungsfähige Erfassung der Werkstückqualität erforderlich, die hinsichtlich der Werkstückgeometrie sowohl berührend als auch berührungslos erfolgen kann - der Einsatz von modernen Bilderfassungssystemen ist ein Beispiel hierfür.

Bei großen und teuren Fertigungssystemen der Großserienfertigung spielt neben der Werkstückqualität die Prozeßsicherheit eine herausragende Rolle. Zur Erhöhung der Verfügbarkeit solcher Maschinen und Anlagen werden Systeme zur Prozeßführung und Prozeßregelung eingesetzt, die vor einigen Jahren noch nicht denkbar waren.

Umformtechnik zählt nicht nur zu den ältesten Handwerkskünsten der Menschen, sie ist heute eine moderne und ideenreiche Ingenieurwissenschaft, die getragen wird von Forscherpersönlichkeiten wie Herrn Professor v. Finckenstein. Seinem wissenschaftlichen Schaffen und seiner persönlichen Förderung unseres Hineinwachsens in diese Ingenieurwissenschaft gilt unsere Ehrung und unser Dank, die wir mit dieser Festschrift ausdrücken möchten. Sie soll gleichzeitig zeigen, daß es in der Umformtechnik noch viel zu unternehmen gilt - für Herrn Professor v. Finckenstein und für alle anderen, die hier aktiv wirken.

Als Herausgeber

Matthias Kleiner und Robert Schilling

Dortmund, im Dezember 1992

Grußwort

20 Jahre Lehre und Forschung auf dem Gebiet der Umformtechnik wurden an der Universität Dortmund durch Herrn Professor Dr.-Ing. Eberhard v. Finckenstein geprägt. Die Entwicklung in diesen Jahren führte von den anfänglich gleichermaßen vertretenen Arbeitsfeldern Massiv- *und* Blechumformung hin zu dem Forschungsschwerpunkt der Blechumformung. Fragen der Technologie, der Prozeßsimulation, der Werkzeugentwicklung, der Steuerung und Prozeßregelung, der verfahrensspezifischen Sensorik und der Qualitätssicherung charakterisieren die derzeitigen Forschungsarbeiten am Lehrstuhl für Umformende Fertigungsverfahren. Die erfolgreiche Grundlagenforschung und die fruchtbare Kooperation mit Industriepartnern in Forschung und Entwicklung belegen die heutige Position der *Umformtechnik in Dortmund,* die mit dem Namen von Herrn Professor v. Finckenstein verbunden ist.

20 Jahre Umformtechnik in Dortmund bedeuten für mich als Mitarbeiter der ersten Stunde auch gleichzeitig *20 Jahre mit Professor v. Finckenstein.* In dieser Zeitspanne konnte ich erfahren, daß das *Miteinander* charakteristisch für seine Person ist. Sein Verantwortungsgefühl für den Mitarbeiterkreis zeigt sich in seiner immer spürbaren Fürsorge, seinem Verständnis sowie den vielen fachlichen und persönlichen Anregungen gegenüber jedem Einzelnen, dessen individuelle Förderung ihm sehr am Herzen liegt. Als *Familiäres Denken* kann das übergeordnete Prinzip bezeichnet werden, das den mitmenschlichen Umgang und den harmonischen Lehrstuhlalltag so positiv prägt. Und so bekommt der Begriff des inzwischen 20fachen *Doktorvaters* dann auch eine sehr persönlichkeitsbezogene Qualität, die sich nicht allein aus der sprachlichen Nähe ableitet.

Der diesjährige 60. Geburtstag ist daher willkommener Anlaß für einen Dank an eine Persönlichkeit mit all ihren *Stärken und* - nach eigener Aussage - *Schwächen,* einen Dank für gemeinsame 20 Jahre, in denen Herr Professor v. Finckenstein viele Erfolge erzielte und seine Anerkennung als hervorragender Wissenschaftler stetig gewachsen ist. Sein Wirken, das auch von einem gewissen "notwendigen, heilsamen Zwang" begleitet sein konnte, führte uns als Mitarbeiter zu vielen positiven Erfahrungen.

Menschliche Tugenden, geradliniges Handeln sowie berufliche Orientierung und Zielsetzung erleben wir an ihm gemäß dem Leitsatz "Führen durch Vorleben".

Unsere Gratulation und herzlichen Wünsche sind daher auch gleichzeitig Ausdruck der Hochachtung vor einer solchen, relativ seltenen Art der Menschenführung. Wir verbinden mit unseren Wünschen viele weitere Jahre bei gleich guter Gesundheit als eine wesentliche Voraussetzung dafür, auch zukünftig in Ausgeglichenheit zwischen beruflichem und privatem Wirken möglichst viel Lebensfreude zu erfahren. Darin eingeschlossen ist der auch eigennützige Aspekt eines weiterhin gedeihlichen *Miteinanders*. Es hat die Entwicklung der Umformtechnik in Dortmund in den zurückliegenden Jahren so positiv beeinflußt und wird sie auch zukünftig prägen.

Stellvertretend für alle

ehemaligen und derzeitigen Mitarbeiter

Frank-Jürgen Kleiner

Inhalt

		Seite
Herold, U. *Moser, L.* *Schmitt, G.*	Keilrippen-Riemenscheiben aus Blech - Vom Coil zum Fertigteil	1
Schiefenbusch, J.	Das Höckerblech, ein universelles Bauelement	17
Warstat, R. *Wehle, T.*	Verfahrensmodifikationen des Schwenkbiegens	27
Maevus, F. *Sulaiman, H.* *Rothstein, R.*	Flexibles Werkzeugsystem für das Freibiegen	43
Adelhof, A.	Konzept einer flexiblen Umformmaschine zum Profilbiegen	57
Kleiner, M. *Smatloch, C.* *Brox, H.*	Flexibles, numerisch einstellbares Werkzeugsystem zum Tief- und Streckziehen	71
Steininger, V.	Simulation von Tiefziehprozessen - Nur eine Utopie?	87
Schilling, R. *Zicke, G.*	Einsatz der Finite-Elemente-Methode in der umformenden Fertigung	107
Greve, A. *Keßler, L.*	Rechnergestützte Bereitstellung von Expertenwissen für die FE-Simulation von Umformprozessen	127
Preckel, U.	Betriebsfestigkeitsnachweis von Konstruktionen und Bauteilen sowie deren Optimierung mit Hilfe der Finite-Elemente-Methode	143

Haase, F. *Schilling, R.*	Finite-Elemente-Analyse des Biegeumformens von stranggepreßten Aluminiumprofilen	161
Fait, J.	Integration der Prozeßsimulation des Gesenkbiegens in ein automatisches Biegeplanungssystem	175
Straßmann, T. *Ludowig, G.*	Distributed Automation Edition (DAE) in der Umformtechnik - Automatisierung mit verteilten Systemen	191
Reil, G.	Neue Steuerungs- und Regelungskonzepte für Umformverfahren	207
Dierig, H. *Sievers, S.* *Köhne, R.*	AC-Drücken mit einer Mehrprozessor-Steuerung (MPST)	227
Kleiner, F.-J. *Liewald, M.*	Einsatz von CCD-Array-Kameras für optoelektronische Messungen in der Umformtechnik	243
Anhang		261

Keilrippen-Riemenscheiben aus Blech - Vom Coil zum Fertigteil

Dr.-Ing. Ulrich Herold; Dipl.-Ing. Lothar Moser; Gerd Schmitt
FRIESA Fahrzeugteile GmbH + Co., Mannheim

Einführung

Keilrippen-Riemenscheiben bilden heute gemeinsam mit einem Keilrippen-Riemen sowie mit einer automatischen Vorspanneinrichtung ein kraftschlüssiges Antriebssystem zum Antrieb verschiedener Nebenaggregate (wie z.B. Lichtmaschine, Lenkhilfpumpe, Klimakompressor oder Wasserpumpe) an Fahrzeugverbrennungsmotoren, vorzugsweise im PKW.

Bild 1: Antriebssystem eines Nutzfahrzeug-Motors (Mercedes-Benz AG, Mannheim)

In jüngster Zeit werden Keilrippen-Riemenscheiben auch unmittelbar auf der Kurbelwelle montiert. Ein typisches Antriebssystem - hier für ein Nutzfahrzeug (Transporter) - ist in **Bild 1** dargestellt.

Keilrippen-Riemenantriebe weisen gegenüber konventionellen Keilriemen-Antrieben beachtliche Vorteile auf. Auf engstem Raum kann mit nur einem Riemen die hohe Leistung für verschiedene Nebenaggregate übertragen werden.

Wirtschaftlich aber ist die Verarbeitung der im Materialeinsatz intensiven und in der Fertigungszeit langsamen Keilrippen-Riemenscheiben aus Guß mit spanender Nacharbeit - wie sie heute noch teilweise eingesetzt werden - sehr begrenzt. Erst die im Vergleich dazu kostengünstige Groß-Serien-taugliche Fertigung dieser Riemenscheiben aus Blech führte vor einigen Jahren zu einer heute nahezu vollständigen Ausstattung bei PKW-Motoren.

Technologische Anforderungen

Geometrischer Aufbau einer Keilrippen-Riemenscheibe

Der typische geometrische Aufbau einer Keilrippen-Riemenscheibe ist in **Bild 2** dargestellt. Die Leistung wird über mehrere keilförmige Rippen mit einem Öffnungswinkel von 40° kraftschlüssig übertragen. Zum Antrieb liegt der Keilrippen-Riemen über eine automatische Vorspanneinrichtung auf den Profilflanken. Durch Variation der Rippenzahl - und auch des Durchmessers - wird die Riemenscheibe der zu übertragenden Leistung angepaßt. Durch beidseitig hochgezogene Schultern wird der Antrieb gegen ein Verspringen des Riemens zuverlässig geschützt. Neben der relativ einfachen Leistungssteigerung garantiert die Profilkontur bei einer optimalen Kraftübertragung über die Profilflanken die geräuscharme sowie schwingungsarme Leistungsübertragung.

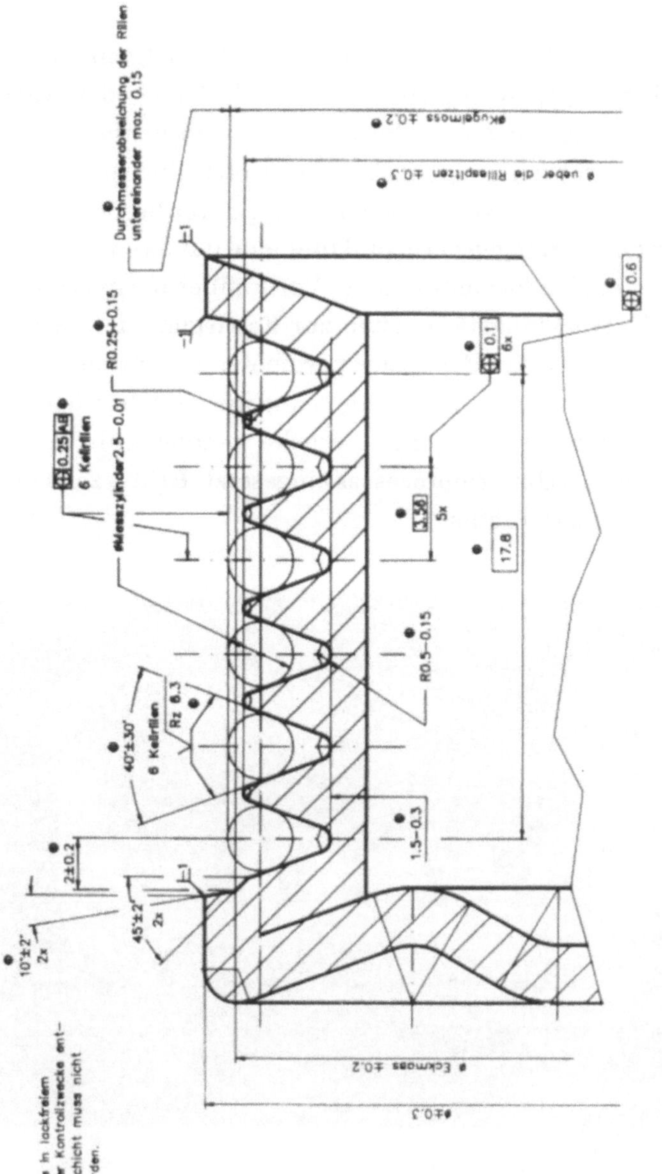

Bild 2: Geometrischer Aufbau einer Keilrippen-Riemenscheibe

Werkstoff - Prüfanforderungen

Die vollständige Ausbildung des Keilrippen-Profils erfolgt in mehreren Umformstufen. Als typische Werkstoffe werden Kaltbänder oder Warmbänder aus weichen unlegierten Stählen, die auch für gegebenenfalls erforderliche übliche Schweißverfahren geeignet sind, eingesetzt. Die Umformung erfolgt in einer Aufspannung ohne Wärmebehandlung. Unter Berücksichtigung des bekannten Umformvermögens erfolgt daher eine auf das Verfestigungsverhalten abgestimmte Umformung von der Vorprofilierung bis zum Fertigrollen. Intensive Entwicklungstätigkeiten zur Festlegung der Geometrie des Keilrippen-Profils sowie der Fertigungsparameter gewährleisten heute eine gleichmäßige Umformung bei homogenem und insbesondere überwalzungsfreiem Gefüge. Dabei werden kontinuierliche metallografische Prüfungen zur Überwachung des Umformprozesses eingesetzt. **Bild 3** zeigt den Mikroschliff eines Keilrippen-Profils.

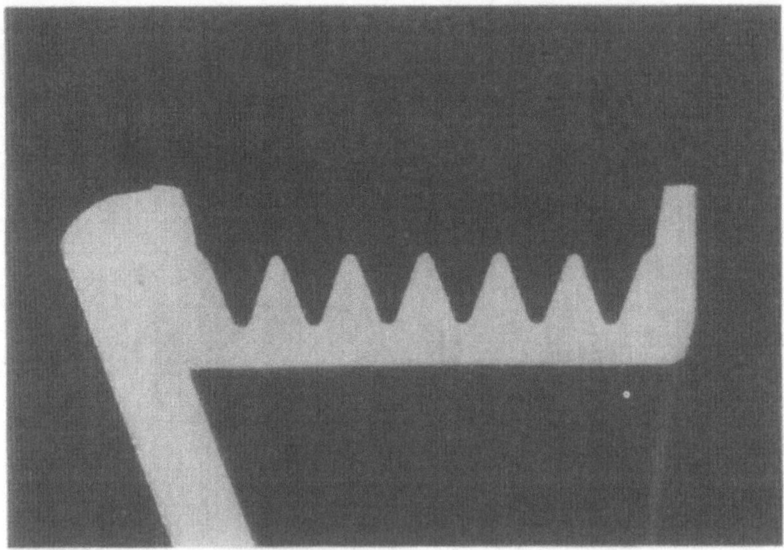

Bild 3: Mikroschliff eines Keilrippen-Profils

Lebensdauer - Prüfanforderungen

Keilrippen-Riemenscheiben - und hier insbesondere Kurbelwellenscheiben - werden im Fahrbetrieb bei Drehzahlen bis zu 6000 U/min einer hohen dynamischen Beanspruchung durch Biegewechselbelastung ausgesetzt [1]. Diese zeitlich veränderlichen Beanspruchungen können zu erheblichen Bauteilschäden führen. Der Schadensfall tritt nach einer bestimmten Betriebsdauer infolge Ermüdung des Werkstoffes als Zeitbruch auf. Durch entsprechende Dauerfestigkeits-Untersuchungen können diese Schadensfälle zuverlässig vermieden werden.

Bei vorgegebenem Belastungs-Zeit-Verlauf wird die Scheibe geometrisch so dimensioniert, daß mindestens 10 x 10 Lastwechsel erreicht werden.

Entsprechend den für den Anwendungsfall vorgegebenen Parametern wird jede Keilrippen-Riemenscheibe auf Lebensdauer geprüft.

Grundsätzliche Fertigungsmöglichkeiten

Keilrippen-Riemenscheibe - Stadien aus der Ronde

Eine grundsätzliche Fertigungsmöglichkeit stellt das Stauchverfahren - ausgehend von einer Ronde - dar [2]. Der dazugehörige Stadienplan ist in **Bild 4** skizziert.

Die Ronde wird formschlüssig zwischen zwei Werkzeughälften horizontal oder vertikal - je nach Bauart der Maschine - eingespannt. Radial zur Rondenachse fahren nacheinander vier formgebende Rollwerkzeuge vom Stauchen bis zum Profilieren ein. Dabei erfährt die Ronde in der ersten Stufe eine Stauchung am Umfang. Die Scheibe wird danach in der Regel in zwei Stufen vorprofiliert und nachfolgend profiliert.

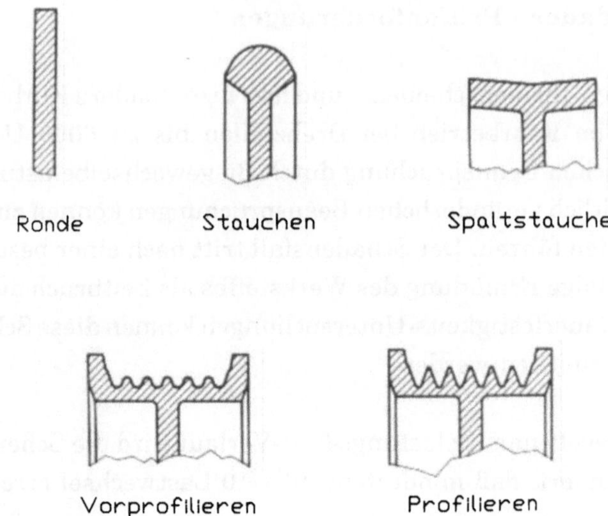

Bild 4: Keilrippen-Riemenscheibe - Stadien aus der Ronde (Stauchverfahren)

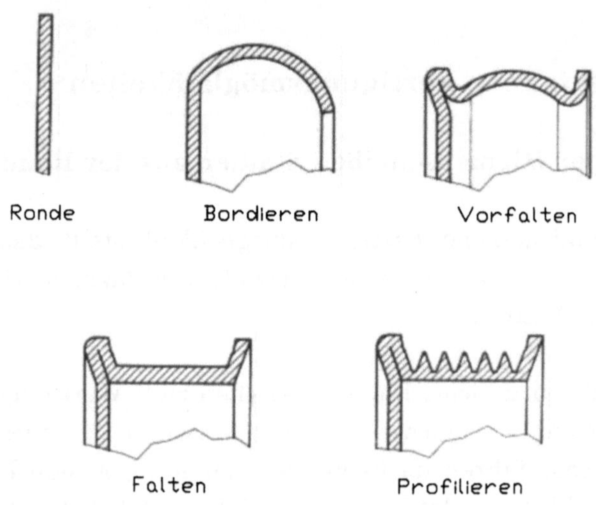

Bild 5: Keilrippen-Riemenscheibe - Stadien aus der Ronde (FaltstauchVerfahren)

Eine weitere grundsätzliche Fertigungsmöglichkeit stellt das Faltstauch-Verfahren dar [3]. Der dazugehörige Stadienplan ist in **Bild 5** dargestellt.

Auch bei diesem Verfahren wird die Ronde formschlüssig zwischen zwei Werkzeughälften aufgenommen. In der 1. Stufe wird die Ronde bordiert. Dabei erfährt die Ronde eine kreisförmige Biegung bei gleichzeitiger Verdickung. In den nächsten Stufen wird die Scheibe vorgefaltet, gefaltet und profiliert.

Keilrippen-Riemenscheiben - Stadien aus dem Hohlkörper

Neben der Ronde kann auch ein Hohlkörper als Halbzeug zur weiteren Fertigung eingesetzt werden [2-5]. **Bild 6** zeigt den typischen Stadienplan.

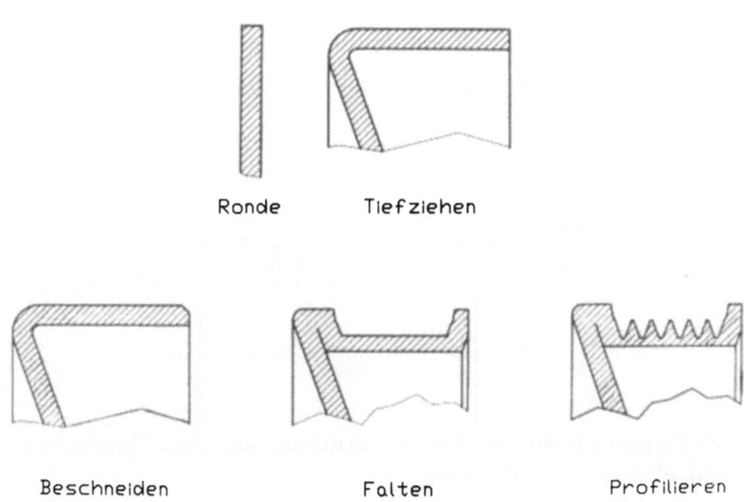

Bild 6: Keilrippen-Riemenscheibe - Stadien aus dem Hohlkörper (Blechdicke > 2,75 mm)

Der Hohlkörper wird in einem Stufen-Werkzeug tiefgezogen. Der Hohlkörper wird danach in einer Beschneidevorrichtung auf Maß beschnitten. Im Rollwerkzeug wird der Hohlkörper zwischen zwei Werkzeughälften formschlüssig aufgenommen. In zwei Stufen wird der Hohlkörper gefaltet und profiliert. Die Blechdicke für den Hohlkörper muß bei dieser Art der Fertigung mindestens 2,75 mm betragen, um die wesentliche Anforderung der Restwanddicke im Profilgrund von 1,5 - 0,3 mm (vgl. **Bild 2**) sicherzustellen.

Damit auch kleinere Blechdicken zur Gewichtsersparnis eingesetzt werden können, wurde ein Verfahren - wie in **Bild 7** dargestellt - entwickelt [6].

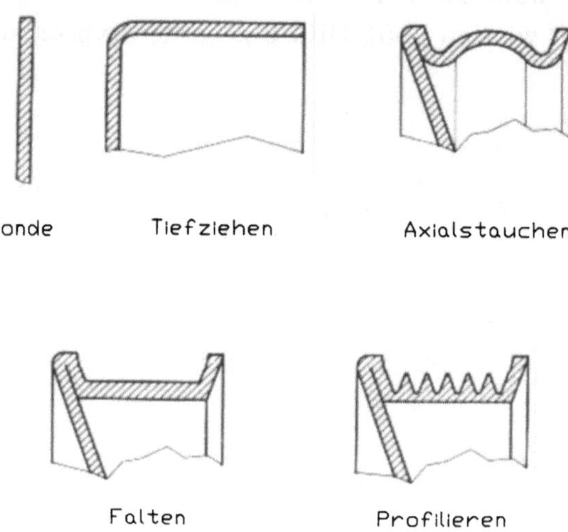

Bild 7: Keilrippen-Riemenscheibe - Stadien aus dem Hohlkörper (Blechdicke < 2,75 mm)

Auch bei dieser Fertigung wird zunächst ein Hohlkörper benötigt. In der 1. Stufe wird der Hohlkörper mit einem spezifischen axialen Haltedruck vorgeformt. Dabei erfährt der Hohlkörper eine axiale Stauchung. Zur weiteren axialen Umformung wird der Haltedruck deutlich erhöht. Damit läßt sich das Volumen zur späteren Profilierung gezielt steuern. In den nachfolgenden Operationen wird auch hier gefaltet und profiliert. Hierbei können Blechdicken von nur noch 2,25 mm verwendet werden.

Serienfertigung einer spezifischen Keilrippen-Riemenscheibe

Im folgenden wird die Serienfertigung einer spezifischen Keilrippen-Riemenscheibe beispielhaft für die Stadien aus einem Hohlkörper beschrieben. **Bild 8** zeigt die hier gewählte Keilrippen-Riemenscheibe als Fertigteil in der Ansicht.

Bild 8: Keilrippen-Riemenscheibe (Durchmesser 155 mm)

Ausgangsmaterial

Die Blechbereitstellung erfolgt vom Coil. Jede Blechlieferung enthält ein vom Lieferanten mitgeliefertes Prüfzeugnis als Nachweis der vom Hersteller geforderten mechanischen, geometrischen und chemischen Eigenschaften.

Für das erforderliche Umformverhalten sind spezifische Werte für die Streckgrenze, die Bruchdehnung sowie die Anisotropie und den Verfestigungsexponenten notwendig.

Eine weitere wesentliche Voraussetzung für einen prozeßsicheren Fertigungsablauf ist eine in engsten Toleranzen angelieferte Blechdicke des Coils.

Vorfertigung der Hohlkörper

Als wirtschaftliches Herstellungsverfahren hat sich bei einer Stückzahl größer 30000 pro Jahr die Stufenpressen-Fertigung bewährt.

Unter Beachtung der Ziehverhältnisse sind für die Fertigung des Hohlkörpers drei Ziehwerkzeuge im Einsatz. Für das Stanzen des Mittellochs, der Befestigungslöcher und der Aussparungen zur Gewichtsreduzierung sind je nach Anordnung bis zu drei Stanzwerkzeuge notwendig. **Bild 9** zeigt den gesamten Fertigungsablauf auf einer Stufenpresse.

Das Blechcoil ist auf einer Haspel aufgespannt und wird über einen Richtapparat der Stufenpresse zugeführt. In der ersten Stufe wird die Ronde gestanzt. Über Greifer wird die Ronde zur ersten Ziehstufe transportiert und vorgezogen. In der zweiten Ziehstufe wird der Hohlkörper gestülpt. Hier ist eine exakte Abstimmung des Ziehspaltes und der Niederhalterkraft erforderlich, um die gewünschte Blechdickenverteilung zu erhalten. In der dritten Ziehstufe wird der Hohlkörper formgezogen und kalibriert. Die hier erzeugte Geometrie des Hohlkörpers muß spätere axiale und radiale Umformungen bei der Fertigbearbeitung berücksichtigen.

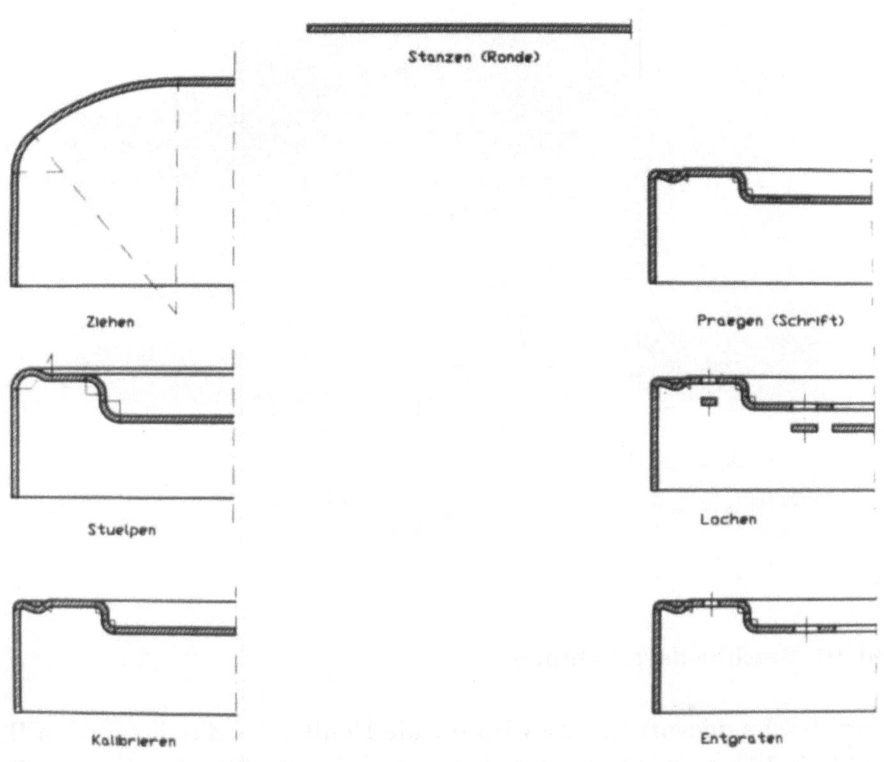

Bild 9: Stadienplan der Fertigung auf einer Stufenpresse

In den letzten Stufen erfolgen die Prägung der Schrift, das Stanzen des Mittellochs, der Befestigungslöcher und der Montagehilfen sowie das Entgraten.

Optimierung der Hohlkörper

Der Stufenpresse ist eine Beschneidevorrichtung nachgeschaltet - wie in **Bild 10** dargestellt.

Bild 10: Beschneidevorrichtung

In der Beschneidevorrichtung wird für die Hohlkörper durch radialen Beschnitt ein konstantes Volumen als Vorstufe zur Profilierung erzeugt. Bei überproportionalem Volumenüberschuß können die Hohlkörper zudem stirnseitig mit einer Fase gezielt auf das erforderliche Volumen reduziert werden.

Fertigbearbeitung

Die nachfolgende Fertigbearbeitung erfolgt in einer Rollmaschine. **Bild 11** zeigt beispielhaft eine Rollmaschine mit Werkzeuganordnung. Die Beschikkung der Rollmaschine erfolgt über eine Zufuhrrinne, die zwischen Beschneidevorrichtung und der Rollmaschine angebracht ist.

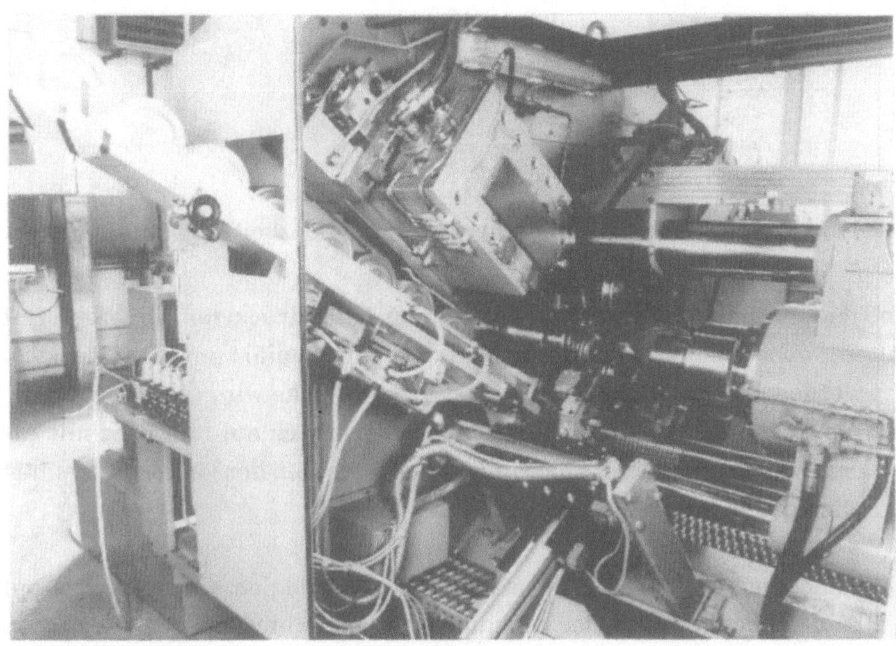

Bild 11: Horizontaler Bearbeitungsautomat
(WF Maschinenbau und Blechformtechnik, Sendenhorst)

Greiferzangen umschließen den Hohlkörper und legen die Teile entsprechend der Taktgeschwindigkeit in das geöffnete Rollwerkzeug ein. Im Rollwerkzeug wird der Hohlkörper formschlüssig aufgenommen und über das Mittelloch zentriert. Das Werkzeug schließt axial, und das Werkstück wird auf die gewünschte Drehzahl beschleunigt. Die Drehzahl ist konstant und bewegt sich je nach Produkt im Bereich von 400 bis 800 U/min. Die einzelnen Umformstufen in der Rollmaschine sind in **Bild 12** skizziert.

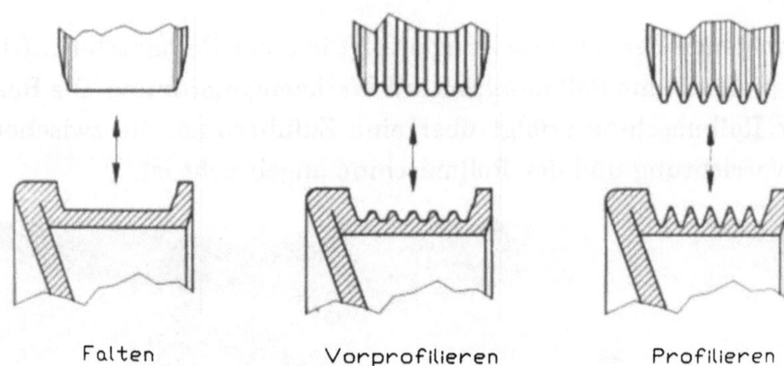

Bild 12: Umformstufen in einem horizontalen Bearbeitungsautomaten

Der Hohlkörper wird zunächst bei axialem Haltedruck radial vorgeformt (Falten), wobei die Vorrollen zunächst im Eilgang radial zum Werkstück bewegt werden. Vor Erreichen der Werkstückoberfläche wird die Zustellbewegung verlangsamt. Die Rolle setzt auf das Werkstück auf und wird mit Arbeitsgeschwindigkeit radial zugestellt. Nach Abschluß der Umformung fährt die Rolle wieder auf die Ausgangstellung zurück.

In der nächsten Station erfolgt mit einer Profilrolle das Vorprofilieren auf ca. 50% des Fertigprofils. Der Radialdruck wird in dieser Stufe der bereits erfolgten Verfestigung des Werkstoffes angepaßt. Dabei wird der vorgeformte Hohlkörper stirnseitig von beiden Werkzeughälften umschlossen, so daß der Werkstoff gezielt das gewünschte Profil ausbilden kann. Nach Abschluß der Profilierung wird der Radialdruck um ca. 15% reduziert, um optimale Rundlaufeigenschaften zu erzielen (Profilieren).

Die Keilrippen-Riemenscheibe wird danach axial entlastet und ausgestoßen und über eine Fördereinrichtung zum Wuchten und ggf. Punkten eines Ausgleichsgewichtes transportiert. Danach erfolgt die vom jeweiligen Kunden vorgeschriebene Oberflächenbehandlung.

Ausblick

Aufgrund weiterhin zunehmender PKW-Motor-Stückzahlen und zusätzlicher mit Keilrippen-Riemenscheiben bestückter Nebenaggregate kann eine wirtschaftliche Fertigung nur mit einer weiteren Reduzierung der Fertigungszeiten gewährleistet werden.

Neuere Entwicklungen folgen dieser Anforderung in Ein-Maschinen-Bauweise, bei der die bisher notwendigen Teiloperationen Vorfertigen, Optimieren und Fertigbearbeiten in nur einer Roll- und Profiliermaschine ausgehend von einer Ronde mit integrierten Werkzeug-Übergabesystemen durchgeführt werden [7].

Zusammenfassung

Der Keilrippen-Riemenantrieb ist als Einriemen-Antrieb an PKW-Motoren fester Bestandteil moderner Antriebskonzeption geworden. Dabei haben sich insbesondere Keilrippen-Riemenscheiben aus Blech mit ihren günstigen mechanischen Eigenschaften bei nicht unterbrochenem Faserverlauf durchgesetzt.

Zur Profilgebung hat sich das Rollverfahren seit vielen Jahren bewährt. Keilprofil-Drückmaschinen namhafter Hersteller [2,5] gewährleisten eine prozeßsichere Umformung der heute von den Automobilherstellern geforderten Keilrippen-Riemenscheiben in einem Durchmesserbereich von etwa 70 mm bis 200 mm.

Literatur

[1] **Gutzeit, W.:** Berechnung von Einriementrieben. ATZ 92 (1990) 7/8, S. 444 - 449

[2] **N.N.:** Firmenschrift WF Maschinenbau und Blechformtechnik, Sendenhorst/Westfalen

[3] **Beumer, H.:** Die Herstellung von Poly-V-Riemenscheiben aus Blech. Blech Rohre Profile 27 (1980) 4, S. 233 - 234

[4] **Bichel, J.:** Neue CNC-Keilprofil-Drückmaschine zur Herstellung von Poly-V-Scheiben. Blech Rohre Profile 37 (1990) 10, S. 709 - 710

[5] **N.N.:** LEICO Maschinenbaureihe für die Keilriemenscheibenfertigung. Firmenschrift LEIFELD u. Co., Werkzeug- und Maschinenfabrik, Ahlen/Westfalen

[6] **N.N.:** Patent DE-P 30 42 312, DRIVE MANUFACTURING Ontario/Kanada. Veröffentlichungstag 19. Juli 1982

[7] **N.N.:** Alles dreht sich um Motoren für Autos. Tageszeitung Beilngries, DK Nr. 40 Samstag/Sonntag 16./17. Februar 1991

Das Höckerblech, ein universelles Bauelement

Dr.-Ing. Jürgen Schiefenbusch
Stephan Witte GmbH & Co. KG, Iserlohn

Die Notwendigkeit zur langfristigen Ressourcenschonung sowie wirtschaftliche Gründe erfordern in zunehmendem Maße eine leichte und werkstoffsparende Bauteilauslegung. Der somit anzustrebende Stoff- und Formleichtbau ist zu realisieren durch Gewichtsersparnis auf der einen und Minimierung von Materialvolumen auf der anderen Seite.

Bild 1: Höckerblech

Zur Gewichts- und Volumenersparnis bietet sich bei großflächigen Bauelementen neben Leichtbauwerkstoffen, wie z. B. Aluminiumlegierungen, die Berücksichtigung möglichst geringer Wandstärken an. Eine Wandstärkenreduzierung aber führt bei Blechkörpern ohne weiteren Aufwand an Versteifungen dazu, daß z. B. Stege oder Wände einer größeren Beulbeanspruchung nicht widerstehen bzw. nicht mehr als mittragende Bauteile betrachtet werden können. Infolge der somit notwendigen Aussteifungen werden die ursprünglich günstigen Gewichtsverhältnisse wieder verschlechtert. Um dieses zu vermeiden, ist die Verwendung beulsteifer Strukturkomponenten, die beispielsweise mittels Höckerblechen (**Bild 1**) gefertigt werden, angezeigt. Diese Höckerbleche wurden gemeinsam von den Firmen Krupp Maschinentechnik GmbH als Verwender und Stephan Witte GmbH & Co. KG als Hersteller entwickelt.

Höckerbleche bestehen aus Flachzeugen, in welche in regelmäßigen Abständen höckerförmige Vertiefungen nach einer Seite eingezogen sind. Bei kleinen und mittleren Losgrößen erfolgt das Einziehen so, daß immer eine komplette Höckerreihe gleichzeitig fertiggestellt wird. Die Herstellung der jeweils nächsten Höckerreihe geschieht, nachdem das Blech um einen Vorschubschritt in Längsrichtung bewegt wurde. Zum Ziehen der Höcker sind Werkzeuge erforderlich, welche die Geometrie der Höckerbleche bestimmen. Sie ist im **Bild 2** für zwei verschiedene Werkzeuge dargestellt, wobei die Höcker kegelstumpfförmig ausgebildet sind.

Die Herstellung dieser Höckerbleche erfordert ein erhebliches know how. Es sind bei der Fertigung folgende Randbedingungen im Zusammenhang mit der Blechdicke, dem Werkstoff und dem Werkstoffzustand besonders zu beachten:

- Bodenreißer
- Faltenbildung 1. Ordnung
- Faltenbildung 2. Ordnung
- Abweichung der Höckerdächer von der Ebenheit
- Abweichung des Höckerbleches von der Ebenheit

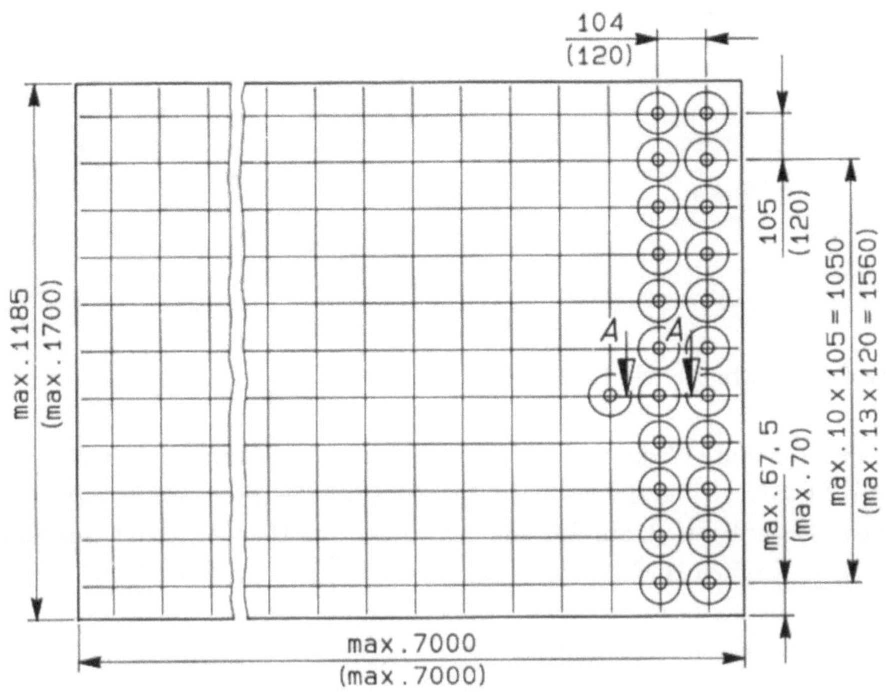

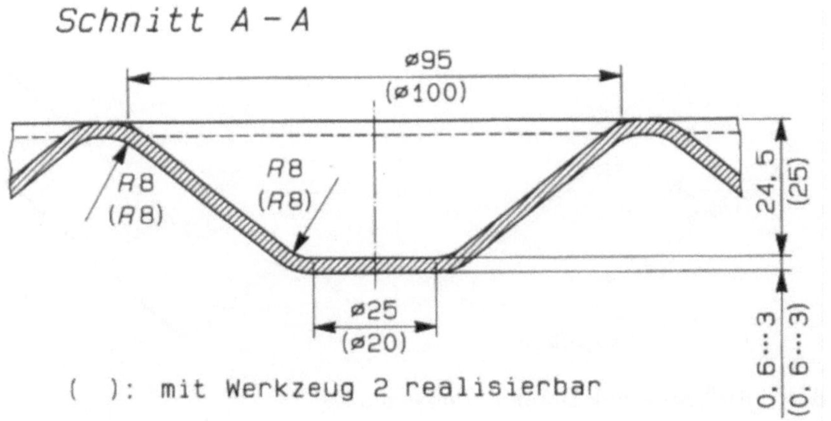

Bild 2: Ausführungsformen von Höckerblechen

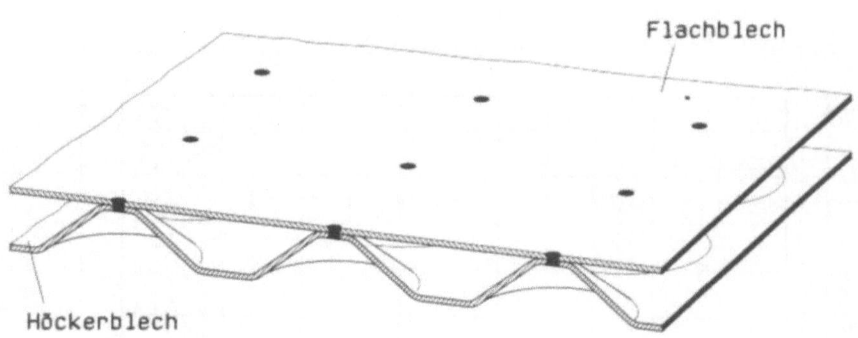

Bild 3: Aufbau einer Einfach-Höckerplatte

Die versteifende Wirkung der Höckerbleche tritt nicht an den Einzelblechen auf. Sie läßt sich erzielen durch das Zusammenwirken mit weiteren Blechen. So werden z. B. durch Punktschweißen von Höckerblechen mit Flachblechen Einfach-Höckerplatten mit einseitig glatter Oberfläche erzeugt (**Bild 3**). Ist beidseitig eine glatte Oberfläche erwünscht, kann ein zusätzliches Deckblech angebracht werden.

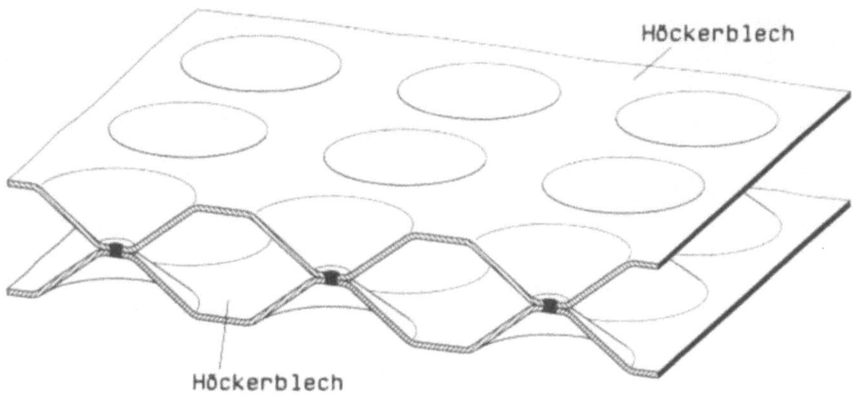

Bild 4: Aufbau einer Doppel-Höckerplatte

Eine besondere Variante stellt die Doppel-Höckerplatte dar (**Bild 4**). Bei ihr sind zwei Höckerbleche an den Höckerdächern gefügt. Derartige Doppel-Höckerplatten erlauben eine symmetrische Übertragung von Schubkräften und weisen wesentlich höhere Tragfähigkeiten auf als Einfach-Höckerplatten. Durch zusätzliche Deckbleche sind auch bei den Doppel-Höckerplatten ebene Oberflächen erzielbar. Neben dem funktionalen Effekt bewirken die Deckbleche eine Vergrößerung der Biegesteifigkeit und somit Tragfähigkeit.

Die Querschnittsgestaltung der Höckerplatten ist weitgehend werkstoffunabhängig und flexibel zu handhaben. Das heißt, die Bauelemente können den jeweiligen Anforderungen an Baugröße, Festigkeit, Steifigkeit, Beulsicherheit und Funktionalität hinsichtlich optimaler Werkstoffausnutzung angepaßt werden. Dieses kann erfolgen durch Veränderung von:

- Blechdicke des Höcker- bzw. Flachbleches
- Höckerhöhe und Höckeranordnung (Versetzung)
- Ausbildungsform (Einfach-, Doppel-Höckerplatte)

Als weitere Variablen für Höckerplatten sind noch Werkstoffe, Höckerformen und -durchmesser sowie Höckerteilungen und Fügeverfahren zu nennen. Berechnungsverfahren, mit denen Höckerplatten bemessen werden können, sind in [1] aufgeführt. Sie beziehen sich auf Doppel-Höckerplatten mit Höckern in geraden Reihen. Für die Anwendung der Einfach-Höckerplatten als Seitenwandkomponenten sind darüber hinaus vom Verwender umfangreiche rechnerische und experimentelle Untersuchungen durchgeführt worden. Weiterhin wurde mit einem Finite Elemente Programm am Lehrstuhl für Stahlbau der RWTH Aachen daran gearbeitet.

Auch beim Hersteller sind experimentelle Belastungsversuche mit unterschiedlichen Höckerplatten durchgeführt worden. Das Diagramm (**Bild 5**) zeigt die Durchbiegung der Höckerplatte in Abhängigkeit von der bezogenen Last. Jeder Kurvenzug steht für eine andere Höckerplattenvariante, die im Bild näher erläutert ist. In den proportionalen Kurvenbereichen verhalten sich die Platten elastisch, in den nichtlinearen Bereichen dagegen plastisch. Neben der Aussage über absolute Größen für Last und Durchbiegung an Einfach-Höckerplatten können aus dem Diagramm für den elastischen Bereich die Aussagen abgeleitet werden, daß größere Belastungen möglich

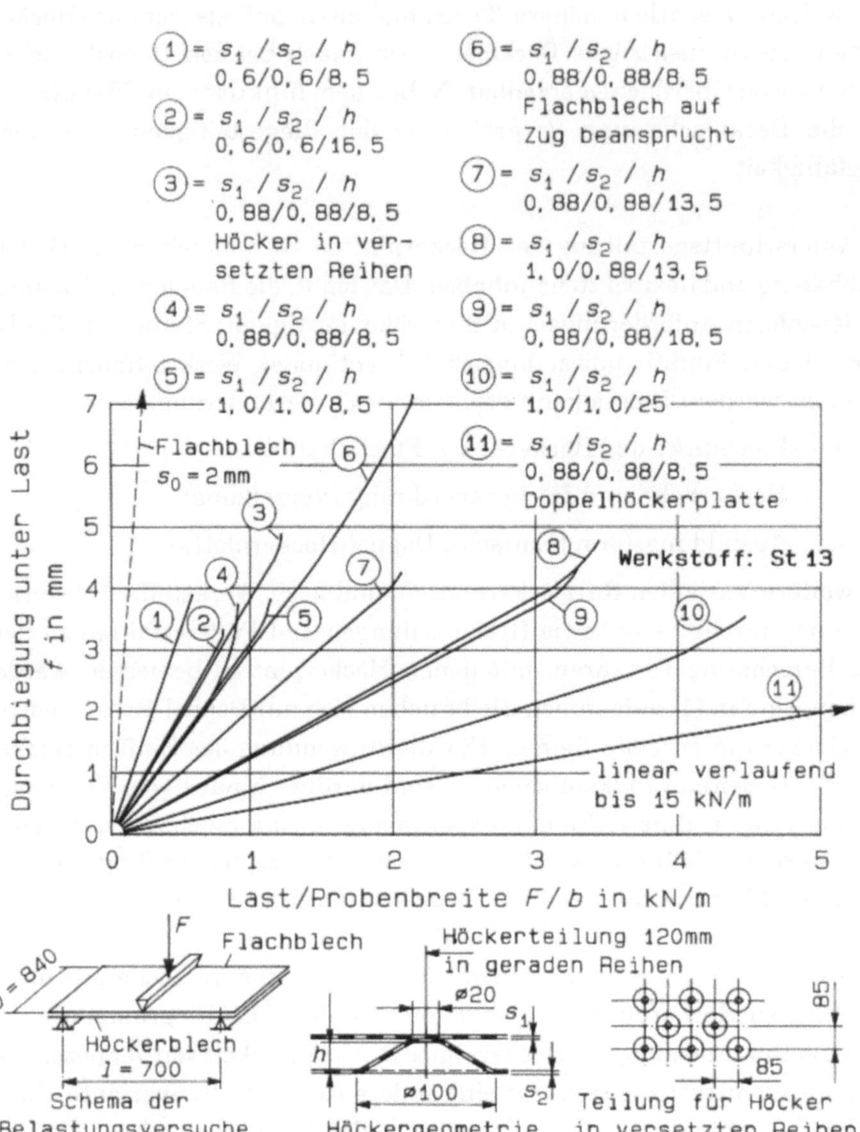

Bild 5: Ergebnisse von Belastungsversuchen mit verschiedenen Höckerplatten

sind durch:

- Einsatz von Höckerplatten gegenüber Flachblechen
- zunehmende Höckerhöhen
- zunehmende Blechdicken
- Höckeranordnung in diagonal versetzten Reihen gegenüber Hökkern in geraden Reihen

Weiterhin ist erkennbar, daß die Doppel-Höckerplatte gegenüber der Einfach-Höckerplatte wesentlich größere Belastungen erträgt.

Die experimentell aufgebrachten Streckenlasten können problemlos in gleichmäßig verteilte Flächenlasten umgerechnet werden. Es lassen sich dann naturgemäß identische Aussagen machen.

Neben der einfachen Anpassung an die jeweiligen Anforderungen haben durch Punktschweißen gefügte Höckerplatten den Vorteil, daß ihre Gebrauchstemperatur im Gegensatz zu Platten aus polymeren Stoffen keiner besonderen Einschränkung unterliegen.

Höckerplatten haben sich inzwischen in verschiedenen Einsatzbereichen bewährt. Doppel-Höckerplatten aus dem wetterfesten Stahlblech WT St37-2 in 3 mm Blechdicke sind bei Schallschutzwänden und Höckerbleche aus St 1403 in 1,5 mm Blechdicke bei Batteriebehältern eingesetzt. Für transportable Leichtbrücken mit Spannweiten bis 60 m und einer Tragfähigkeit bis 60 t finden Höckerbleche aus den Aluminiumlegierungen AlMgSiCu in 1,5 sowie 3 mm und AlMgSi1 in 3 mm Blechdicke Verwendung. Die Höcker wurden im kaltausgehärteten Zustand F 21 gezogen und später auf den Zustand F 32 warmausgehärtet. Die Außenhaut der Loks der Bundesbahnbaureihe 120 verrät nichts über die realisierte neueste Technik. So sind bei dieser modernen Hochleistungslok mit Drehstromleistungsübertragung die Seitenwände aus Einfach-Höckerplatten.

Eine neuartige Anwendungsmöglichkeit für Höckerbleche wird zur Zeit in Zusammenarbeit zwischen Fa. Stephan Witte GmbH & Co. KG und dem Zentrum für Sonnenenergie- und Wasserstoff-Forschung (ZSW), Stuttgart, untersucht. Beim ZSW werden u.a. experimentelle und numerische Untersuchungen zu verschiedenen Konzepten der thermischen Energiespeicherung in Parabolrinnen-Solarkraftwerken durchgeführt. Ziel dieser Untersuchungen ist die Entwicklung eines thermischen Kurzzeitspeichers für eine Stunde Vollastbetrieb des Solarkraftwerkes mit Thermalöl oder Wasser/Dampf als Wärmeträgermedium im Bereich von 200 MWh thermischer Speicherkapazität [2].

Seit Mitte der 80iger Jahre sind in der kalifornischen Mojave-Wüste neun Parabolrinnen-Solarkraftwerke mit einer elektrischen Gesamtleistung von 350 MW installiert worden. Bei diesem Konzept wird das Sonnenlicht in einer Parabol-Spiegelrinne auf ein in der Brennlinie liegendes Absorberrohr konzentriert und erhitzt das im Rohr strömende Wärmeträgeröl auf bis zu 400°C. Das unter 16 bar Druck stehende Wärmeträgeröl gibt anschließend die thermische Energie an einen konventionellen Wasser/Dampf-Kraftwerksprozeß ab, der Turbine und Generator antreibt. Durch Einsatz eines - parallel zum Solarfeld geschalteten - thermischen Energiespeichers verspricht man sich eine Steigerung der Elektrizitätsproduktion von bis zu 8%. Dies wird erreicht durch die Nutzung sommerlicher Überschußenergie, Vergleichmäßigung des Kraftwerkbetriebes bei Wolkendurchgängen, verkürztem morgendlichen Start-Up und weiterer Vorteile. Daneben läßt sich durch die zeitliche Entkopplung von thermischer Energiewandlung und Stromproduktion die elektrische Stromproduktion hin zu Zeiten größerer Nachfrage verschieben.

In einer Studie [3] wurden verschiedene Speicherkonzepte hinsichtlich technisch-wirtschaftlicher Realisierbarkeit untersucht. Dabei ging zunächst der Beton-Feststoff-Speicher - ein waagerecht angeordneter, mit hochtemperaturfestem Beton umgebener Rohrregister-Wärmeaustauscher - als ein wirtschaftliches und mit wenigen technischen Risiken behaftetes Konzept hervor. Durch Verwendung von Salzen als Speichermaterial, die während des Be- bzw. Entladevorgangs aufgeschmolzen bzw. erstarrt werden, lassen sich die Energiedichten im Speicher aber wesentlich erhöhen: In der für den Phasenwechsel fest/flüssig aufzubringenden Umwandlungswärme (Schmelzenthalpie) kann ein großer Teil der Gesamtenergie gespeichert werden. Erste experimentelle Untersuchungen zeigten nun, daß sich beim Beladevorgang in der um das Wärmeaustauschrohr herum aufschmelzenden Salzschicht eine Konvektionsströmung ausbildet, die den Energieeintrag erhöht. Während des Entladens bildet sich jedoch sehr schnell am Wärmeaustauscherrohr eine feste Schicht, die infolge ihrer schlechten Wärmeleiteigenschaften die Entladeleistung herabsetzt.

Bild 6: Aufgeschnittene Höckerblech-Wärmetauschereinheit für Testmodul

Diese Untersuchungsergebnisse führten zu der Überlegung, die wärmeübertragende Fläche zu vergrößern. Dies läßt sich erreichen durch den Übergang vom Konzept des Rohrregister-Wärmetauschers zum Platten-Wärmetauscher. Er besteht aus Doppelblech-Wärmetauschereinheiten (**Bild 6**) in Form von zwei versetzt angeordneten Höckerblechen, die an den jeweiligen Höckerdächern miteinander und an den Stirnseiten mit Verteilerrohren verschweißt sind. Infolge der Versetzung sind demnach nicht die Höckerdächer, wie bei der Doppel-Höckerplatte, verbunden. Im Vergleich zur Doppel-Höckerplatte ist hierbei neben der Steifigkeit eine große Oberfläche bei kleinem Bauvolumen dominant. Zwischen mehreren, parallel angeordneten und vom Wärmeträgeröl durchströmten Doppelblech-Wärmeaustauscher-Einheiten befindet sich das Speichermaterial (z.B. Alkali-Nitrate wie NaNO3, KNO3....).

Ein derartiger Speicher bietet folgende Vorteile:

- im Vergleich zum glatten Blech eine bis zu 30 % größere Wärmetauscherfläche,
- hohe Stabilität bzw. Druckfestigkeit der Doppelbleche,
- geringes Wärmeträgeröl-Volumen in der Wärmetauscher-Einheit,
- durch parallele Anordnung der Platten gute Ausnutzung des Speichermaterials.

Dieses Konzept wird momentan anhand eines Speichermoduls im Labormaßstab (Abmessungen ca. 0,6 x 0,6 x 2,0 m; ca. 1.000 kg Speichermaterial) mit 5 Höckerblech-Wärmeaustauscher-Einheiten am ZSW experimentell untersucht.

Herrn Dipl.-Ing. D. Hunold vom ZSW möchte ich für seine Mitarbeit am Abschnitt Energiespeicher danken.

Literatur

[1] **Sedlacek, G.:** Die Höckerplatte Krupp - ein neues Plattensystem. Techn. Mitt. Krupp-Werksberichte Band 30 (1972) H. 4

[2] **Hunold, D.; Ratzesberger, R.; Tamme, R.:** Solar Thermal Energy Storage Concepts for Medium Temperature Applications. Proceedings of the 3rd Meeting of SSPS-Task IV Working Group. SSPS Technical Report No 4/91, Nov. 91 DLR, Linder Höhe, Köln 90

[3] **Dinter, F.; Geyer, M.; Tamme, R.:** Thermal Energy Storage for Commercial Applications. A Feasibility Study on Economic Storage Systems. Springer-Verlag Berlin/Heidelberg/New York 1991.

Verfahrensmodifikationen des Schwenkbiegens

Dipl.-Ing. Ralf Warstat; Dipl.-Ing. Thomas Wehle
Lehrstuhl für Umformende Fertigungsverfahren, Dortmund

Einleitung

Die Blechteilefertigung gewinnt in der heutigen Zeit wieder zunehmend an Bedeutung, denn die mit den günstigen Festigkeitseigenschaften der Bleche einhergehenden Materialeinsparungen und die gute Recyclingfähigkeit sind im Hinblick auf die Ressourcenknappheit nicht zu übersehen.

Um den steigenden Anforderungen durch die Automatisierung in der Industrie genügen zu können, muß eine Verbesserung der Qualität und der Toleranzhaltigkeit der durch Biegeumformung erzeugten Werkstücke erfolgen. Als Basis hierzu dienen Grundlagenuntersuchungen, die sich mit der Analyse von Biegeprozessen, u.a. des Schwenkbiegeprozesses, befassen.

Nach DIN 8586 ist das Schwenkbiegen als Biegeumformen mit drehender Werkzeugbewegung klassifiziert [1]. Das Blech wird waagerecht, durch das vertikale Absenken der Oberwange, zwischen Unter- und Oberwange gespannt. Der überstehende freie Blechschenkel wird von der Schwenkwange erfaßt und um eine Biegekante, in der Regel die Kante der Oberwangenschiene, geschwenkt [2]. **Bild 1** zeigt die verfahrbaren Achsen einer Schwenkbiegemaschine.

Aufgrund der während des Schwenkbiegens auftretenden Maschinenbelastungen kommt es jedoch häufig zu fehlerhaften Werkstückgeometrien. Sie resultieren aus den von der Schwenkwange ausgeübten Kräften und den Reaktionskräften auf Ober- und Unterwange durch den Einspannvorgang. Herkömmliche Schwenkbiegemaschinen zeigen aufgrund dieser Belastungen relativ große elastische Verformungen. Besonders bei großflächigen Werkstücken aus Feinblech führt dies zu einer ungleichmäßigen Ausbil-

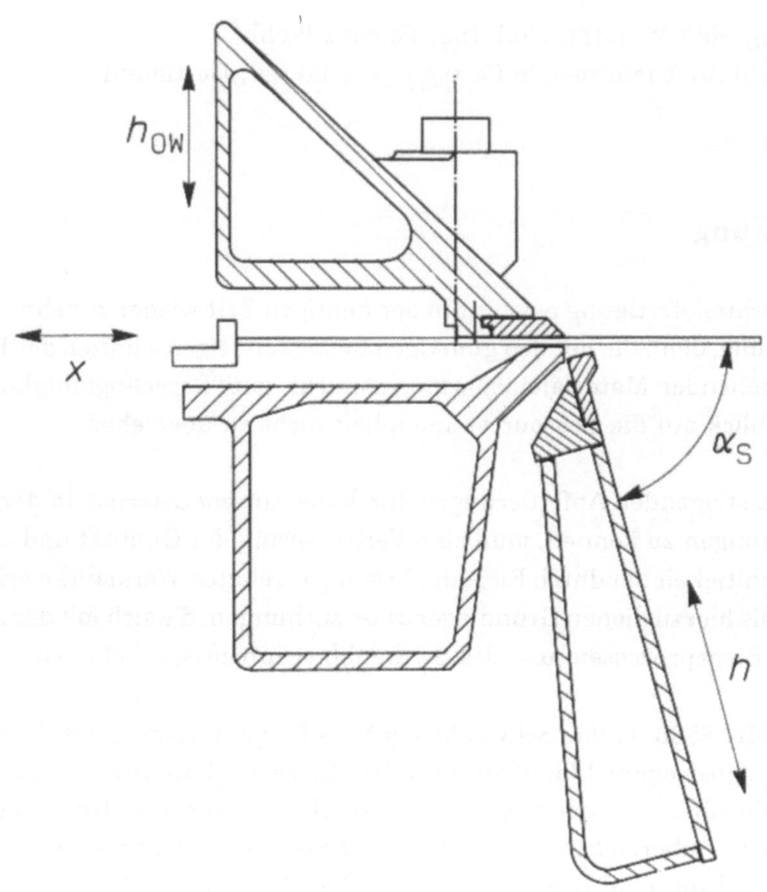

Bild 1: Steuerbare Achsen beim Schwenkbiegen

dung der Biegelinie entlang der Blechbreite [3]. Es ergibt sich also ein direkter Zusammenhang zwischen der Maschinenbelastung bzw. -verformung und der Form- und Maßgenauigkeit der Werkstücke. Daher ist es von besonderem Interesse, die elastische Maschinenauffederung zu minimieren. Konstruktive Maßnahmen zur Erhöhung der Maschinensteifigkeit sind in diesem Zusammenhang nur bedingt zweckmäßig, da sie die Maschinenabmessungen und -masse zu stark heraufsetzen und dadurch die mögliche Umformgeschwindigkeit reduzieren.

Es wurden daher verschiedene Verfahrensmodifikationen des herkömmlichen Schwenkbiegeverfahrens entwickelt und erfolgreich erprobt, die auf einer Veränderung der Schwenkwangenverstellung h während des Biegevorgangs basieren.

Die Untersuchungen konzentrierten sich im wesentlichen auf die Analyse der Kinematik beim Schwenkbiegen und deren Einfluß auf die Winkelgenauigkeit der Werkstücke. Als Versuchsmaschine diente eine modifizierte CNC-Schwenkbiegemaschine der Firma FASTI vom Typ 204S mit einseitigem Antrieb, die mit einer elektromotorischen Schwenkwangenverstellung als zweite CNC-Achse ausgerüstet ist. Die Maschinensteuerung erfolgt über MPST.

Schwenkbiegen mit einer Schwenkwangenverstellung während des Biegevorganges

Beim herkömmlichen Schwenkbiegeverfahren wird die Maschine so eingerichtet, daß sich die Biegewange, wie in **Bild 2a** dargestellt, um die Unterwangenkante dreht. Die Schwenkwangenverstellung, also der Radius, mit dem sich die Schwenkwange um ihren Drehpunkt bewegt, wird vor dem Biegevorgang fest eingestellt und während des Umformprozesses nicht verändert. Durch die gewählte Einstellung wird der zu erzeugende Biegeradienverlauf in Abhängigkeit von Werkstoff-, Werkstück- und Werkzeugparametern vorgegeben. Eine Vergrößerung der Schwenkwangenverstellung führt direkt zu einer Vergrößerung des Biegeradius. Die minimale Absenkung, die aus verfahrenstechnischen Gründen nicht unterschritten werden darf, ist bis zu einem Schwenkwinkel von 90° gleich der Blechdicke.

a) herkömmliches Schwenkbiegen h = const.

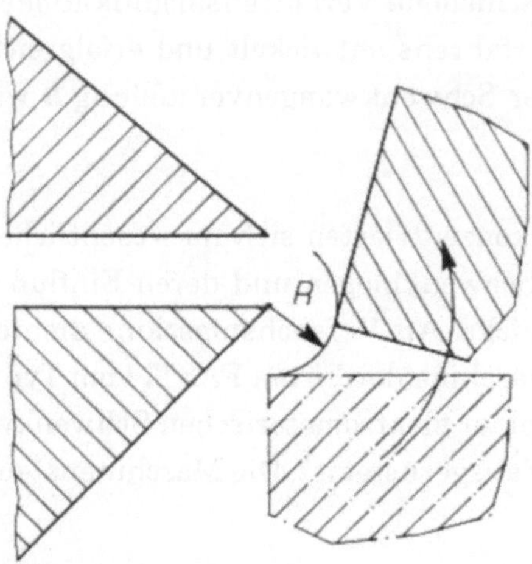

b) flexibles Schwenkbiegen $h = f(\alpha_S)$

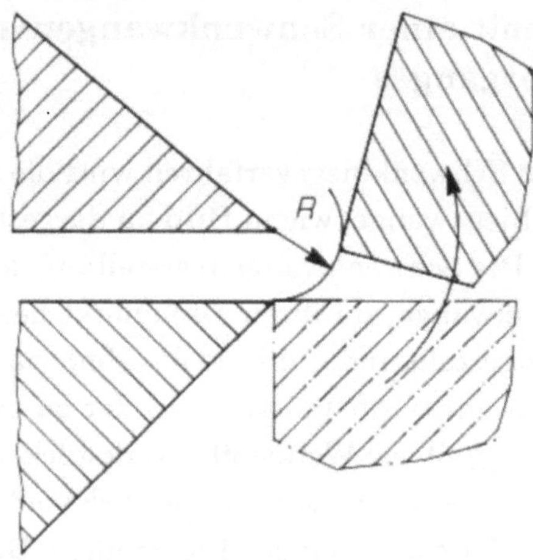

Bild 2: Gegenüberstellung des herkömmlichen und des flexiblen Schwenkbiegeverfahrens

Aufgrund der Werkzeuganordnung beim herkömmlichen Schwenkbiegen (vgl. Bild 2a) ist es offensichtlich, daß zu Beginn des Umformvorganges der Berührpunkt zwischen Blech und Schwenkwange an der äußeren Schwenkwangenkante liegt. Die Größe der Umformzone, die sich zwischen Oberwangenspitze und Schwenkwangenkante einstellt, ist somit maximal. Eine große Schwenkwangenschienenweite, wie sie z.B. bei Verstärkungsschienen (für Schwenkbiegemaschinen) verwendet wird, führt somit aufgrund des großen Abstandes des Berührpunktes zwischen Blech und Schiene von der Einspannung zu einer stark ausgedehnten Umformzone. Diese Zone verringert sich erst langsam, wenn sich das Blech mit größer werdendem Biegewinkel tangential an die Schwenkwange anlegt und die von Fait [4] nachgewiesene Berührpunktwanderung auf dem Blech in Richtung der Einspannung einsetzt. Diese Berührpunktwanderung verursacht eine stark asymmetrische Biegelinie (vgl. Bild 4). Im äußeren Bereich, der sich nur zu Beginn in der Umformzone befindet, sind die Krümmungen des Bleches aufgrund der geringen wirkenden Biegemomente relativ klein, während im inneren Bereich die Krümmungen aufgrund der größeren Momente zum Ende des Biegevorganges größer werden.

Um die Umformzone gezielt kleiner zu halten, ohne die Steifigkeit der Maschinen zu reduzieren, und um den Krümmungsverlauf gleichmäßiger zu gestalten, wurde das herkömmliche Schwenkbiegeverfahren modifiziert. Das Prinzip der entwickelten Verfahrensmodifikation basiert darauf, daß die elektromotorisch verstellbare Schwenkwange während des Biegevorganges so gesteuert wird, daß der oben beschriebene große Abstand des Berührpunktes zur Oberwangenspitze vermieden und die Größe der Umformzone somit direkt beeinflußbar wird. Hierzu wird die Biegeschiene zu Beginn der Umformung bis auf einen Sicherheitsabstand an das Blech herangefahren, d.h die Schwenkwangenverstellung beträgt 0,1 mm, und wird erst während des Biegeprozesses gezielt auf die angestrebte Endabsenkung verstellt. Im folgenden wird diese Verfahrenvariante *"flexibles Schwenkbiegen"* genannt.

Bei der maximalen Ausnutzung des flexiblen Schwenkbiegens kann das Blech direkt um die Oberwangenkante herum gebogen und somit der für die gegebene Werkzeuganordnung kleinstmögliche Radius erzeugt werden. Die Schwenkwangenverstellung wird in diesem Fall so gesteuert, daß zwischen Oberwangenkante und Schwenkwange ein minimaler Abstand entsteht. Über den gesamten Schwenkbereich entspricht dieser Abstand der Blechdicke zuzüglich einem Sicherheitsabstand von 0,1 mm. Das bedeutet für die Praxis, daß sich die Biegewange auf einer Kreisbahn, deren Radius der aktuellen Blechdicke entspricht (wie in **Bild 2b** dargestellt), um die Oberwangenspitze bewegt.

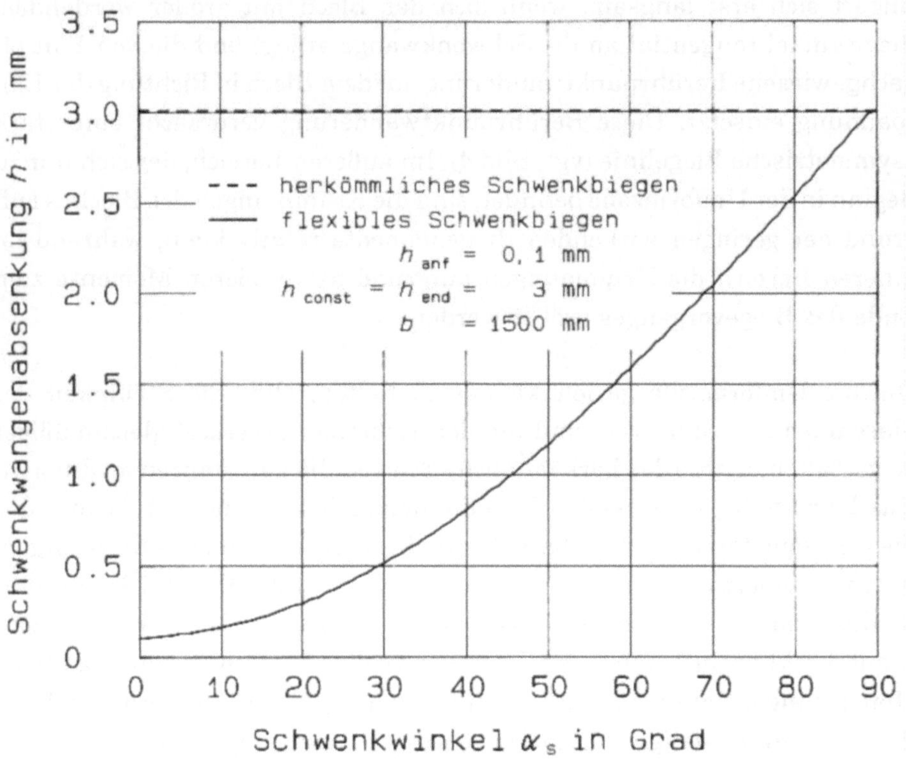

Bild 3: Schwenkwangenverstellungen beim herkömmlichen und flexiblen Schwenkbiegen

Zur Erzielung eines Radienverlaufes, der einem größeren mittleren Radius entspricht als dem beim o.g. Maximaleinsatz, wird die Biegewange so gesteuert, daß sie während des Umformvorganges von einer Minimalabsenkung von 0,1 mm zu Beginn des Umformprozesses auf die gewünschte Endabsenkung gefahren wird. Die Verstellung erfolgt hierbei nach der Beziehung

$$h = (1 - \cos(\alpha_s)) \cdot (h_{end} - h_{anf})$$

mit h_{end} = Schwenkwangenverstellung am Ende des Umformvorganges
h_{anf} = Schwenkwangenverstellung zu Beginn des Umformvorganges
h = aktuelle Schwenkwangenverstellung
α_S = aktueller Schwenkwinkel

Aufgrund der kleinen Schwenkwangenverstellung von h = 0,1 mm zu Beginn des Umformvorganges löst sich der Kontaktpunkt zwischen Schwenkwange und Blech schnell von der Schwenkwangenkante und die Umformzone bleibt klein. Die unterschiedlichen Schwenkwangenverstellungen der beiden Biegevariationen sind in **Bild 3** über dem Schwenkwinkel dargestellt.

Die Auswirkungen des modifizierten, flexiblen Schwenkbiegeverfahrens auf den Umformprozeß verdeutlicht **Bild 4**, in dem die verschiedenen Blechaußenkonturen von Blechen mit 90° Biegewinkel, die mit den unterschiedlichen Verfahren erzeugt wurden, dargestellt sind.

In Bild 4 ist klar zu erkennen, daß beim Biegen mit einer konstanten Absenkung der Schwenkwange der nicht eingespannte Schenkel aus den oben aufgeführten Gründen über einen großen Bereich verformt ist, die Hauptumformzone jedoch direkt an der Einspannung liegt. Die unter Nutzung des flexiblen Schwenkbiegeverfahrens erzeugte Biegung zeigt eine wesentlich kleinere und gleichmäßigere Umformzone. Dies wird, wie bereits erläutert, dadurch erreicht, daß sich der Berührpunkt beim Biegen aufgrund der Schwenkwangenverstellung während des Biegeprozesses nicht wie beim herkömmlichen Schwenkbiegeverfahren an die Einspannung annähert, sondern sich von dieser entfernt.

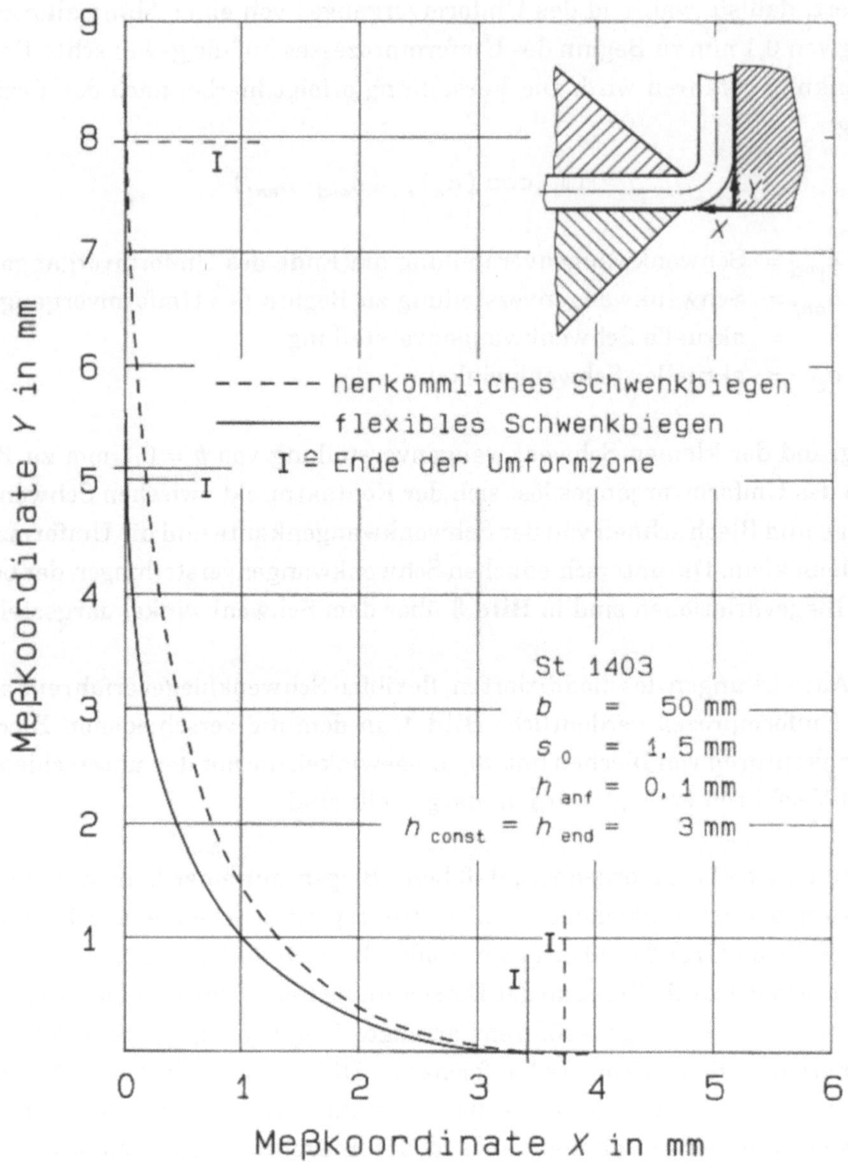

Bild 4: Blechaußenkonturen beim herkömmlichen und flexiblen Schwenkbiegen

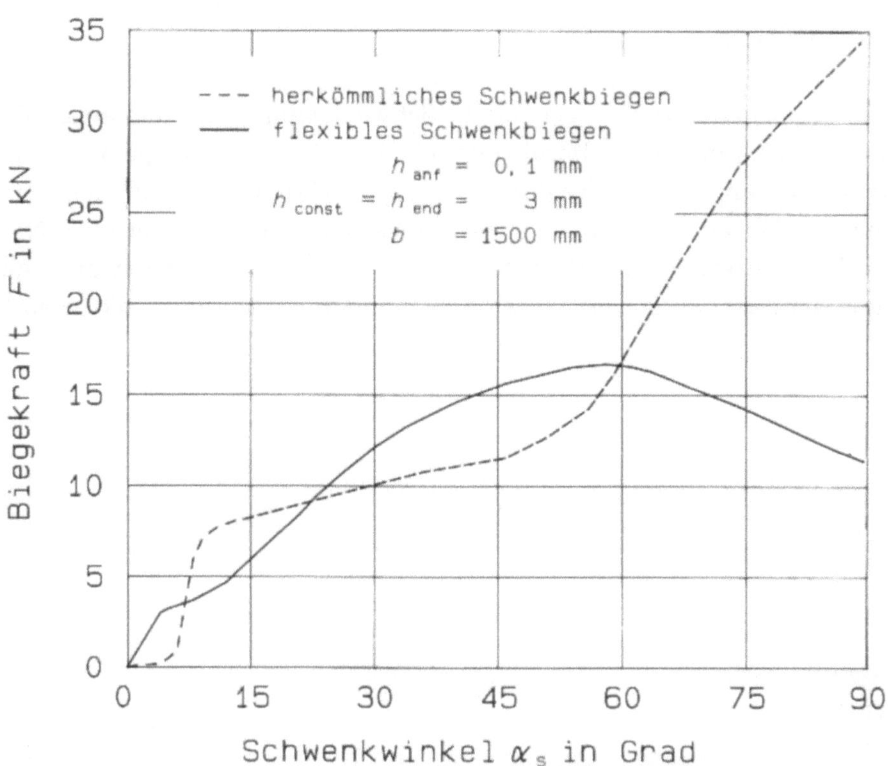

Bild 5: Biegekräfte beim herkömmlichen und flexiblen Schwenkbiegen

Aus der veränderten Berührpunktwanderung resultiert auch ein unterschiedlicher Biegekraftverlauf. Unter Biegekraft ist hier die Kraft zu verstehen, die radial auf die Schwenkwange wirkt. **Bild 5** zeigt die Kraftverläufe für beide Verfahrensvarianten. Der Kraftverlauf beim herkömmlichen Biegen ist im ersten Schwenkwinkelbereich gleich Null, da die Wange noch keinen Kontakt mit dem Blech hat. Im nächsten Bereich befindet sich der Kontaktpunkt zwischen Blech und Werkzeug beim gewöhnlichen Biegen an der Biegeschienenkante. Die Biegekraft steigt in diesem Bereich nur aufgrund der Verfestigung des Werkstoffes. Danach beginnt die Berührpunktwanderung, aufgrund derer die Umformzone und damit auch die wirkenden

Hebel kleiner werden und somit die erforderlichen Biegekräfte bis zum Maximum steigen.

Beim flexiblen Schwenkbiegen hat die Schwenkwange aufgrund ihrer minimalen Absenkung direkt Berührung mit dem Blech. Die Biegekraft steigt daher sofort an. Der Anstieg der Kraft erfolgt schneller als beim herkömmlichen Verfahren, da die Hebelarme in diesem Stadium kleiner sind. Nach dem Überschreiten eines Kraftmaximums wandert der Berührpunkt aufgrund der Absenkung weiter nach außen und die Biegekraft sinkt wieder.

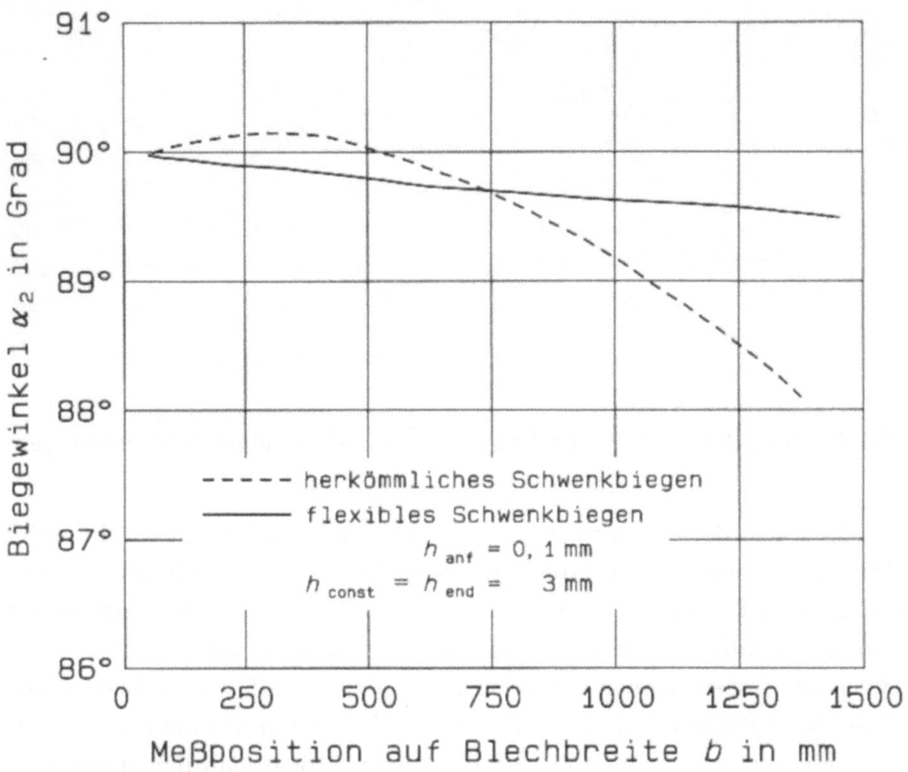

Bild 6: Biegewinkel entlang der Blechbreite beim herkömmlichen und flexiblen Schwenkbiegen

Die Maximalkräfte bleiben beim flexiblen Schwenkbiegen bei der gleichen Endabsenkung und bei einem vergleichbaren erzeugten Radius deutlich unter den Kräften des herkömmlichen Schwenkbiegens, da sich der Umformvorgang über den gesamten Schwenkwinkelbereich verteilt. Als direkte Konsequenz der kleineren Kräfte folgt eine geringere elastische Verformung der Maschine, aufgrund derer ein gleichmäßigerer Biegewinkelverlauf über die Blechbreite erzeugt werden kann [5]. In **Bild 6** sind als Beispiel die Biegewinkelverläufe für zwei 1500 mm breite Bleche dargestellt, die auf 90° Biegewinkel gebogen wurden. Eine Probe wurde mit einer konstanten Schwenkwangenverstellung von 3 mm erzeugt, während die Absenkung bei der anderen Probe nach der oben genannten Gleichung von h_{anf} = 0,1 mm auf h_{end} = 3,0 mm variiert wurde. Bei der Probe, die mit einer konstanten Absenkung gefertigt wurde, ist der Einfluß des einseitigen Antriebes deutlich anhand der abfallenden Kurve zu erkennen. Aufgrund der geringeren Belastung beim flexiblen Schwenkbiegen wird an der selben Maschine der Winkelfehler im Breitenverlauf von 1°45' auf 25' reduziert und das Biegeergebnis somit deutlich verbessert. Der erzeugte angenäherte Außenradius der Biegung bleibt bei 5,5 mm. Das neue Biegeverfahren *"flexibles Schwenkbiegen"* ermöglicht also eine Verbesserung der Gleichmäßigkeit des Biegewinkels entlang der Blechbreite und verringert somit die Nachteile eines einseitigen Schwenkwangenantriebes.

Kraftgeregeltes Schwenkbiegen

Die Untersuchungen von Biegeprozessen bei konstanten Schwenkwangenabsenkungen zeigen, daß die Verläufe der Biegewinkeldifferenzen entlang der Werkstückbreite für die untersuchte, einseitig angetriebene Maschine bei Erreichen einer definierten Biegekraft ein Minimum annehmen. **Bild 7** zeigt die Biegewinkeldifferenzen bezogen auf den jeweils kleinsten Biegewinkel für verschiedene Schwenkwinkel bei einer konstanten Schwenkwangenverstellung von h = 3 mm.

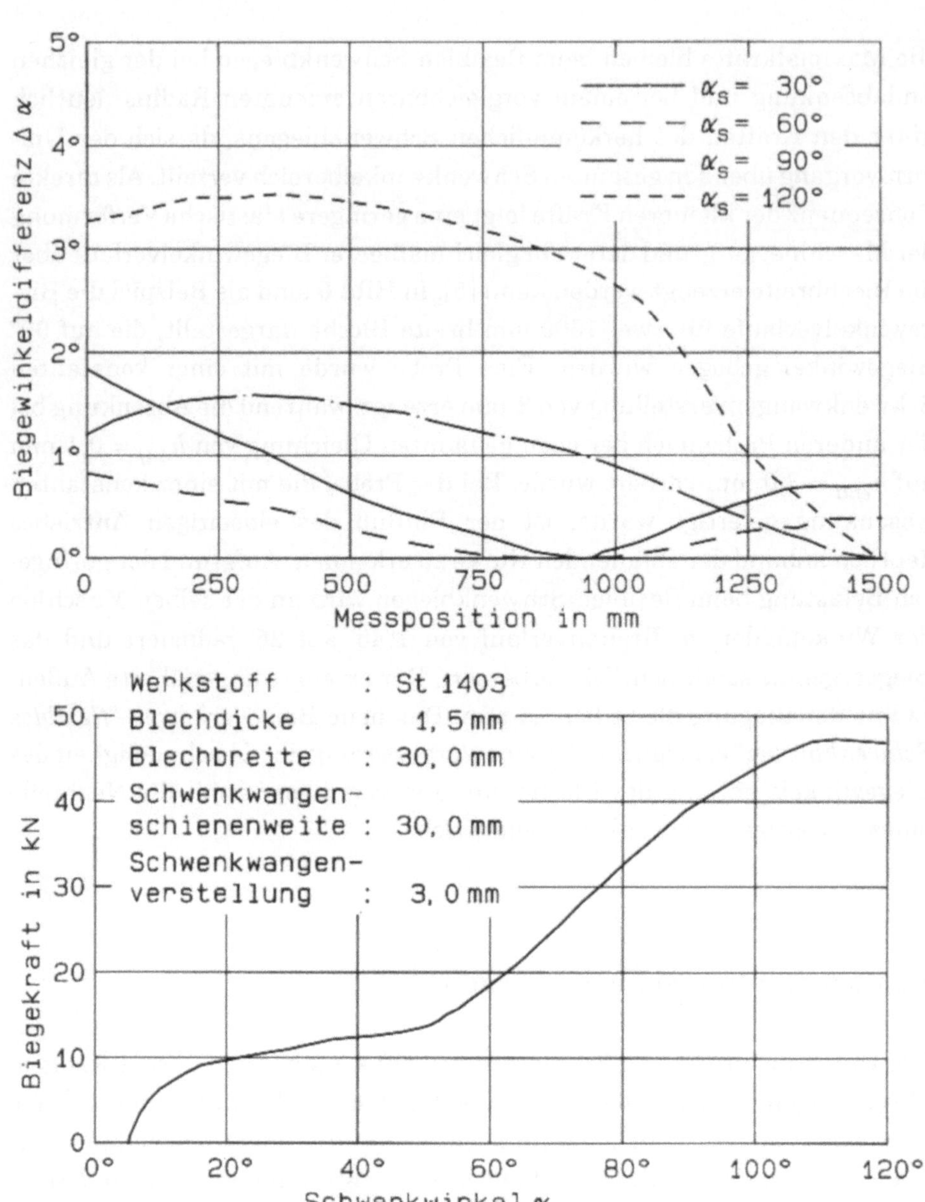

Bild 7: Biegewinkeldifferenz von 1500 mm breitem Blech mit zugehörigem Biegekraftverlauf

Es ist zu erkennen, daß die Fehlergeometrie des Werkstücks unterhalb eines Schwenkwinkels von 60° von einer Durchbiegung der Wangen hervorgerufen wird, während sich bei größeren Winkeln die Torsion der Schwenkwange überlagert. Die Diagramme für andere Absenkungen verlaufen qualitativ ähnlich. Ein Vergleich mit den jeweiligen Schwenkwinkel-Biegekraft-Verläufen ergibt eine Abhängigkeit der Winkeldifferenz von der Biegekraft (Bild 7).

Ausgehend von der Kenntnis dieser Abhängigkeit wurde eine Strategie entwickelt, die es ermöglicht, die Biegekräfte und somit die elastische Maschinenauffederung so zu verändern, daß die Gleichmäßigkeit der Biegewinkel entlang der Blechbreite optimal wird.

Der Biegeprozeß wird durch eine Regelung der Schwenkwangenverstellung so beeinflußt, daß die Biegekraft bei Erreichen des gewünschten Biegewinkels dem als optimal erkannten Wert (in Abhängigkeit von der Blechbreite) entspricht.

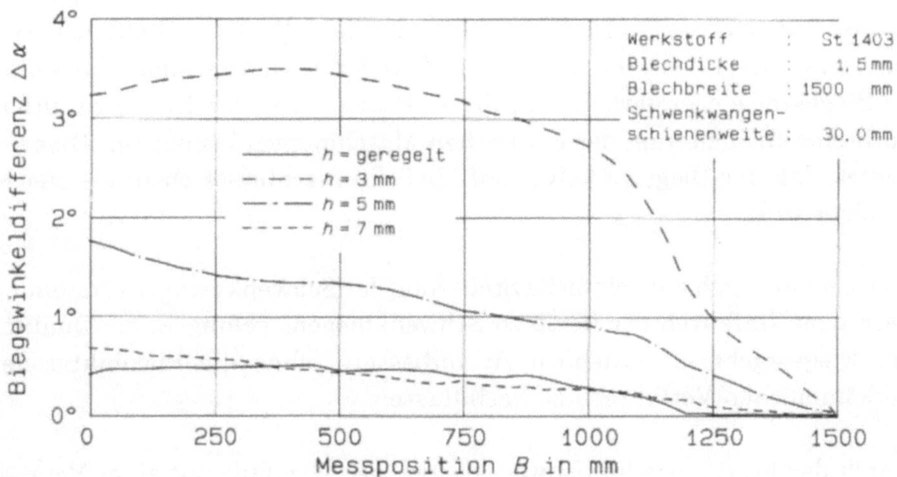

Bild 8: Biegewinkeldifferenzen beim ungeregelten und beim kraftgeregelten Biegen für einen Schwenkwinkel von 120°

Auch die damit erzielten Biegeergebnisse beinhalten weiterhin Biegewinkeldifferenzen, die jedoch um bis zu ca. 90% (bei Schwenkwinkel = 120° und Schwenkwangenverstellung = 3 mm in **Bild 8** dargestellt) kleiner werden.

In allen Schwenkwinkelbereichen läßt sich durch die Regelung die optimale Biegekraft einstellen, die eine minimale Maschinenverformung zur Folge hat.

Zusammenfassung

Aufgrund der Prozeßsimulationsprogramme FOPSIM und SUSI [6], die zur Abbildung von Schwenkbiegevorgängen entwickelt wurden, sind Verfahrensmodifikationen des Schwenkbiegens erarbeitet und erfolgreich erprobt worden. Durch das *"flexible Schwenkbiegen"*, das auf einer Schwenkwangenverstellung während des Umformvorganges basiert, gelingt es, die erzeugte Umformzone kleiner und bezüglich der Symmetrie gleichmäßiger zu gestalten als beim herkömmlichen Verfahren. Dies erforderte keine konstruktiven Modifikationen an der Maschine, die gegebenenfalls deren Steifigkeit verringern würden. Beim Biegen mit dem flexiblen Verfahren sind relativ kleine Biegekräfte erforderlich. Aus dieser Reduzierung der Kräfte resultiert auch eine Reduzierung der elastischen Maschinenverformungen. Dies bedeutet, daß der Biegewinkelverlauf über die Blechbreite ebenfalls gleichmäßiger wird.

Es ist somit durch eine einfache Steuerung der Schwenkwangenverstellung nach dem Verfahren des flexiblen Schwenkbiegens gelungen, die Qualität der Biegeergebnisse erheblich zu verbessern, ohne die Flexibilität des herkömmlichen Verfahrens zu beeinflussen.

Durch das kraftgeregelte Schwenkbiegen, das ebenfalls auf einer Verstellung der Schwenkwange basiert, lassen sich Werkstück mit einer minimalen Biegewinkeldifferenz ohne aufwendige Voruntersuchungen herstellen. Die Einrichtzeit wird somit minimiert.

Literatur

[1] **DIN 8586**

[2] **N.N.:** Eine Großmutter lernt dazu; NC-Technik erzeugt Renaissance der Schwenkbiegemaschine. Maschinenmarkt 93 (1987), S. 52 - 53

[3] **Fait, J.:** Technologische Grundlagenuntersuchungen zur Erhöhung der Flexibilität des Schwenkbiegens. Dr.-Ing. Dissertation, Universität Dortmund, Fortschritt-Berichte VDI, Reihe 2, Nr. 207, VDI-Verlag, Düsseldorf 1990

[4] **Fait, J.; Warstat, R.:** Analyse der Kinematik beim Schwenkbiegen und deren Einfluß auf die Winkelgenauigkeit beim Schwenkbiegen. Interner Bericht, Lehrstuhl für Umformende Fertigungsverfahren, Universität Dortmund 1990

[5] **Kleiner, M.; Warstat, R.:** Flexibles Schwenkbiegen: Verstellen der Schwenkwange während des Biegens. Bänder Bleche Rohre 33 (1992) 9

[6] **Finckenstein, E. v.; Fait, J.; Kleiner, M.; Rothstein, R.:** Die Prozeßsimulation beim Biegeumformen als Voraussetzung für eine rechnerintegrierte Fertigung. VDI-Berichte 694, VDI-Verlag, Düsseldorf 1988, S. 179 - 194

Flexibles Werkzeugsystem für das Freibiegen

Dipl.-Inform. Frauke Maevus; Dipl.-Ing. Hosen Sulaiman
Lehrstuhl für Umformende Fertigungsverfahren, Dortmund

Dr.-Ing. Reinhold Rothstein
Gebr. Happich GmbH, Wuppertal

Einleitung

Zur Sicherung der Wettbewerbsfähigkeit in einem Hochlohnland wie der Bundesrepublik Deutschland werden zunehmend flexible Fertigungssysteme eingesetzt. Die damit verbundenen hohen Investitionskosten müssen durch eine bestmögliche Ausnutzung von Maschinen und Werkzeugen kompensiert werden [1], um dadurch eine wirtschaftliche Produktion sicherzustellen. Maschinenstillstandszeiten, verursacht durch fehlende Werkzeuge oder Verzögerungen beim Bereitstellen der Werkzeuge, führen hingegen zu Produktionsausfällen und demzufolge zu hohen Nebenkosten [2,3].

Zudem gewinnt neben der Massenfertigung von Blechteilen, ein typisches Beispiel ist die Automobilindustrie, die Kleinserien- oder auch Einzelstückfertigung, beispielsweise in der Luft- und Raumfahrtindustrie, zunehmend an Bedeutung. Dadurch wird die Werkzeugproblematik noch verschärft. Zum einen sind teure Sonderwerkzeuge zum Umformen für so kleine Stückzahlen nicht rentabel, zum anderen erhöht die Werkzeugvielfalt den Aufwand bei der Werkzeugverwaltung und erschwert die Werkzeuglogistik zum optimalen Bereitstellen der Werkzeuge.

Es muß deshalb eine technische Lösung zur kostengünstigen Fertigung gefunden werden, um weiter wettbewerbsfähig bleiben zu können. Im Bereich der Umformtechnik werden aus diesem Grund verstärkt flexible Umformverfahren angewendet, die mit kleinem Werkzeugaufwand eine große Formenvielfalt ermöglichen. Hierzu gehören unter anderem das Biegen mit elastischer Matrize [4], das flexible Tiefziehen [5] und Profilbiegen [6] sowie die hier vorgestellten Verfahrensvarianten zum Freibiegen.

Die Verwendung universeller, flexibler Werkzeuge führt zu einer Senkung der Rüstzeiten und damit zu geringeren Durchlaufzeiten, so daß auch kleinste Stückzahlen kostengünstig gefertigt werden können. In Folge der reduzierten Werkzeugvielfalt wird nicht nur die Werkzeugverwaltung vereinfacht, sondern durch die geringeren Werkzeugkosten auch eine positive Veränderung bei der Kapitalbindung herbeigeführt.

Das Umformverfahren Freibiegen

Für die Herstellung von Blechwerkstücken steht eine große Anzahl von Umformverfahren zur Verfügung. Besonders groß ist die Anwendungsbreite der Biegeumformverfahren. Die damit erzielbare Werkstückpalette reicht von einfachsten Gebrauchsartikeln bis hin zu Präzisionsteilen für den Fahrzeugbau. Großflächige Biegeteile finden sich im Tür-, Zargen- und Schrankbau ebenso wie im Schiffsbau.

Aus der Art und Größe der Werkstücke sowie den Anforderungen an die Form- und Maßgenauigkeit und der angestrebten Losgröße ergibt sich das für die jeweilige Fertigungsaufgabe geeignete Verfahren.

Bild 1 zeigt die Systematik der Biegeverfahren nach DIN 8586. Hierbei wird das Freibiegen zusammen mit dem Gesenkbiegen, dem Rollbiegen sowie dem Knickbiegen zu den Biegeumformverfahren mit geradliniger Werkzeugbewegung zugeordnet.

Das *Gesenkbiegen* ist ein Freibiegevorgang mit anschließendem Nachdrükken im Gesenk. Während des Nachdrückvorgangs wird das Werkstück von dem Stempel gegen die Matrizenwände gedrückt. Dadurch erfährt das Werkstück zusätzliche Druckkräfte, so daß die Werkzeugform auf das Werkstück übertragen wird. Das Gesenkbiegen wird immer dann eingesetzt, wenn enge Toleranzen eingehalten werden müssen. Es ist jedoch wenig flexibel, da für jede Biegegeometrie ein Werkzeugpaar benötigt wird.

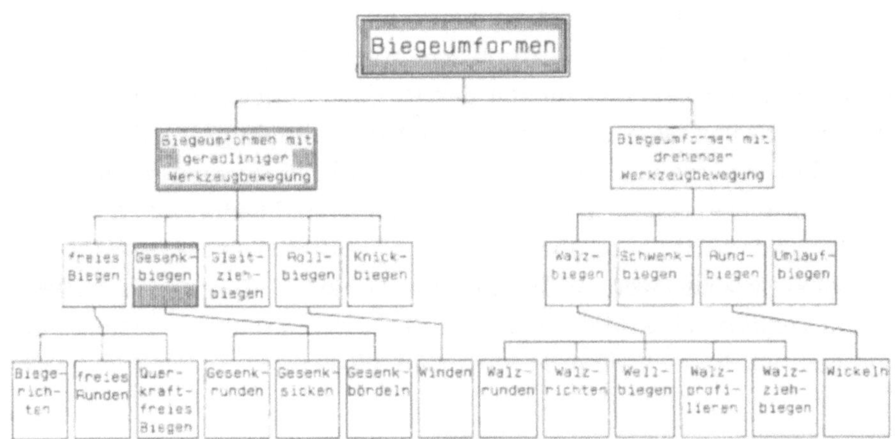

Bild 1: Systematik der Biegeverfahren

Beim *Freibiegen* dienen die Werkzeuge nur zum Übertragen der Kräfte bzw. der Biegemomente auf das Werkstück. Die Werkstückgeometrie (Biegewinkel und Biegeradius) hängt in erster Linie von der relativen Lage der Werkzeuge zueinander sowie von dem elastisch-plastischen Werkstoffverhalten und der Blechdicke ab. **Bild 2** verdeutlicht den Unterschied zwischen den beiden Biegeverfahren.

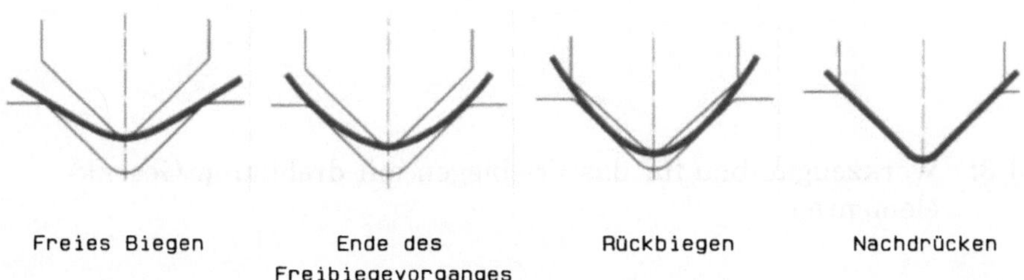

Bild 2: Gesenk- und Freibiegen

Die erreichbare Maßgenauigkeit beim Freibiegen ist sehr stark von Schwankungen der Blechdicke und der Materialeigenschaften abhängig, weil diese zu starken Streuungen der Rückfederungen führen. Die Herstellung eng tolerierter Biegewinkel setzt deshalb ein gutes Beherrschen des Verfahrens voraus. Der große Vorteil des Freibiegens gegenüber dem Gesenkbiegen besteht in der wesentlich höheren Flexibilität. Mit einem einzigen Werkzeug können durch Variation des Stempelweges verschiedene Biegewinkel erzeugt werden. Wird darüberhinaus kein konventionelles V-Gesenk, sondern eine Matrize mit stufenloser Gesenkweiteneinstellung eingesetzt, ist dieses Verfahren universell einsetzbar.

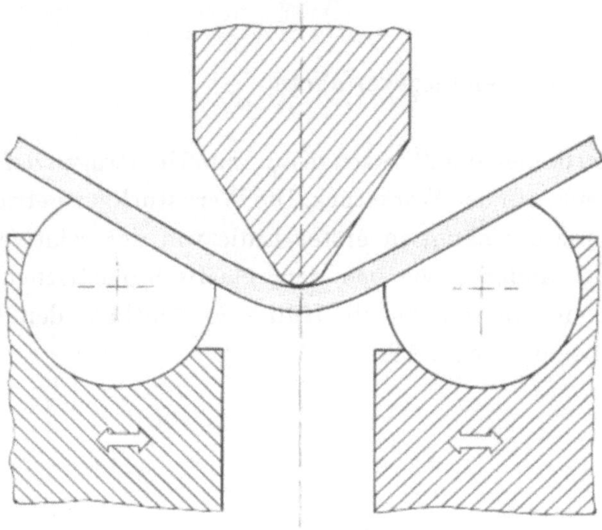

Bild 3: Werkzeugaufbau für das Freibiegen mit drehbaren Gesenkelementen

Eine andere Verfahrensvariante für das Freibiegen ist das *Biegen mit drehbaren Gesenkelementen* [7]. Bei diesem Verfahren werden anstelle des V-Gesenks zwei drehbar gelagerte, abgeflachte Walzen als Unterwerkzeug verwendet. **Bild 3** zeigt die Werkzeuganordnung für das Freibiegen mit drehenden Gesenkelementen.

Während des gesamten Biege- und Entlastungsvorgangs liegen die Planflächen der Elemente tangential an den Biegeschenkeln an, so daß über die Drehung der Matrizenelemente der Biegewinkel α_1 online mittels inkrementaler Drehgeber erfaßt werden kann. Dies erhöht einerseits die Winkelgenauigkeit und ermöglicht andererseits eine Prozeßüberwachung. Durch die stufenlose Anstellung der Werkzeugelemente kann der Radienverlauf in einem gewissen Bereich, der durch den Verstellbereich der Werkzeugelemente und durch das Formänderungsverhalten des Werkstoffes begrenzt wird, gezielt beeinflußt werden. Daneben können durch eine geringe Änderung des Radienverlaufes kleine Zuschnittfehler ausgeglichen werden.

Ein weiterer Vorteil dieser Verfahrensvariante resultiert daraus, daß die Flächenpressung zwischen Werkstück und Werkzeug durch die stets flächenförmig am Werkstück anliegenden Matrizenelemente deutlich verringert wird. Dadurch lassen sich Gleitspuren auf der Werkstückoberfläche bei empfindlichen, oberflächenveredelten Feinblechen weitgehend vermeiden.

Aufbau des Werkzeugsystems und dessen Integration in die CNC-Gesenkbiegepresse

Für diese unterschiedlichen Verfahrensvarianten des Freibiegens ist ein flexibles, universell einsetzbares Werkzeugsystem entwickelt worden, bei dem die Gesenkweite stufenlos verstellbar ist [8]. Dieses Werkzeugsystem besteht aus einer Verstelleinheit zur Einstellung der Gesenkweite, auf der unterschiedliche Gesenkelemente eingebaut werden können [9]. **Bild 4** zeigt schematisch die bereits vorhandenen Werkzeuge zum Freibiegen von Feinblechen.

Das Werkzeugsystem besitzt eine Nutzlänge von 500 mm sowie einen Gesenkweitenverstellbereich zwischen 5 - 45 mm. Die Einstellung der Gesenkweite erfolgt über ein Keilsystem, welches mittels einer selbsthemmenden Spindel durch einen Getriebe-Schrittmotor angetrieben wird.

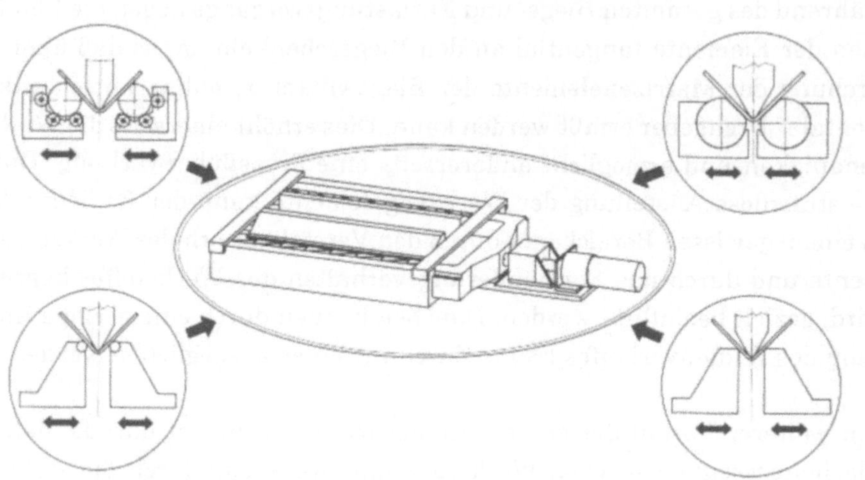

Bild 4: Werkzeugsystem mit verschiedenen Aufsätzen

Zur Integration des entwickelten Werkzeugsystems in die weggesteuerte CNC-Gesenkbiegepresse vom Typ Hera COP 110/3100 wurde die Maschinensteuerung der Presse, eine Cybelec DNC 9000, um eine Zusatzsteuerung erweitert (**Bild 5**).

Um eine größtmögliche Flexibilität zu gewährleisten, wird für die Zusatzsteuerung ein handelsüblicher Industrie-PC eingesetzt. Der PC enthält zusätzlich eine *binäre Ein-/Ausgabekarte* für

- die Synchronisation von Cybelec-Steuerung und PC,
- die Freigabe der Gesenkbiegepresse zum Biegevorgang sowie
- die Regelaufgaben

und eine *Lageregelkarte* für die

- Ansteuerung des Schrittmotors zur Gesenkweiteneinstellung und
- Auswertung der Referenzpunkt- und Endschalter.

Die CNC-Daten für den gesamten Biegeprozeß können nicht von der Maschinensteuerung generiert werden, sondern müssen extern erzeugt und an-

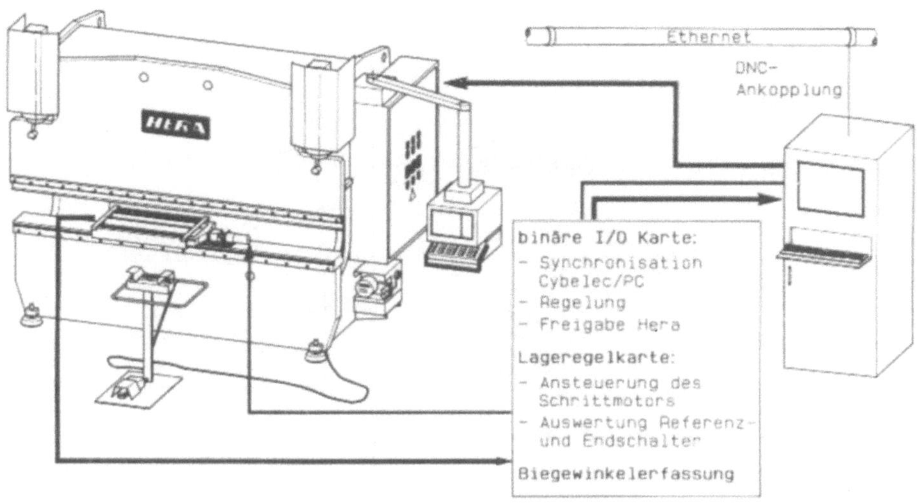

Bild 5: Ankopplung des Werkzeugsystems an die Maschinensteuerung

schließend in das steuerungsinterne Datenformat (Cybelec eXchange Format) konvertiert werden. Die hierfür eingesetzte CAD/CAM-Technologiekomponente ist im **Bild 6** dargestellt. Ausgehend von der Geometrie des Biegeteils, die auf dem CAD-System BRAVO der Fa. Schlumberger erstellt wird, errechnet das Simulationsprogramm DIBESI für jede unterschiedliche Biegekante (Biegewinkel, Biegeradius) die Gesenkweite. Bei dieser sogenannten halbanalytischen Simulationsrechnung [7,10] wird das real-plastische Verhalten des Blechwerkstoffes berücksichtigt. Die Simulation liefert außerdem die Länge des realen Biegebogens zur Zuschnittsermittlung sowie die Umformkraft und den Stempelweg zur Steuerung der Maschine. Weitere Prozeßdaten wie die Biegereihenfolge und die jeweiligen Anschlagpositionen werden von Modulen, die in das CAD-System integriert sind, ermittelt. Im Anschluß daran generiert ein Postprozessor aus diesen Prozeßdaten das maschinenspezifische CNC-Programm [11].

Der Fertigungsprozeß beginnt mit der Einstellung der Gesenkweite durch die Zusatzsteuerung. Anschließend übernimmt die Cybelec-Steuerung die

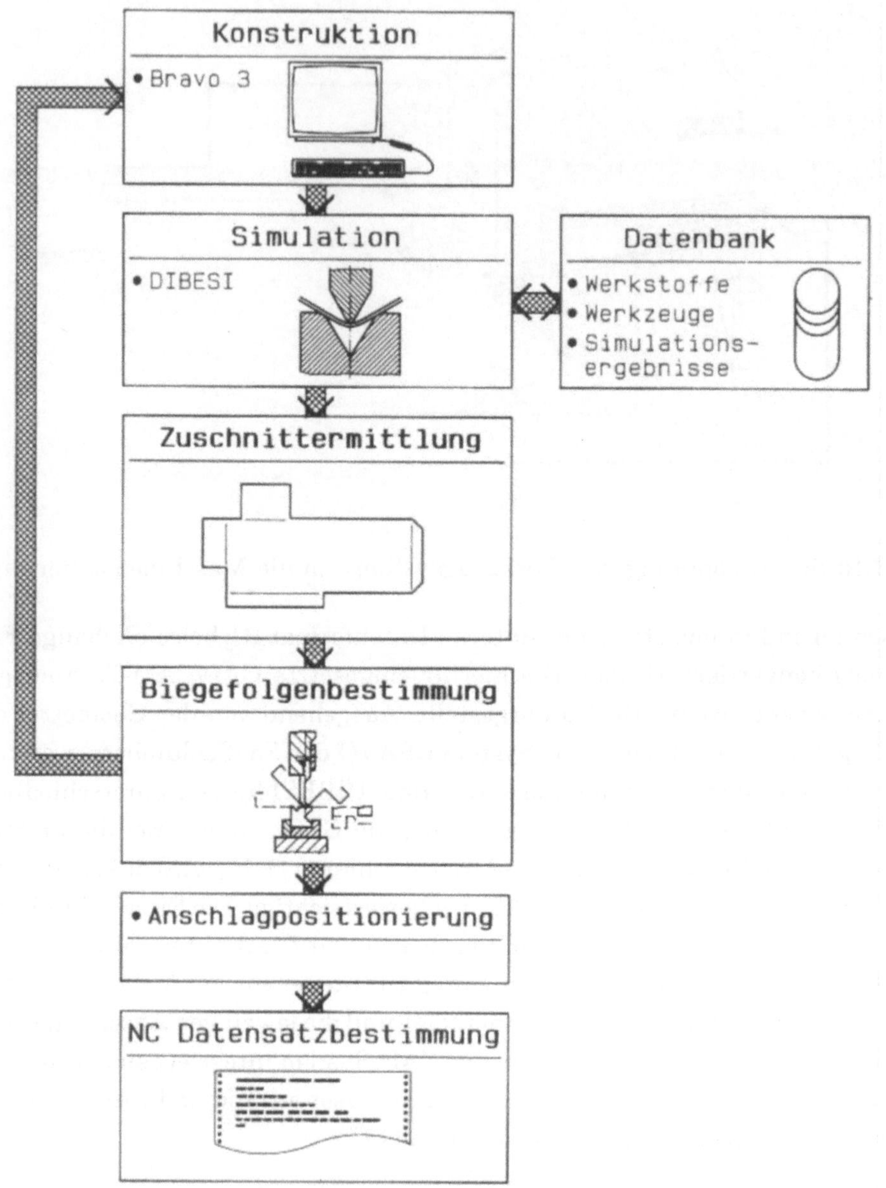

Bild 6: CAD/CAM-Technologiekomponente für CNC-Biegeverfahren

Prozeßkontrolle bis zum Erreichen des vorgegebenen Biegewinkels unter Last. Dabei wird die Steuerung im Halbautomatikmodus betrieben, d.h. der Stempel verharrt solange in der Endposition, wie kein weiterer Befehl von der Zusatzsteuerung gegeben wird. Zur Prozeßüberwachung wird der Biegewinkel fortlaufend gemessen.

Die Online-Erfassung des Biegewinkels erfolgt in Abhängigkeit von dem eingesetzten Biegeverfahren. Beim Freibiegen mit drehbaren Gesenkelementen kann der Biegewinkel während des Biegevorgangs durch inkrementale Drehgeber erfaßt werden. Bei den anderen Freibiegeverfahren muß ein extern angebrachter Biegewinkelsensor, wie z.B. auf Basis einer CCD-Kamera [12], eines Lichtschnittverfahrens [13] oder einer optischen Abstandsmessung [14], eingesetzt werden.

Die nachfolgende Regelung zur Online-Biegewinkelkorrektur wird wiederum von der Zusatzsteuerung durchgeführt. Den Ablauf der Regelung zeigt **Bild 7**. Neben der Koordinierung des gesamten Prozeßablaufs besteht die Aufgabe des externen PCs in der Berechnung des neuen Stempelweges zur Kompensation der Rückfederung. Für diesen Zweck werden die sowohl experimentell als auch mit Hilfe der Simulationsrechnung ermittelten Zusammenhänge zwischen Rückfederung, Stempelweg und Biegewinkel für jeden Blechwerkstoff auf dem Rechner hinterlegt [15].

Zur Entlastung und erneuten Belastung des Bleches wird der Stempel in inkrementellen Schritten verfahren. Das Zurückfahren des Stempels in den oberen Umkehrpunkt zur Werkstückentnahme wird wieder von der Maschinensteuerung ausgeführt.

Mit Hilfe der vorgestellten Biegewinkelkorrektur ist es möglich auch beim Freibiegen eng tolerierte Bauteile zu fertigen und Fehler, die durch Chargenschwankungen hervorgerufen werden, auszugleichen.

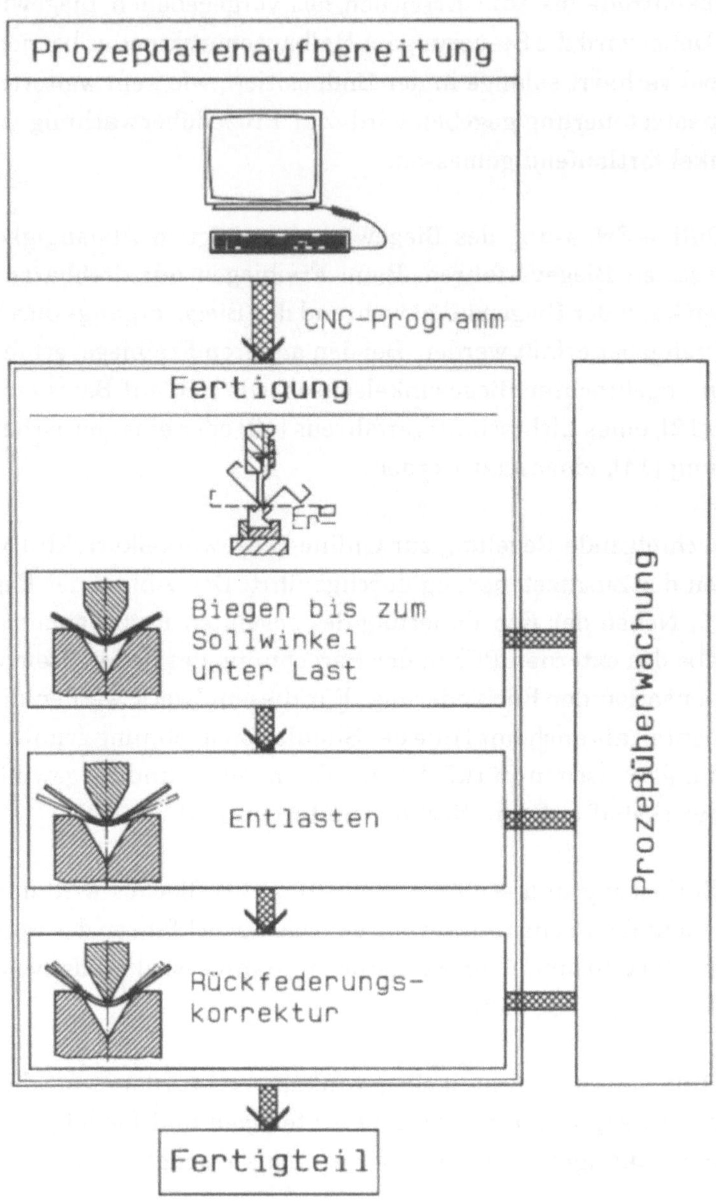

Bild 7: Regelung beim Freibiegevorgang

Zusammenfassung

Aufgrund der hohen Anschaffungskosten neuer Werkzeuge bei gleichzeitig sinkenden Loßgrößen werden in der Umformtechnik zunehmend flexible Werkzeugsysteme eingesetzt. Für das Freibiegen wird in diesem Beitrag ein flexibles, universell einsetzbares Werkzeugsystem vorgestellt, das in konventionellen Gesenkbiegepressen eingesetzt werden kann. Es besteht aus einer Vorrichtung zur stufenlosen Verstellung der Gesenkweite und mehreren Werkzeugaufsätzen für verschiedene Verfahrensvarianten.

In Abhängigkeit von der eingesetzten Verfahrensvariante werden unterschiedliche Biegewinkelsensoren in das Werkzeugsystem integriert. Dadurch kann der Biegewinkel während des Umformvorgangs erfaßt und bei bekanntem plastischen Werkstoffverhalten eine Online-Rückfederungskorrektur realisiert werden.

In Verbindung mit einer CAD/CAM-Technologiekomponenten zur Erzeugung der CNC-Daten für das Werkzeugsystem wird eine durchgängige rechnerunterstützte Blechteilefertigung [16] geschaffen, die eine schnelle Änderung der Teilegeometrien und zugleich eine Erhöhung der Produktqualität ermöglicht.

Literatur

[1] **Schmidt, J.; Weule, H.; Fleischer, J.:** Leistungsmerkmale moderner Blechbearbeitungszentren. 4. Umformtechnisches Kolloquium, 13.-14. März 1991 in Darmstadt

[2] **Grimm, M.:** Verwaltungsprogramm für Werkzeuge und Prüfmittel schafft Transparenz und reduziert Bestände. Maschinenmarkt 97 (1991) 18, S. 30 - 37

[3] **Witte, H.H.; Erhan, A.; Fu, Z.; Wahlers, T.; Dräger, H.:** Werkzeuge und Werkzeugsysteme der Metallbearbeitung. Teil 4: Werkzeugplanung und -organisation. VDI-Z 134 (1992) 6, S. 68 - 75

[4] **vom Ende, A.; Engel, U.; Geiger, M.:** Herstellung von Blechteilen mit U-förmigem Querschnitt durch Biegen mit elastischer Matrize. Blech Rohre Profile 36 (1989) 8, S. 612 - 615

[5] **Finckenstein, E. v.; Kleiner, M.:** Flexible Numerically Controlled Tool System for Hydro-Mechanical Deep Drawing. 41st CIRP General Assembly, 18.-24.08.1991, Stanford, USA. Annals of the CIRP, Vol. 40/1/1991, S. 311-314

[6] **Adelhof, A.:** Komponenten einer flexibler Fertigung beim Profilbiegen. Dr.-Ing. Dissertation, Universität Dortmund 1992

[7] **Rothstein, R.:** Einsatz der Prozeßsimulation zur Analyse und Weiterentwicklung von Gesenkbiegeverfahren. Dr.-Ing. Dissertation, Universität Dortmund, Fortschritt-Berichte VDI, Reihe 2, Nr. 194, VDI-Verlag, Düsseldorf 1990

[8] **Severin, F.; Sulaiman, H.:** Konstruktion eines Unterwerkzeuges für das Gesenkbiegen mit variabler Gesenkweite. Interner Bericht, Lehrstuhl für Umformende Fertigungsverfahren, Univ. Dortmund 1992

[9] **Schamuhn, S.; Sulaiman, H.:** Konstruktion von verschiedenen Werkzeugen für das Gesenkbiegen von Feinblechen. Interner Bericht, Lehrstuhl für Umformende Fertigungsverfahren, Univ. Dortmund 1992

[10] **Finckenstein, E. v.; Kleiner, M.; Maevus, F.; Schilling, R.:** Simulation in der Umformtechnik. Vortragstext zur Tagung "Erfolgre'che Anwendungen von Datenbanken, Expertensystemen und Simulationen in der Oberflächentechnik" in Köln 13.-14.02.1992. VDI Berichte 936 (1992), S. 221 - 236

[11] **Merl, L.; Maevus, F.; Steininger, V.:** Rechnergestützte Fertigung auf Gesenkbiegepresse - Datenbereitstellung und Korrektur. Interner Bericht, Lehrstuhl für Umformende Fertigungsverfahren, Universität Dortmund 1992

[12] **Kleiner, F.-J.; Maevus, F.; Sulaiman, H.:** Online Geometrieerfassung beim V-Gesenkbiegen. Industrie Anzeiger 34 (1992), S. 24 - 26

[13] **Geiger, M.; Heckel, W.:** On-line Biegewinkelerfassung beim freien Biegen. Tätigkeitsbericht 1990, Lehrstuhl für Fertigungstechnologie, Friedrich-Alexander-Universität Erlangen-Nürnberg

[14] **Müller-Duysing, M.; Reissner, J.:** Laserbased Measurement of Bending Angles in a Bending Machine. 5th International Precision Engineering Seminar and annual Meeting of the American Society for Precision Engineering, 18-22 September 1989 in Monterey, California, USA

[15] **Bruchhaus, T.; Maevus, F.; Sulaiman, H.:** Experimentelle Bestimmung der Rückfederung und der gestreckten Länge beim Gesenkbiegen von Feinblechen. Interner Bericht, Lehrstuhl für Umformende Fertigungsverfahren, Universität Dortmund 1992

[16] **Maevus, F.:** Rechnerintegrierte Fertigung am Beispiel des Gesenkbiegens. Vortragtext im Rahmen des CIM-TTZ-Seminars "CAD/CAE/CAM für die Blechbearbeitung", am 19.10.1989 in Dortmund

Konzept einer flexiblen Umformmaschine zum Profilbiegen

Dr.-Ing. Alois Adelhof
Lehrstuhl für Umformende Fertigungsverfahren, Dortmund

Einleitung

Der anhaltende Trend der Integral- und Leichtbauweise führte zu einer raschen Entwicklung profilierter Halbzeuge. Dabei nimmt der Flach- bzw. Profilstahl einen großen Anteil an den gesamten Erzeugnissen ein. Eine besondere Stellung als Konstruktionshalbzeug in der Fördertechnik, im Schienenfahrzeug- bzw. im Automobilbau haben in der letzten Zeit stranggepreßte Aluminium-Profile mit ihren multifunktionalen Querschnittsformen gewonnen.

Wie dem **Bild 1** zu entnehmen ist, kommen neben den bereits genannten Profilgruppen die sogenannten Kaltprofile zum Einsatz. Kennzeichnend für diese oft dünnwandigen Profile - neben der Querschnittsvielfalt - ist eine herstellungsbedingte unterschiedliche Eignung dieser Profile für die Biegeumformung.

Der Schwierigkeitsgrad einer Biegeaufgabe - wobei die Biegeaufgabe die Gesamtheit aller Vorgänge im Zusammenhang mit der Herstellung eines Biegeteils bezeichnet - wird entscheidend durch den Anwendungsbereich beeinflußt. Während z.B. das Space-Frame-Konzept aus dem Fahrzeugbau (**Bild 2**) die Verwendung relativ einfacher Profilquerschnitte bei komplexen Biegeformen kennzeichnet, weist das Profil des dargestellten Fördersystems einen mehrfunktionalen Querschnitt bei relativ einfachen Biegeformen - hier als Kreissegmente - auf.

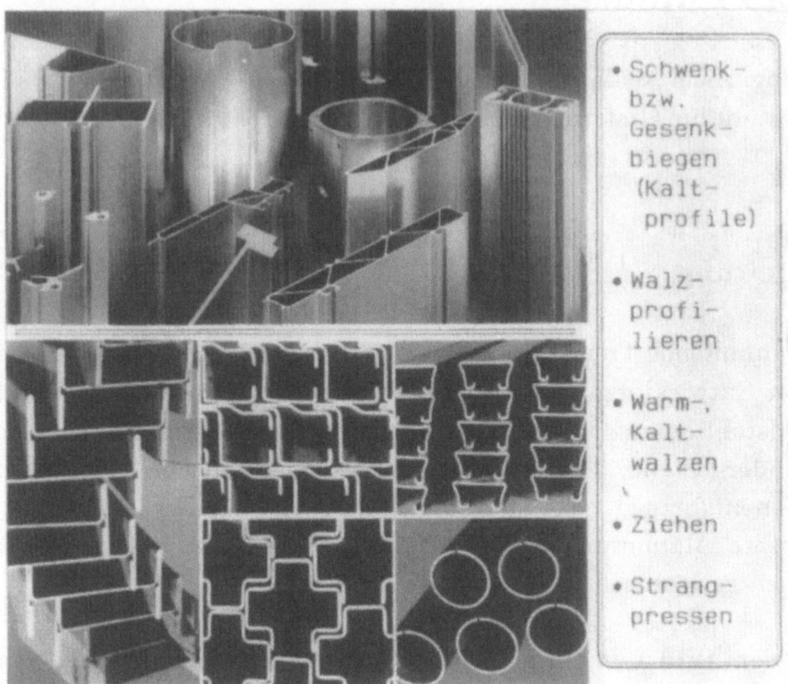

Bild 1: Profile und ihre Herstellungsverfahren

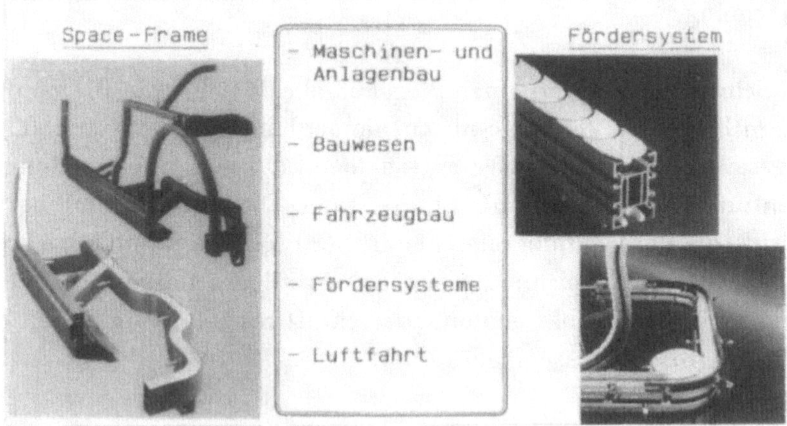

Bild 2: Anwendungsbeispiele für gebogene Profile

Verfahren zum Profilbiegen

Bedingt durch die hohe Komplexität vieler Biegeaufgaben werden für die Umformung derartiger Halbzeuge zu genau definierten Biegeteilen mehrere, unterschiedliche Verfahren eingesetzt. Darüberhinaus wurden in der Vergangenheit mehrere Varianten der bekannten Biegeverfahren entwickelt, die nicht selten eine Kombination zweier unterschiedlicher Umformverfahren darstellen. Die problemorientierte Entwicklung derartiger Verfahren hat zur Folge, daß diese Verfahren eine unterschiedliche Eignung für die jeweilige Biegeaufgabe aufweisen. Daher ist vor der Durchführung eines Biegeprozesses eine Auswahl der günstigsten Biegeverfahren unter Berücksichtigung des Schwierigkeitsgrades der Biegeaufgabe erforderlich [1].

Die bekannten Biegeverfahren lassen sich in zwei Gruppen unterteilen. Zu der ersten Gruppe zählen Verfahren mit kinematischer Gestalterzeugung, wie z.B. das Walzrunden bzw. das freie Biegen. Dagegen umfaßt die zweite Gruppe diejenigen Verfahren, die eine formgebundene Gestalterzeugung kennzeichnet, z.B. das Rund-, das Gesenk- und das Streckbiegen. Daneben gibt es einige Varianten, die eine Kombination der beiden Methoden der Gestalterzeugung darstellen. Diese Aufteilung ist insbesondere im Hinblick auf die unterschiedliche Qualität der Werkstückführung bei den jeweiligen Verfahren von Bedeutung [2-4].

Beim Biegen von Profilen mit komplexen Querschnitten werden bevorzugt Biegeverfahren aus der zweitgenannten Gruppe eingesetzt. Ein wichtiger Repräsentant dieser Gruppe ist das Biegen um eine negative Form (Schablone), auch Rundbiegen genannt. In diesem Beitrag wird eine Weiterentwicklung dieses Verfahrens beschrieben.

Flexibler Biegekern

Die Weiterentwicklung des konventionellen Rundbiegens (**Bild 3**), das durch die Notwendigkeit der Bereitstellung mehrerer Schablonen mit unterschiedlichen Abmessungen gekennzeichnet ist, hatte das Ziel, die geringe Flexibilität bei gleichzeitiger Beibehaltung der guten Führungseigenschaften des Verfahrens deutlich zu erhöhen [5,6].

Bild 3: Konventionelle Planscheiben-Biegemaschine zum Rundbiegen (Irle GmbH & Co. KG, Kreuztal-Littfeld)

Dabei wird als Flexibilität die Fähigkeit eines Systems bezeichnet, sich neuen Fertigungsbedingungen schnell anzupassen. Von den Flexibilitätsarten, die nach Spur [7] unterschieden werden, gewinnen bei den Profilbiegeverfahren die Produkt- bzw. die Änderungsflexibilität eine besondere Bedeutung. Sie bezeichnen die Fähigkeit eines Systems, ein größeres Werkstückspektrum zu bearbeiten, bzw. die Anpassungsfähigkeit eines Systems an neue oder geänderte Teile und Fertigungsverfahren.

Die Forderung nach einer möglichst hohen Flexibilität der Profilbiegeverfahren resultiert zum großen Teil aus der Vielzahl von Einflußparametern auf das Biegeergebnis. Die wichtigsten Einflußgrößen sind im **Bild 4** zusammengefaßt. Man erkennt, daß in jedem Stadium des Fertigungsprozesses unterschiedliche und oft im voraus nicht ermittelbare Parameter zu berücksichtigen sind.

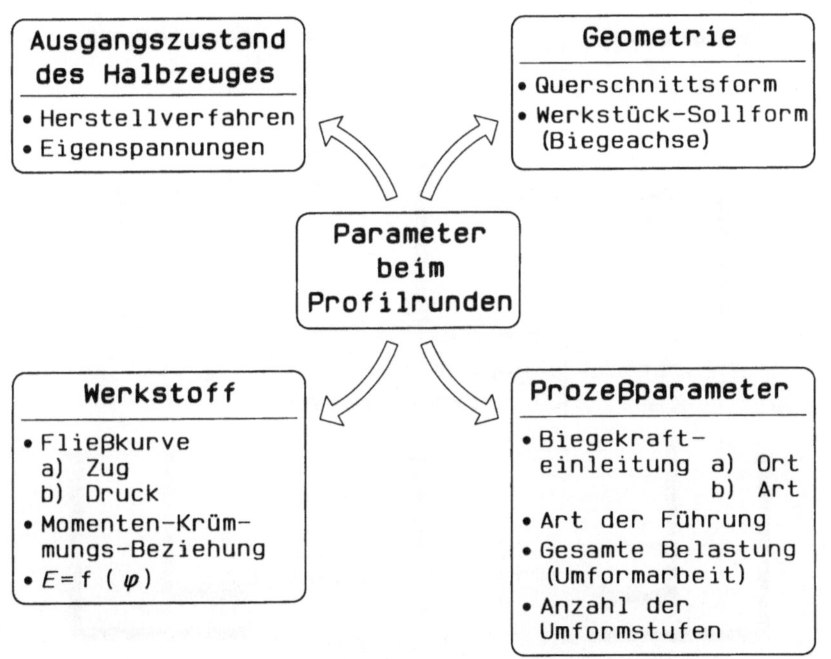

Bild 4: Einflußparameter beim Profilrunden

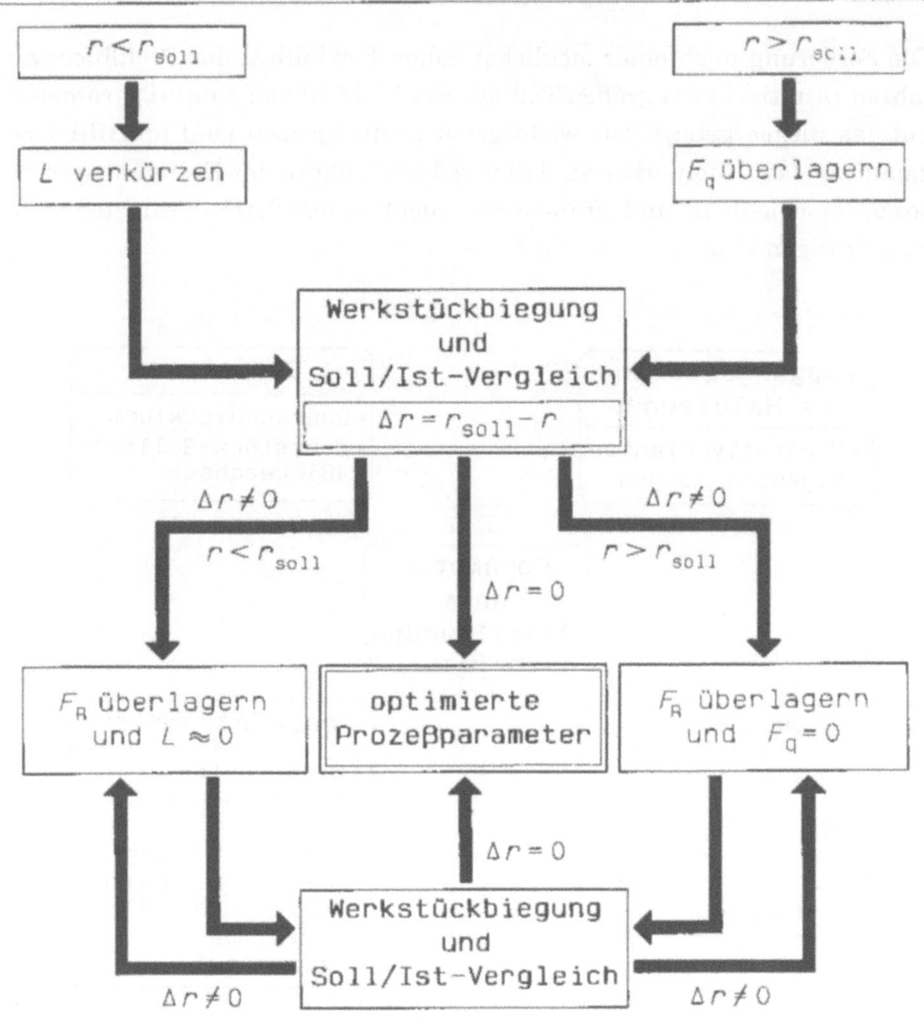

Bild 5: Vorgehensweise bei der Werkzeugoptimierung

Aus der industriellen Praxis ist bekannt, daß durch eine gezielte Variation bestimmter Parameter beim Rundbiegen um eine starre Schablone eine höhere Flexibilität des Verfahrens erreicht werden kann. Darauf basiert eine neue Vorgehensweise zur Werkzeugoptimierung, bei der eine nutzbare Änderung des Rückfederungsbetrages durch eine entsprechende Variation der Parameter Druckspannungsüberlagerung bzw. Verkürzung des Hebelarms der Biegekraft erreichbar ist. **Bild 5** zeigt die einzelnen Optimierungsschritte bis zur Bestimmung der gewünschten Werkzeuggeometrie.

Bild 6: Biegekern mit verstellbarem Durchmesser

Eine andere konstruktive bzw. eine verfahrensspezifische Möglichkeit zur Flexibilisierung des Rundbiegens mit einem Biegekern mit verstellbarem Durchmesser kennzeichnet eine begrenzte Durchmesserverstellbarkeit bei gleichzeitiger Beibehaltung der guten Führungseigenschaften des starren Biegekerns.

Der flexible Biegekern (**Bild 6**) ist direkt in eine konventionelle Rundbiegemaschine integrierbar. Die konstruktive Lösung für die Durchmesserverstellbarkeit basiert auf dem Keilprinzip. Die Keilwirkung ergibt sich zwischen dem Stellring und dem Außenelement. Das Außenelement besteht aus Segmenten, die auf einem dünnen und somit sehr biegeweichen Band befestigt sind. Das so aufgebaute Außenelement kennzeichnet eine geringe Biegesteifigkeit und gleichzeitig eine hohe radiale Belastbarkeit.

Die Durchmesseränderung erfolgt im entlasteten Zustand indem der Stellring mit Hilfe mehrerer Spindel-Mutter-Systeme und eines Kettentriebes vertikal bewegt wird. Dabei sorgt das Keilprinzip für die Umsetzung der vertikalen Bewegung des Stellringes in eine radiale Bewegung des Außenelementes, die gleichzeitig der Durchmesseränderung entspricht.

Das vorgestellte Werkzeug wurde in die am Lehrstuhl für Umformende Fertigungsverfahren der Universität Dortmund vorhandene Planscheiben-Biegemaschine der Fa. IRLE integriert. Es ist für eine Biegekraft von bis zu 20 kN ausgelegt und ermöglicht eine Durchmesserverstellung zwischen 750 und 800 mm. Ein größerer Verstellbereich ist entweder durch die Verwendung von Zwischenringen oder durch die Änderung des Keilwinkels erreichbar.

Für das Durchmesserspektrum der bekannten Planscheiben-Biegemaschinen, das von 500 mm bis 3000 mm reicht, sind entsprechend diesem Konzept mehrere (10-15) derartiger Werkzeuge erforderlich. Der Einschränkung der stufenlosen Verstellbarkeit auf einen vorher festgelegten Durchmesserbereich steht die Beibehaltung fast aller Vorteile eines starren Biegekerns gegenüber.

Biegen mit geregeltem Biegemoment

Eine fast beliebige Durchmesseränderung ermöglicht die neue Verfahrensvariante, die jedoch durch eine etwas ungünstigere Führung des gebogenen Werkstücks erreicht wurde. Diese Variante wird als Biegen mit geregeltem Biegemoment bezeichnet [8,9].

Bild 7: Versuchseinrichtung zum Biegen mit geregeltem Biegemoment

Das Konzept für die neue Verfahrensvariante Biegen mit geregeltem Biegemoment (**Bild 7**) basiert auf Ergebnissen experimenteller Untersuchungen. Sie haben gezeigt, daß sich beim Rundbiegen symmetrischer Profile der Kontaktbereich zwischen dem Werkstück und der Schablone auf den Einspannbereich und auf die eigentliche Umformzone beschränkt. Daher wurde der Biegekern durch ein Biege- und ein Spannwerkzeug ersetzt. Das Spannwerkzeug ist über einen Hebelarm mit einem ortsfesten Punkt drehbar verbunden. Das Biegewerkzeug besteht aus zwei Biegerollen und ist während des Biegevorgangs ortsfest. Die Vielfalt der Biegeradien ist durch die radiale Verstellbarkeit beider Werkzeuge gewährleistet. Das Biegen kreisförmiger Werkstücke nach diesem Prinzip ist unter zwei Voraussetzungen realisierbar:

- Das Spannmoment muß in jeder Biegephase dem aktuellen Biegemoment gleich sein und
- der bereits gebogene Abschnitt darf keine Belastung in Umfangsrichtung aufweisen.

Durch den Einsatz eines Hydroschwenkmotors im ortsfesten Drehpunkt und durch die Verlagerung der Antriebsleistung für den Einzug vom Spannwerkzeug auf die innere Biegerolle, wird die notwendige Entlastung dieses Bereiches von der Umfangskraft erreicht.

Um die wichtigste Voraussetzung des Verfahrens, die Gleichheit des Biege- und des Spannmomentes, zu gewährleisten, kommt ein Regelkreis zum Einsatz. Dabei stellt das Biegemoment die Führungsgröße dar und das Spannmoment wird dementsprechend nachgeregelt. Während sich die Belastung im *Biegewerkzeug* in Abhängigkeit von dem eingestellten Biegeradius und dem Werkstoff einstellt, wird das Biegemoment im *Spannwerkzeug* durch einen weiteren Hydroschwenkmotor erzeugt.

Sowohl das Biege- als auch das Spannmoment werden mit Hilfe geeigneter Drehmomentaufnehmer erfaßt und dem Regler zugeführt. Bei einer unzulässigen Differenz der beiden Größen steuert ein PID-Regler das Proportionalventil an. Dieses Ventil beeinflußt den Volumenstrom der beiden Motoren und somit ihre Leistung. Auf diese Weise wird das Gleichgewicht wiederhergestellt. Zusammenfassend ist festzustellen, daß diese Verfahrensvariante die guten Führungseigenschaften der formgebundenen Gestalterzeugung mit der hohen Flexibilität der kinematischen Biegeverfahren kombiniert.

Integration der Einzelkomponenten

Alle bisher vorgestellten Möglichkeiten der Flexibilisierung des Biegens um starre Schablonen basieren auf dem Prinzip des Rundbiegens und sind direkt in eine konventionelle Planscheiben-Biegemaschine integrierbar.

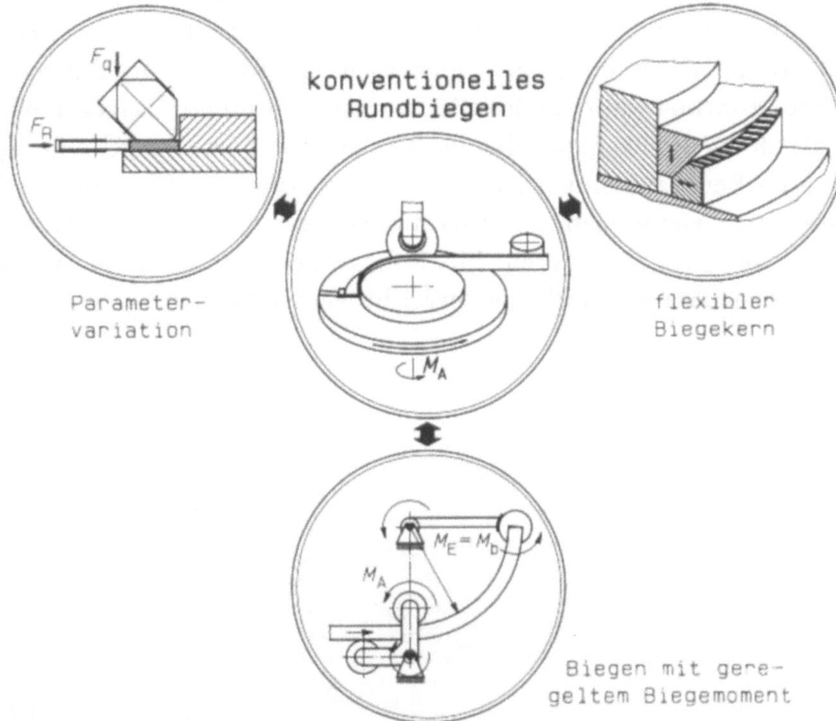

Bild 8: Konzept einer flexiblen Biegemaschine

Daher werden sie als Einzelkomponenten einer flexiblen Umformmaschine betrachtet (**Bild 8**). Dieses Konzept basiert auf dem Zusammenhang zwischen dem tatsächlichen Schwierigkeitsgrad einer Biegeaufgabe und der dafür notwendigen Leistungsfähigkeit des Biegeverfahrens. Demnach wird das konventionelle Rundbiegen auch in Zukunft überall dort eingesetzt, wo die Komplexität der Biegeaufgabe überdurchschnittlich hoch ist [10].

Die Anwendung der Parametervariation, wie z.B. die Überlagerung einer radialen Kraft F_r bzw. einer Druckspannung in Dickenrichtung, beschränkt sich auf solche Profilformen, bei denen wirkungsvolle Parameter anwendbar sind. Beispielweise ist die Anzahl der Parameter bei den geschlossenen Profilen geringer als bei den offenen.

Die deutlich höhere Flexibilität der zweiten Komponente unterstützt insbesondere die Umformung unsymmetrischer Profile, die im allgemeinen eine gute Führung während des Biegevorgangs erfordern. Dagegen eignet sich die dritte Komponente des Gesamtkonzeptes zur Biegeumformung symmetrischer bzw. nur leicht unsymmetrischer Profile mit starker Rückfederung bzw. großen Chargenschwankungen. Diese Merkmale zeigen, daß das Ziel einer höheren Flexibilität des Rundbiegens mit den entwickelten Lösungsvorschlägen erreicht werden können.

Literatur

[1] **Adelhof, A.; Felix, R.; Kleiner, M.:** Zielorientierte Verfahrensauswahl für das Profilbiegen. Bänder Bleche Rohre 10 (1990), S. 107 - 114

[2] **Neubauer, A.; Flohr, S.:** Ins Rollen gebracht. Krümmen von Blechprofilen substituiert Verfahren des Tiefziehens. Maschinenmarkt 96 (1990) 12, S. 35 - 41

[3] **Kleinert, U.:** Kraftformer, Universalmaschinen für die spanlose Kaltumformung, Wirtschaftliche Fertigung kleiner Stückzahlen und Einzelteile in der Blechbearbeitung. Blech Rohre Profile 28 (1981) 8, S. 336 - 340

[4] **Späth, W.:** Automatisches Profilbiegen. Werkstatt und Betrieb 122 (1989) 5, S. 375 - 378

[5] **Adelhof, A.; Reddig, S.:** Entwurf und Konstruktion eines flexiblen Biegekerns. Interner Bericht, Lehrstuhl für Umformende Fertigungsverfahren, Universität Dortmund 1990

[6] **Adelhof, A.; Reddig, S.:** Erweiterung von Konstruktionsmerkmalen eines flexiblen Biegewerkzeuges. Interner Bericht, Lehrstuhl für Umformende Fertigungsverfahren, Universität Dortmund 1991

[7] **Spur, G.; Lehmann, G.:** Automatisieren mit Computern - CAD/CAM und Expertensysteme erhöhen die Flexibilität in der Technik des Umformens. Maschinenmarkt 92 (1986) 21, S. 26 - 30

[8] **Adelhof, A.; Smatloch, C.:** Entwicklung und Konstruktion eines Werkzeugsystems für ein Biegeverfahren mit geregeltem Biegemoment. Interner Bericht, Lehrstuhl für Umformende Fertigungsverfahren, Universität Dortmund 1990

[9] **Adelhof, A.; Finckenstein, E. v.; Kleiner, M.:** Flexibles Runden von Rechteck- und Profilquerschnitten um Biegekerne. Blech Rohre Profile 36 (1989) 8, S. 620 - 624

[10] **Adelhof, A.:** Komponenten einer flexiblen Fertigung beim Profilbiegen. Dr.-Ing. Dissertation, Universität Dortmund 1992

Flexibles, numerisch einstellbares Werkzeugsystem zum Tief- und Streckziehen

Priv.-Doz. Dr.-Ing. Matthias Kleiner; Dipl.-Ing. Christian Smatloch
Lehrstuhl für Umformende Fertigungsverfahren, Dortmund

Dr.-Ing. Heinz Brox
Wieland Werke AG, Ulm

Einleitung

Die Forschungsarbeiten zur Erhöhung der Flexibilität bei den Tiefzieh- und Streckziehverfahren konzentrierten sich in den letzten Jahren vor allem auf die gesamte Peripherie rund um das Wirksystem Maschine-Werkzeug-Werkstück [1-4]. Zu nennen sind hier, insbesondere im Hinblick auf die Entwicklung von kompletten CIM-Systemen:

- die rechnergestützte Konstruktion von Werkstück und Werkzeug,
- die rechnergestützte Fertigung der Werkzeuge,
- Handhabungssysteme für Werkstücke und Werkzeuge, hier besonders Schnellwechseleinrichtungen, sowie
- Hilfsmittel zur Verkürzung von Produktionsnebenzeiten, wie z.B. der Einsatz leistungsfähiger Steuerungen beim Einrichten der Maschine, Rechnerprogramme zur Optimierung der Platinengeometrie oder Expertensysteme zur Analyse von Versagensfällen.

Weitere Flexibilisierungsmöglichkeiten bestehen bei den *Tiefziehverfahren mit Wirkmedien*, die gegenüber dem herkömmlichen Tiefziehen die in [5-8] genannten Vorteile bieten. Zu dieser Gruppe gehören u.a. das *hydromechanische Tiefziehen* (**Bild 1**) sowie das *Tiefziehen mit Membranen* (das Hydroform-Verfahren, das Fluidform- und Fluidzellverfahren und das dem Gummikissen-Ziehen verwandte Wheelon-Verfahren).

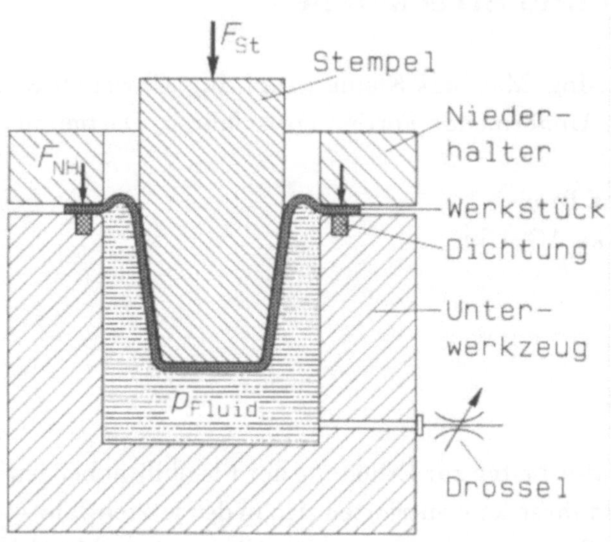

Bild 1: Verfahrensprinzip des hydromechanischen Tiefziehens

Seit einigen Jahren sind aus den USA und Japan Arbeiten bekannt, die darauf abzielen, Stempel bzw. Matrize beim Tief- und Streckziehen flexibel, d.h. einstellbar, zu gestalten. So wurde bereits 1973 über die Entwicklung einer variablen Form für das Gießen von Streckzieh-Stempeln aus niedrig schmelzenden Legierungen bzw. Kunststoffen berichtet [9]. Die Form besteht aus einer Matrix von Stäben, die höhenverstellbar sind. Eine dünne Gummiplatte sorgt für eine Glättung zwischen den einzelnen Stabenden.

Eine Forschergruppe des "Laboratory for Manufacturing and Productivity" des MIT, Cambridge, USA, griff diesen Ansatz und japanische Arbeiten über Mehrstempelpressen und zusammengesetzte Gesenke sowie Erodierelektroden auf [10-12]. Zielsetzung dieser Arbeiten war die Entwicklung eines Prozeßregelsystems für das Tiefziehen zur Optimierung der Verfahrensparameter und der Form- und Maßgenauigkeit [13]. Bislang sind jedoch dort noch keine praxisgerechten Systeme entstanden, da mit diesem sehr grob gerasterten Stempel Umformkräfte von lediglich 5 kN aufgebracht werden konnten.

Konzept des flexiblen Werkzeugsystems

Das flexible Werkzeugsystem besteht in seinen Komponenten aus:

- dem flexiblen Stempel,
- der numerisch steuerbaren Einstellvorrichtung,
- dem Steuerungssystem für die Einstellvorrichtung sowie
- der Steuerungssoftware für die Einstellvorrichtung.

Das Versuchswerkzeug besteht aus einer Matrix von 33 x 33 einzeln verstellbaren Stabelementen, die zusammen die Form des Tiefziehstempels bilden. Die Stabelemente sind an ihren Enden halbkugelförmig ausgebildet und sorgen so zusammen mit einer tangential anliegenden Elastomerschicht zwischen Stempel und Tiefziehteil für eine hinreichend glatte Oberfläche des zu fertigenden Werkstücks.

Der flexible Tiefziehstempel wird in einer dreifachwirkenden, hydraulischen Tiefziehpresse der Firma SMG eingesetzt. Diese Maschine ist mit einer Hydro-Mec-Zieheinrichtung ausgerüstet und gestattete mit ihren Einbaumöglichkeiten eine Stiftmatrix von maximal 200 x 200 mm.

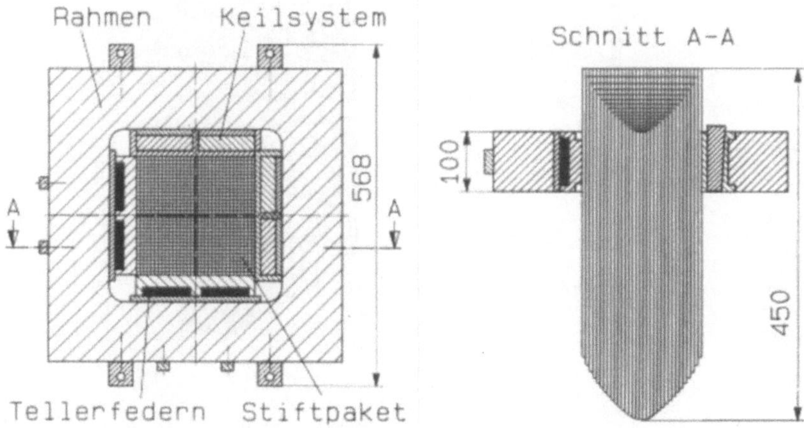

Bild 2: Konstruktion des flexiblen Tiefziehstempels

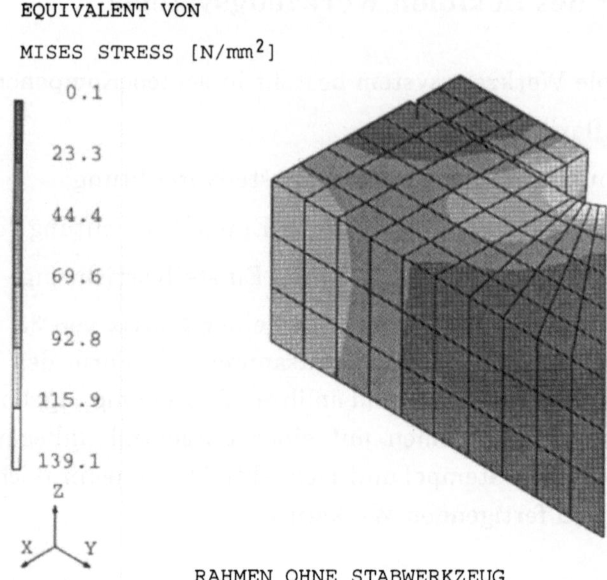

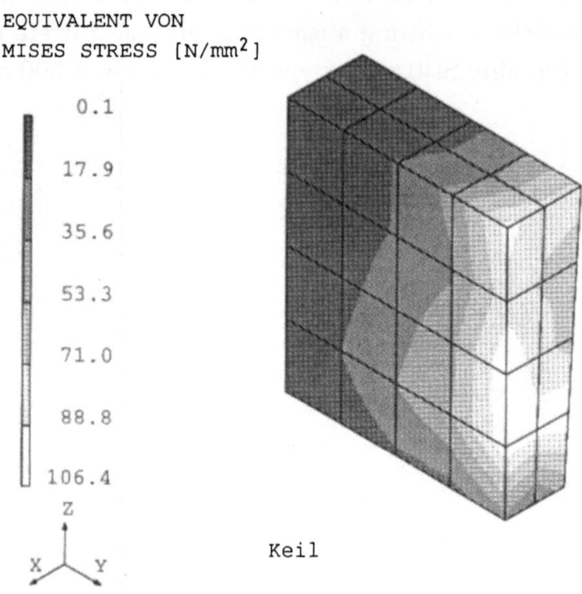

Bild 3: Vergleichspannung im Rahmen und Keil

Die eingestellten Stifte werden für den Umformvorgang durch Reibschluß in einem Spannrahmen festgehalten. Die erforderliche Klemmkraft wird aufgrund des geringen zur Verfügung stehenden Bauraumes von einem Keilsystem aufgebracht (**Bild 2**). In dem massiven, aber gleichzeitig möglichst kompakten Spannrahmen, wird das Stiftpaket über das Keilsystem gespannt. Das Keilsystem ist vertikal angeordnet, denn das Spannen und Entspannen erfolgt in der Tiefziehpresse über den Stößelhub. Entsprechend kräftige Hydraulikzylinder, die ursprünglich vorgesehen waren, hätten einen zu großen Bauraum erfordert.

Die ersten Versuche wurden mit nicht bombierten Keilen durchgeführt. Dies führte zu hohen Flächenpressungen an den Außenkanten der Keile (**Bild 3**) und somit auch zu einer relativ ungleichmäßigen Belastung des Stiftepaketes. Die hierbei maximal erreichbaren Stempelkräfte lagen demnach bereits bei ca. 350 kN. Bei größeren Kräften begann das Stempelpaket zu rutschen und mußte erneut eingestellt werden. Um noch höhere Stempelkräfte zu erreichen, wurden die Keile und die den Keilen gegenüberliegenden Gegendruckplatten bombiert (Bild 2). Daduch wird die durch die elastische Auffederung des Spannrahmens bedingte, ungleichmäßige Verspannung des Stiftepaketes kompensiert. Somit konnten die mit dem flexiblen Tiefziehwerkzeug übertragbaren Stempelkräfte auf ca. 450 kN gesteigert werden.

Numerisch steuerbare Einstellvorrichtung

Die zuvor erläuterte Bauform des Werkzeugs setzte eine Rahmenbedingung für die Konstruktion der Einstellvorrichtung (**Bild 4**). Ein anderer Leitgedanke war, den Einstellvorgang vom Werkzeug zu trennen. Dazu wurde eine Messingplatte mit 33 x 33 Gewindelöchern M4 in einem Raster von 6 mm versehen und mit entsprechend vielen Gewindestäben mit Innensechskant bestückt. Diese Gewindestäbe werden nun mit einer numerisch steuerbaren Schraubvorrichtung so verstellt, daß sich die erforderliche

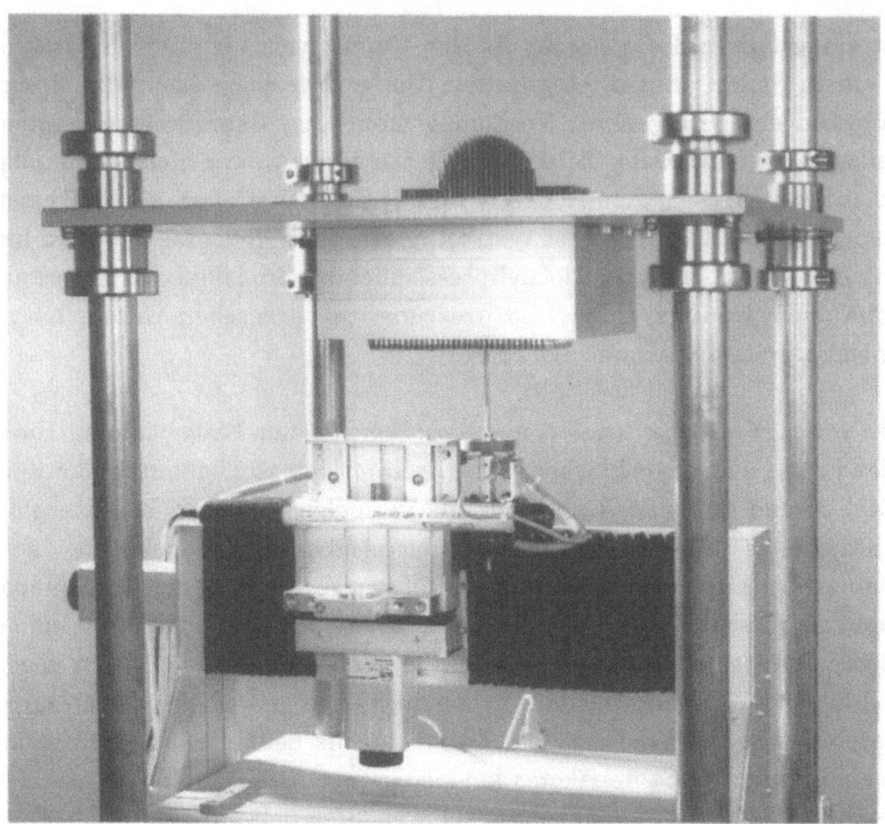

Bild 4: Numerisch steuerbare Einstellvorrichtung

Werkzeugoberfläche ausbildet. Danach wird das Werkzeug in die Einstellvorrichtung gebracht, die Klemmung der Stifte durch die Tellerfedern gelöst, und jeder einzelne Stift nimmt die durch den gegenüberliegenden Gewindestab vorgegebene Position ein.

Für die Bewegung der Schraubeinheit in den drei Raumrichtungen wird eine kommerzielle XYZ-Anlage eingesetzt. Die Schraubbewegung wird über eine Synchronisation von Drehbewegung und vertikaler Achsenbewegung numerisch durch einen weiteren Schrittmotor ausgeführt.

Steuerung der Einstellvorrichtung

Die vier Achsen der Einstellvorrichtung - X, Y, Z sowie die Drehachse der Schraubeinheit - werden durch Schrittmotoren bewegt. Die Motoren werden durch Schrittmotorsteuerungen sowie Interface-Karten angesteuert. Dabei sendet ein übergeordneter Rechner direkt Steuerbefehle an die Interface-Karten und läßt sie dort ausführen.

Das Einstellen eines Gewindestabes wird dabei wie folgt durchgeführt:

- Zunächst wird die XY-Position des betreffenden Stabes angefahren.
- Die Schraubeinheit wird dann in Z-Richtung bis auf einen Millimeter an den Innensechskant herangefahren - diese Position ist aus dem vorherigen Einstellen des Werkzeugs bekannt.
- Nun beginnt sich der Schraubmotor zyklisch jeweils um ca. 30 Grad hin und her zu bewegen, gleichzeitig wird in Z-Richtung weiter verfahren, bis der in Z-Richtung federnd gelagerte Sechskant der Schraubeinheit in den Innensechskant des Gewindestabes eingefahren ist und nach einem definierten Federweg ein Mikroschalter betätigt wird.
- Danach verfahren Z-Achse und Drehachse synchronisiert um den Einstellweg für diesen Gewindestab.
- Schließlich wird die Schraubeinheit wieder heruntergefahren, und sie kann den nächsten Gewindestab einstellen.

Im Sinne einer rechnerintegrierten Entwicklung von Umformwerkzeugen [14] ist die Steuerungssoftware der Einstellvorrichtung in der Lage, die Werkstückdaten von einem CAD-System zu übernehmen, die Geometriedaten aufzuarbeiten und daraus die notwendige Positionierung der einzelnen Gewindestifte unter Berücksichtigung der Ausgleichswirkung der Elastomerlage zu berechnen. **Bild 5** veranschaulicht diesen Informationsfluß vom CAD-System über einen PC bis zu dem Steuerungssystem für die Antriebe der Einstellvorrichtung.

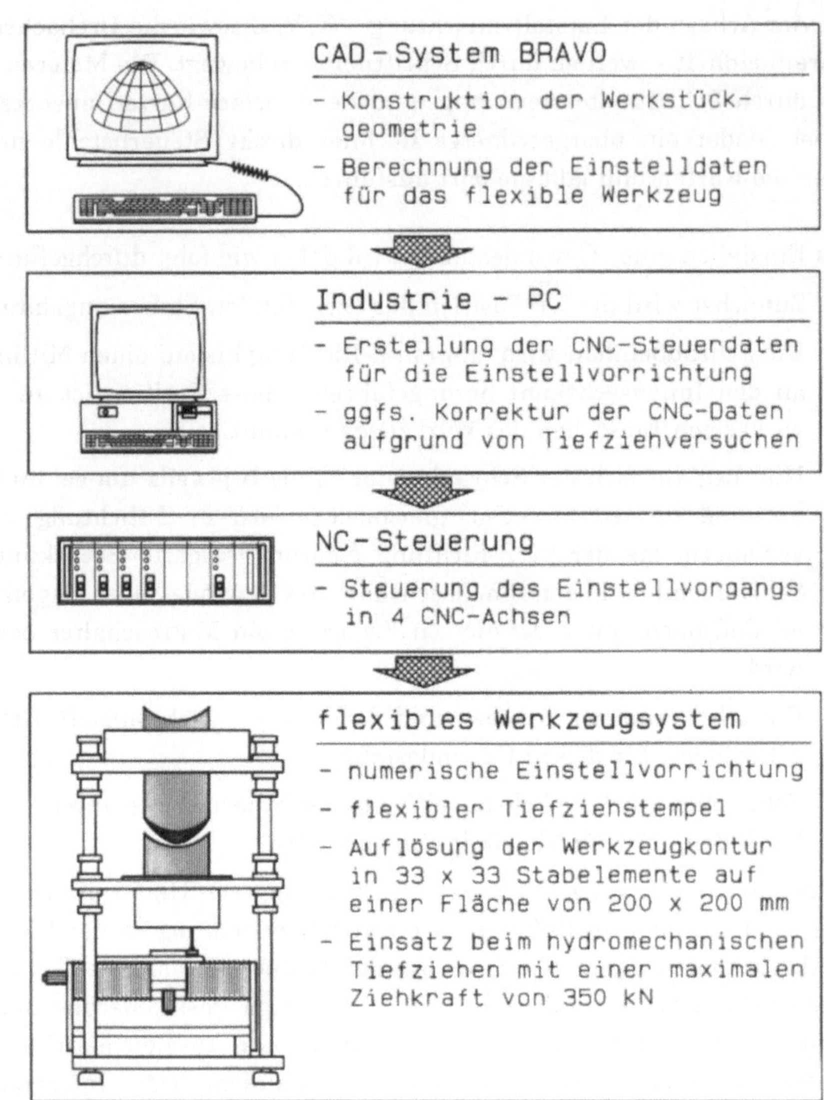

Bild 5: Flexibles Werkzeugsystem zum Tief- und Streckziehen

Mit dem eingesetzten CAD-System BRAVO3 können aus geometrischen Grundelementen 2D-/3D-Drahtmodelle erstellt werden, die zur Erzeugung von Volumenmodellen und Oberflächen sowie NC-Programmen für die Fertigung genutzt werden.

Um eine Positionierung der einzelnen Gewindestifte entsprechend der konstruierten Werkstückform zu erzielen, werden Normalenvektoren entsprechend einer Rasterweite von 6 mm in der X-/Y-Ebene nacheinander auf die Werkstückoberfläche projiziert. Die errechneten Oberflächenschnittpunkte werden als Koordinatenwerte gespeichert und dem Steuerrechner für die Einstellvorrichtung übergeben.

FEM-Untersuchungen zum Einsatz der Elastomerunterlagen

Ausgehend von den experimentellen Versuchen mit Elastomerzwischenschichten wurde für eine FE-Simulation mit dem kommerziellen Programmsystem MARC ein halbkugelförmiger Körper gewählt.

Für die zu erwartenden großen Verzerrungen im Elastomer und den dadurch bedingten "Zerstörungen" einzelner Elemente wurde die Erneuerung und nachträgliche Verfeinerung des alten Netzes geprüft. Dabei werden die Daten des alten, stark verzerrten Netzes auf ein neu generiertes Netz übertragen. Es zeigte sich jedoch, daß durch die Verwendung verschiedener Elementtypen für Blechronde und Elastomer erhebliche Schwierigkeiten bei der Datenübertragung auftraten. Gründe hierfür sind in der speziellen Formulierung der Fünf-Knoten-Ringelemente für das Elastomer zu sehen, die nicht nur die vier Knoten für die Verschiebungen beschreibt, sondern zudem noch einen Knoten für die im Element gespeicherte Energie bereithält. Aus diesem Grund wurde von einem Rezoning im Verlauf der Rechnung Abstand genommen.

Die Diskretisierung des Bleches wurde so vorgenommen, daß der Umformwiderstand und das Formverhalten mit den in Erichsen-Versuchen gewonnenen Erkenntnissen übereinstimmen [15]. Für den Kontakt zwischen Elastomer und Blechronde erwies sich eine möglichst gleichmäßige Diskretisierung in radialer Richtung als vorteilhaft. Diese wurde im Hinblick auf die gewählte Form des flexiblen Stempels mehrfach variiert und getestet [16].

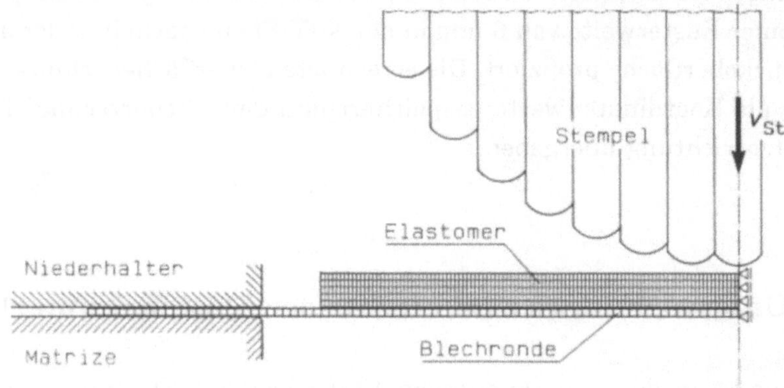

Bild 6: FE-Simulationsmodell

In **Bild 6** ist das für die Simulation diskretisierte FE-Modell dargestellt. Das Materialverhalten wurde mit dem Neo-Hookschen Gesetz beschrieben und die Diskretisierung erfolgte durch 500 isoparametrische Fünf-Knoten-Ringelemente, denen eine sogenannte Hermann-Formulierung zugrunde liegt. In der Simulation entsprechen die Abmessungen dem realen Werkzeug, das auf eine Halbkugelform von 100 mm Durchmesser eingestellt ist.

Die Berechnungen ergaben stark schwankende Belastungen im Elastomer. Diese Schwankungen sind die Folge der durch einzelne Stifte diskretisierten Werkzeugkontur. Die Hauptdehnung bzw. Belastung wird durch weniger als die halbe Stirnfläche eines jeden einzelnen Stiftes eingeleitet. Mit zunehmenden Höhenunterschieden der einzelnen Stifte verschlechtert sich dieses Verhältnis erheblich. Der beschriebene Belastungszustand des Elastomers spiegelt sich auch in den auftretenden Vergleichsspannungen wieder (**Bild 7**).

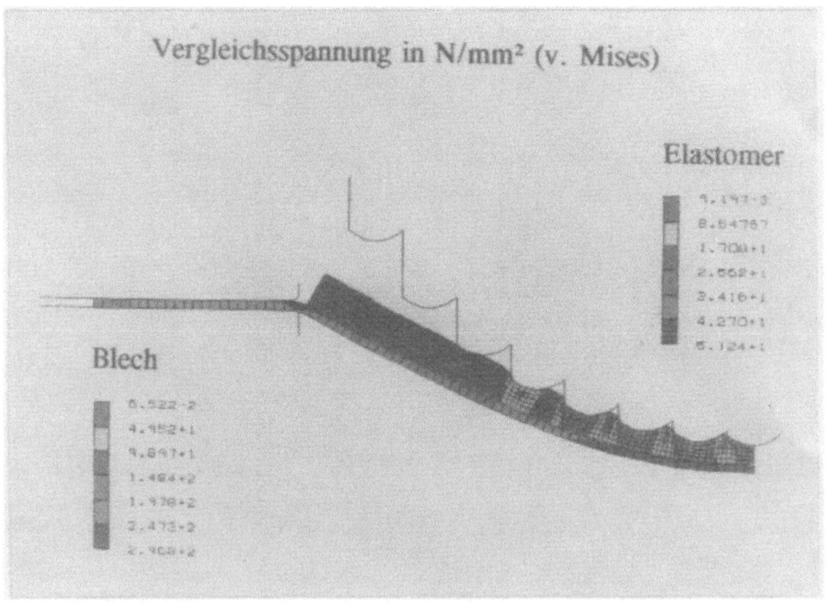

Bild 7: Mit MARC berechnete Verteilung der Vergleichsspannung im Blech und im Elastomer

Zusammenfassung

Ziel der Forschungsarbeiten ist es, ein flexibles numerisch einstellbares Werkzeugsystem für das Tiefziehen bzw. Streckziehen zu entwickeln sowie deren Einsatzmöglichkeiten zu bestimmen.

Zunächst wurde ein flexibles Tiefziehwerkzeug und eine numerisch steuerbare Einstellvorrichtung realisiert. Die Konstruktion des jeweiligen Tiefziehwerkstücks erfolgt dabei auf dem CAD-System BRAVO3 mit den dort vorhandenen Möglichkeiten zur Geometrieerzeugung und -manipulation. Für dieses flexible Werkzeugsystem wurde ein Softwaresystem zur Aufbereitung der Oberflächeninformation im entsprechenden Koordinaten-

Bild 8: Mit flexiblem Werkzeug hergestellte Tiefziehteile

raster der Gewindestifte, zur Übergabe der Daten vom CAD-System BRAVO3 zum Steuerrechner der Einstellvorrichtung sowie zur CNC-Steuerung dieser Vorrichtung erarbeitet.

Das Werkzeugsystem wird derzeit um eine flexible Tiefziehmatrize erweitert. Zukünftig sollen weitere experimentelle Untersuchungen die Einsatzmöglichkeiten des Gesamtsystems beim Tief- und Streckziehen aufzeigen. Dabei gilt es auch, die Verfahrensgrenzen des flexiblen Werkzeugsystems zu bestimmen. **Bild 8** zeigt Beispiele für Werkstücke, die bislang mit dem flexiblen Tiefziehstempel hergestellt wurden. Als Werkstoff wurde hier St1403 und Messing mit einer Blechdicke von s_0=1 mm verwendet. Als Ausgleichsschicht zwischen den einzelnen Stäben diente eine Elastomerlage, mit der erreicht werden konnte, daß einzelne Stababdrücke mit einem mechanischen Tastschnittgerät zur Rauhigkeitsmessung nicht mehr erfaßt werden können. Die Abweichung von der Kugelform mit einem Durchmesser von D = 100 mm beträgt bei der abgebildeten Messinghalbkugel durchschnittlich 0,1 mm.

In rechnerischen und experimentellen Untersuchungen soll zukünftig insbesondere auch der Einfluß der Elastomerschicht noch genauer betrachtet werden. Untersuchungen zur Berechnung des Zusammenwirkens von Stempel, Elastomerlage, Blechronde sowie dem Spannungszustand beim hydromechanischen Tiefziehen wurden bereits mit dem FE-System MARC begonnen und sollen fortgesetzt werden.

Literatur

[1] **Lange, K.; Körner, E.:** Umformwerkzeuge - Neue Wege für Konstruktion und Fertigung durch CAD/CAM. Fertigungstechnisches Kolloquium Stuttgart, 10.-11.10.1985, Tagungsband, S. 150 - 159

[2] **Doege, E.:** Ziehtechnik bei der Herstellung von Karosserieteilen. Hannoversches Forschungsinstitut für Fertigungsfragen e.V., HFF-Bericht Nr. 11 (1987)

[3] **Schmoeckel, D.:** Perspektiven der Umformtechnik. 3. Umformtechnisches Kolloquium Darmstadt 16.-17.03.1988, Tagungsband, S. 4.1 - 4.21

[4] **Siegert, K.:** Ziehen von flachen Karosserieteilen. VDI-Z 131 (1989) 4, S. 57 - 62

[5] **Herold, U.:** Verbesserung der Form- und Maßgenauigkeit kreiszylindrischer Werkstücke aus unterschiedlich verfestigenden Werkstoffen durch hydromechanisches Tiefziehen. Dr.-Ing. Dissertation, Universität Dortmund 1984

[6] **Wollrab, P.M.:** CIM-Bausteine, dargestellt am Beispiel flexibler Karosserie-Bauteilherstellung. 3. Umformtechnisches Kolloquium Darmstadt 16.-17.03.1988, Tagungsband, S. 22.1 - 22.7

[7] **Finckenstein, E. v.; Brox, H.:** Sondertiefziehverfahren. in: Lange, K.: Umformtechnik, Handbuch für Industrie und Wissenschaft, 2. Auflage, Band 3, Kapitel 9, Springer-Verlag, Berlin Heidelberg ... 1990

[8] **Mindrup, W.:** Möglichkeiten der Fluidzellpressentechnik. In: Siegert, K. (Hrsg): Neuere Entwicklungen in der Blechumformung, Symp. am 08.-09.05.1990 in Fellbach, DGM-Verlag, Oberursel 1990

[9] **Wolak, J., Bodoia, F.R., Sherrer, R.E. and Worm, P.:** Preliminary Study of an Infinitely Variable Surface Generator and its Application to Die Forming. Manufacturing Engineering Transactions 2 (1973), S. 155 - 160

[10] **Iwasaki, Y., Shiota, H., Taura, Y., Seko, N., Kumamoto, M.:** Development of a Triple-Row-Press, Mitsubishi Heavy Industries, Technical Review, June 1977

[11] **Nakajima, Y.:** A Newly Developed Technique to Fabricate Complicated Dies and Electrodes with Wires. Journal of Japanese Society of Mechanical Engineering, March 1968

[12] **Gossard, D.C.; Hardt, D.E.; McClintock, F.A.; Allison, B.T.; Stelson, K.A.; Olsen, B.; Gu, I.:** Sequential Forming of Sheet Metal Parts. Final Report to Air Force Materials Lab. WPAFB, Contract F33615-78-C-5111, January 1980

[13] **Robinson, R.E.; Hardt, D.E.; Webb, R.D.:** Closed Loop Control of Die Stamped Sheet Metal Parts: Algorithm Development and Flexible Forming Machine Design. Advanced Systems for Manufacturing, 12th Conference on Production Research and Technology, NSF, University of Wisconsin, Madison, USA, 14.-17.05.1985, Proc., S. 21 - 28

[14] **Altan, T.; Miller, R.A.:** Design for Forming and other Near Net Shape Manufacturing Processes. Annals of the CIRP, Vol. 39/2/1990, S. 609 - 620

[15] **Herrmann, M.:** Beitrag zur Berechnung von Vorgängen der Blechumformung mit der Methode der Finiten Elemente. Dr.-Ing. Dissertation, Universität Stuttgart, Lange, K. (Hrsg): Prozeßsimulation in der Umformtechnik, Nr. 1, Springer-Verlag, Berlin Heidelberg 1990

[16] **Geiger, M.; vom Ende, A.; Engel, U.:** Untersuchungen zum Blechbiegen mit elastischen Werkzeugen. Blech Rohre Profile 39 (1992) 3, S. 191 - 198

[17] **Kleiner, M.; Smatloch, Ch.:** Flexibles Werkzeug zum Tiefziehen mit verstellbarem Stempel. Bänder Bleche Rohre 32 (1991) 12, S. 33 - 37

[18] **Thoms, V.; Fugger, B.:** Werkzeuge und Verfahren für kleine und mittlere Stückzahlen. In: Siegert, K. (Hrsg): Neuere Entwicklungen in der Blechumformung, Vortragsband des Symposiums in Fellbach am 07.-08.04.1992, DGM-Verlag, Oberursel 1992

Simulation von Tiefziehprozessen - Nur eine Utopie?

Dr.-Ing. Volker Steininger
Hoesch Stahl AG, Dortmund

Einleitung

Die Finite-Elemente-Methode hat mittlerweile in viele Bereiche Eingang gefunden und ist dort zu einem täglichen Handwerkszeug des Berechnungsingenieurs geworden. Speziell bei Optimierungsproblemen, der Be- oder Nachrechnung der Festigkeit von Bauteilen und der Verformungsberechnung von Dichtungsprofilen (implizite Programme) sowie bei der Crash- und Airbaganalyse (explizite Programme) ist die Funktionalität einiger Systeme so hoch, daß eine Vielzahl von experimentellen Untersuchungen eingespart werden kann.

Die Verwendung der Finite-Elemente-Methode für den Bereich der Prozeßsimulation hat sich bisher jedoch nicht in gleichem Maße durchsetzen können. Hier sind es verschiedene Hochschulinstitute, Großforschungseinrichtungen und Forschungs- und Entwicklungsabteilungen großer Unternehmen, die den Einsatz von Prozeßsimulationen auf der Basis der FEM untersuchen und vorbereiten. Die Gründe hierfür sind unter anderem

- hohe Investitionskosten für Hard- und Software,
- hoher Aufwand bei der Berechnung der nichtlinearen Gleichungen,
- zum Teil sehr schlechtes Antwortzeitverhalten,
- schwer quantifizierbares Kosten-Nutzen-Verhältnis,
- fehlendes qualifiziertes Personal,
- nicht meßbare Prozeßparameter und
- vereinfachte Materialbeschreibung.

Trotz dieser Vielzahl von Gründen, die die Verbreitung des industriellen Einsatzes der FEM für die Simulation von Umformprozessen noch behindern, werden gerade in letzter Zeit vermehrte Anstrengungen unternommen, die Prozeßsimulation voranzutreiben, da die Vorteile und die damit verbundenen Kosteneinsparungen diese Anstrengungen rechtfertigen. Insbesondere die Werkzeugentwicklung ließe sich bei befriedigenden Simulationsergebnissen kostengünstiger und mit hoher Qualität durchführen.

Hier soll im folgenden ein Überblick über den derzeitigen Stand der Entwicklungen gegeben und Tendenzen aufgezeigt werden, was in absehbarer Zeit mit der FEM im Bereich der Simulation von Umformprozessen speziell von Tiefziehprozessen erreicht werden kann.

Stoffgesetze

Die korrekte Beschreibung des Werkstoffverhaltens ist der wohl wichtigste Punkt bei der Simulation eines Umformprozesses. Eine große Anzahl von Stoffgesetzen wurde formuliert und noch immer wird an einer Verbesserung der Beschreibung des Werkstoffverhaltens gearbeitet. Dies gilt nicht nur für "neue" Werkstoffe sondern in gleichem Maße oder vielleicht gerade für die Metalle Stahl und Aluminium.

Ein Stoffgesetz besteht aus einer Fließbedingung (Fließkriterium), mit der der Spannungszustand bestimmt wird, bei der das Material plastifiziert wird, einer Fließregel, die im plastischen Bereich den Zusammenhang zwischen Dehnung und Spannung herstellt sowie einem Verfestigungsgesetz, das die Veränderung der Fließbedingung mit fortschreitender Verformung beschreibt.

Für Stahl ist das Kriterium von v. Mises die wohl gängigste Fließbedingung. Sie gilt für isotrope Werkstoffe, ist unabhängig vom hydrostatischen Druck und damit nur noch eine Funktion der 2. Invariante des Spannungsdeviators σ'

$$I_2^{\sigma'} = \frac{1}{3} k_f^2$$

mit der Fließspannung k_f, die aus dem einachsigen Zugversuch erhalten wurde.

Anschaulich läßt sich die v. Mises Fließbedingung als Zylinderfläche darstellen (**Bild 1**).

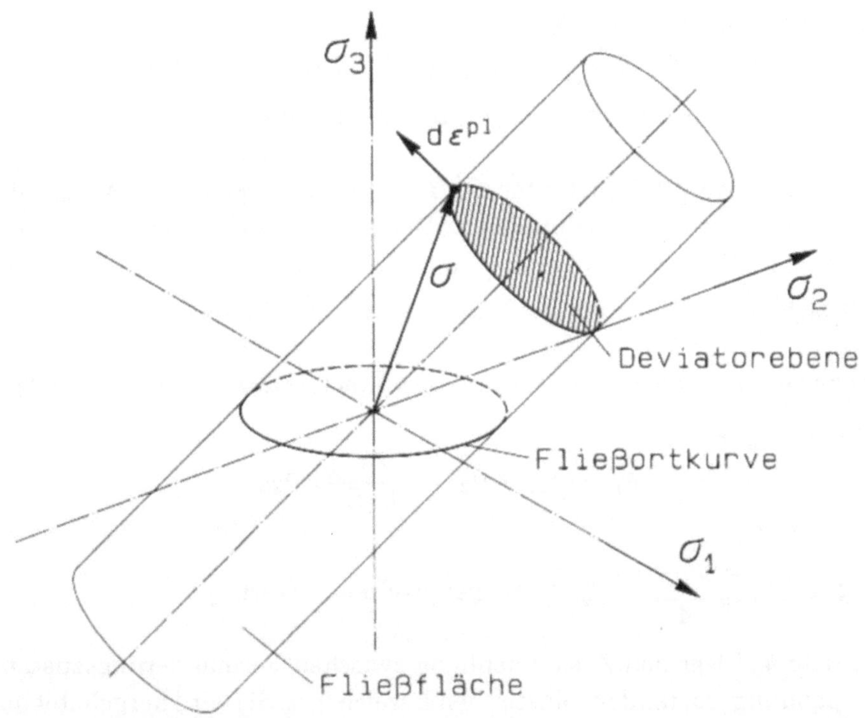

Bild 1: Darstellung des v. Mises-Fließkriteriums im Hauptspannungsraum [10]

Die Achse des Zylinders beschreibt den hydrostatischen Druck, Flächen gleichen hydrostatischen Druckes heißen Deviatorebene, und die elliptische Schnittfläche in der σ_1-σ_2-Ebene ist die Fließortkurve des Werkstoffes. Bei der Annahme, daß der Werkstoff isotrop ist, reicht die Berücksichtigung der Fließkurve, da das Werkstoffverhalten in diesem Fall unabhängig ist von der Richtung der Spannungen.

Bei der Simulation von Tiefziehprozessen unter Verwendung von Werkstoffen, bei denen anisotropes Verhalten berücksichtigt werden muß, wird heute in den meisten Fällen ein Fließkriterium von Hill [6] benutzt. Hierbei wird unterschieden zwischen der ebenen und der senkrechten Anisotropie.

Bei ebener Anisotropie gilt

$$2k_f^2 = (G+H)\sigma_{11}^2 + (H+F)\sigma_{22}^2 - 2H\sigma_{11}\sigma_{22} + 2N\sigma_{12}^2$$

mit der im Zugversuch ermittelten Fließspannung k_f.

Zur Bestimmung der Konstanten *G, H, F* und *N* werden die *r*-Werte, also das Verhältnis von Querdehnung zur Dehnung in Dickenrichtung, in drei Richtungen, üblicherweise $r_{0°}$, $r_{90°}$ und $r_{45°}$, benötigt. Die Richtungsangaben beziehen sich dabei auf die Walzrichtung des Bleches.

Wird nur mit senkrechter Anisotropie gerechnet, reduziert sich die Fließbedingung auf

$$k_f^2 = \sigma_{11}^2 + \sigma_{22}^2 - \frac{2R}{1+R}\sigma_{11}\sigma_{22}$$

mit $R = \dfrac{r_{0°} + 2r_{45°} + r_{90°}}{4}$ als gemitteltem r-Wert.

Die Fließregel legt den Zusammenhang zwischen Formänderungszustand und Spannungszustand im plastischen Bereich fest. Sie wird hergeleitet aus der Annahme, daß jeder Körper ein plastisches Potential (Fließpotential) *g* besitzt, das bei realen Werkstoffen eine Funktion des Spannungszustandes σ, des Formänderungszustandes ε, der Formänderungsgeschwindigkeit $\dot{\varepsilon}$, der Temperatur *T* und einem Verfestigungsparameter *k* ist

$$g = g(\sigma_{ij}, \varepsilon_{ij}^{pl}, \dot{\varepsilon}_{ij}^{pl}, T, k) .$$

Eine Änderung des plastischen Potentials ergibt

$$\delta g = \frac{\partial g}{\partial \sigma_{ij}} d\sigma_{ij} \begin{cases} >0 \Rightarrow \textit{Verfestigung} \\ =0 \Rightarrow \textit{idealplastisch} \\ <0 \Rightarrow \textit{rein elastisch} \end{cases}$$

Vergleicht man diese Änderung mit der Forderung, daß bei plastischer Formänderung nur Energie dissipiert werden kann

$$d\varepsilon_{ij}^{pl} \cdot d\sigma_{ij} \geq 0,$$

dann ergibt sich das Potentialgesetz von v. Mises

$$d\varepsilon_{ij}^{pl} = d\lambda \frac{\partial g}{\partial \sigma_{ij}}$$

mit dem Proportionalitätsfaktor dλ.

Verwendet man für das Fließpotential g das Fließkriterium, erhält man eine assoziierte Fließregel. Speziell bei Verwendung des Fließkriteriums nach v. Mises ergibt sich wegen

$$\frac{\partial g}{\partial \sigma_{ij}} = \frac{\partial I_2^{\sigma'}}{\partial \sigma_{ij}} = \sigma'_{ij}$$

die Fließregel zu $d\varepsilon_{ij}^{pl} = d\lambda\, \sigma'_{ij}$.

Mit $\frac{d\lambda}{dt} = \dot{\lambda}$ und $\frac{d\varepsilon_{ij}^{p}}{dt} = \dot{\varepsilon}_{ij}^{p}$ folgt

$$\dot{\varepsilon}_{ij}^{p} = \dot{\lambda} \cdot \sigma'_{ij},$$

eine lineare Beziehung zwischen den Komponenten der Formänderungsgeschwindigkeiten und den Komponenten des Spannungsdeviators. Dies ist die heute gebräuchlichste Form, ein isotropes, elastisch-plastisches Material zu beschreiben.

Seydel [11] stellt ein von der Hillschen Theorie abweichendes Materialmodell für anisotrope Werkstoffe aufbauend auf den Formulierungen von Besdo vor und erhielt eine gute Übereinstimmung zu experimentellen Untersuchungen.

Komplexere Stoffgesetze, die z.B. eine beliebige Form der Fließortkurve für einen Werkstoff zulassen, beinhalten eine größere Anzahl an Materialkennwerten. Als ein Beispiel sei hier das Isotropy-Center-Translation (ICT) Modell von Mazilu u.a. [9] erwähnt, bei dem 24 Konstanten für die Beschreibung eines anisotropen Werkstoffes benötigt werden.

Eine explizite Stoffgesetzformulierung im Dehnungsraum gelang Heiduschke [4]. Hiermit ist es möglich, die Spannungen direkt, ohne die normalerweise erforderlichen Iterationen zu berechnen, so daß eine erhebliche Verkürzung der Rechenzeit erreicht werden kann.

Auf die verschiedenen Ansätze, die Verfestigung des Werkstoffes zu beschreiben, wird an dieser Stelle nicht eingegangen, da diese Mechanismen und ihre Auswirkungen schon von Schilling in [10] beschrieben werden.

Die Berücksichtigung des Einflusses der Formänderungsgeschwindigkeit $\dot{\varepsilon}_{pl}$ wird bei der Simulation von Tiefziehprozessen oftmals vernachlässigt. Für die meisten Werkstücke ist die Annahme, daß die Beeinflussung des Werkstoffverhaltens durch die auftretenden Umformgeschwindigkeiten gering ist, berechtigt. Betrachtet man aber die lokale Formänderung an den Radien des Werkzeuges, speziell bei dem Vorhandensein von Ziehsicken, so treten an diesen Stellen zum Teil sehr hohe Formänderungsgeschwindigkeiten auf. Der Einfluß auf die Fließspannung des Werkstoffes kann auf verschiedene Arten beschrieben werden. Symonds [12] beschreibt die Spannungsänderung unabhängig von der Verfestigung

$$\bar{\sigma} = k_f \left[1 + \left(\frac{\dot{\varepsilon}^{pl}}{D} \right)^{\frac{1}{p}} \right]$$

mit der Fließspannung k_f und den Materialkonstanten D und p, während Wertheimer [14] die Verfestigung und den Einfluß der Formänderungsgeschwindigkeit zusammenfaßt

$$\hat{\sigma} = k_f + h_{eff} \, \Delta\dot{\varepsilon}^{pl}$$

mit

$$h_{eff} = h + \frac{\partial\sigma}{\dot{\varepsilon}^{pl}} \frac{1}{\Delta t}$$

und h als dem Verfestigungsverhältnis.

Implizit oder Explizit?

Die Diskussion, welche Zeitintegrationsmethode sinnvoller ist, existiert schon seit einigen Jahren. Beide Methoden haben Vor- und Nachteile, so daß die Entscheidung, welche der Methoden besser ist, ausschließlich an dem jeweils vorliegenden Problem beurteilt werden kann, wie insbesondere der VDI-Kongreß "FE-Simulation of 3-d sheet metal forming" im Mai 1991 in Zürich gezeigt hat.

Bei expliziten Integrationsverfahren werden zur Lösung der Bewegungsgleichungen zum Zeitpunkt $t + \Delta t$ nur Werte herangezogen, die bis zum Zeitpunkt t bestimmt sind. Die zentrale Differenzenmethode ist ein solches Integrationsverfahren. Stabilitätsuntersuchungen für diese Methode haben gezeigt, daß der Zeitschritt Δt kleiner sein muß als der kritische Zeitschritt Δt_{kri}, wobei nach Bathe [1] gilt

$$\Delta t_{kri} = \frac{T}{\pi}$$

mit T als der kleinsten Eigenschwingungsform der Struktur.

Wählt man einen Zeitschritt $\Delta t \leq \Delta t_{kri}$, dann ist die Lösung der zentralen Differenzenmethode stabil.

Der große Vorteil des zentralen Differenzenverfahrens ist, daß die Steifigkeitsmatrix nicht global für das gesamte System berechnet und invertiert werden muß und die Lösung, insbesondere bei Verwendung einer diagonalen Massenmatrix, durch einfache Matrizenmultiplikationen erhalten werden kann. Hierdurch wird das Verfahren sehr schnell, und eine Erhöhung der Elementzahl vergrößert die Zeit für die Lösung in etwa linear (wenn bei der Erhöhung der Elementzahl die Elementgröße verringert wird, muß berücksichtigt werden, daß auch der Zeitschritt kleiner gewählt werden muß, um noch eine stabile Lösung zu erhalten).

Aufgrund des kleinen Zeitschrittes können nur sehr schnell ablaufende, dynamische Prozesse wirtschaftlich simuliert werden. Um trotzdem quasi-statische Prozesse, wie z.B. das Tiefziehen, mit der expliziten Methode berechnen zu können, machen Heath u.a. [3] den Prozeß "künstlich" dynamisch. Hierbei wird die Umformgeschwindigkeit in der Berechnung erhöht und alle Parameter, die von der Umformgeschwindigkeit beeinflußt werden, mit dem gleichen Faktor angepaßt. Die Ergebnisse dieses in dem Programm PAM-Stamp implementierten Verfahrens zeigen eine gute Übereinstimmung mit experimentellen Untersuchungen.

Implizite Integrationsmethoden lösen die Bewegungsgleichungen zum Zeitpunkt $t + \Delta t$. Hierfür ist eine Berechnung und Invertierung der globalen Steifigkeitsmatrix des Systems erforderlich sowie Iterationen, um eine stabile Lösung zu erhalten. Die Größe der Steifigkeitsmatrix hängt von der Anzahl und dem Typ der Elemente ab. Im Gegensatz zu dem expliziten Verfahren steigt hier die Rechenzeit etwa quadratisch mit der Anzahl der Elemente, wobei das gesamte Gleichungssystem im Hauptspeicher gelöst werden muß. Bei der Auslagerung auf die Festplatte steigt die Rechenzeit dramatisch, so daß keine wirtschaftliche Rechnung möglich ist. Hierdurch ist die Anzahl der Elemente heute vornehmlich durch die zur Verfügung stehenden Hardware begrenzt, so daß komplexe Oberflächen nicht mit der erforderlichen Feinheit vernetzt werden können.

Die Verwendung iterativer Verfahren bei der Lösung des Gleichungssystems ist ein erster Ansatz, die maximal mögliche Elementanzahl zu vergrößern und gleichzeitig die erforderliche Rechenzeit in Grenzen zu halten. Darüberhinaus wird in dem von Kubli, Reissner, Anderheggen und Heiduschke [7,8] vorgestellten Programm AUTOFORM erstmals eine automatische Netzver- und -entfeinerung vorgestellt. Dies erlaubt in Verbindung mit der hier vorgenommenen Entkopplung von Biege- und Streckziehanteil sehr große Elementzahlen, so daß das Netz an den kritischen Stellen des Werkstücks die erforderliche Feinheit besitzt und an Stellen geringer Umformung große Elemente verwendet werden.

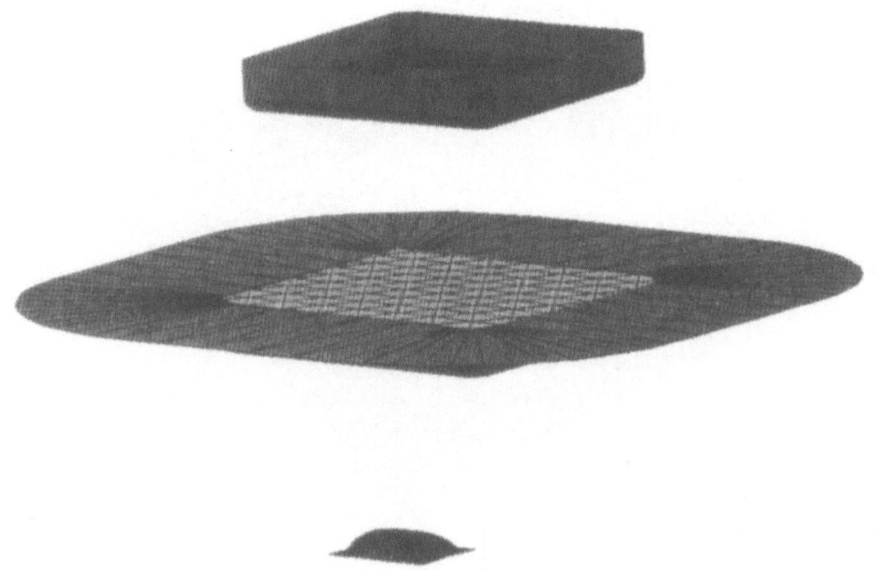

Bild 2: Werkzeugsatz bestehend aus Stempel, Niederhalter, Matrize und dem Stempel für die Mulde und Platine für die Tiefziehsimulation des Modellwerkstücks mit AUTOFORM
(Hoesch Stahl AG)

Die Bilder 2, 3 und 4 verdeutlichen diesen Vorgang anhand der Simulation des Tiefziehens eines rechteckigen Modellwerkstücks (300 x 300 mm) mit einer Türgriffmulde. Dieses Werkstück wird in der Anwendungstechnik der

Hoesch Stahl AG verwendet, um das Umformverhalten verschiedener Werkstoffgüten (weiche Tiefziehstähle, Bake-Hardening- und höherfeste Stähle) zu ermitteln und um die Möglichkeiten der Prozeßsteuerung mit einem regelbaren Niederhalter zu untersuchen. Drewes u.a. [2] beschreiben erste Ergebnisse dieser Untersuchungen, die unter Verwendung der FEM bei Hoesch Stahl fortgesetzt werden. **Bild 2** zeigt die Werkzeuge (Stempel, Niederhalter, Matrize und den in der Matrize befindlichen Stempel für die Mulde) und die Platine, die mit 250 Elementen diskretisiert wurde.

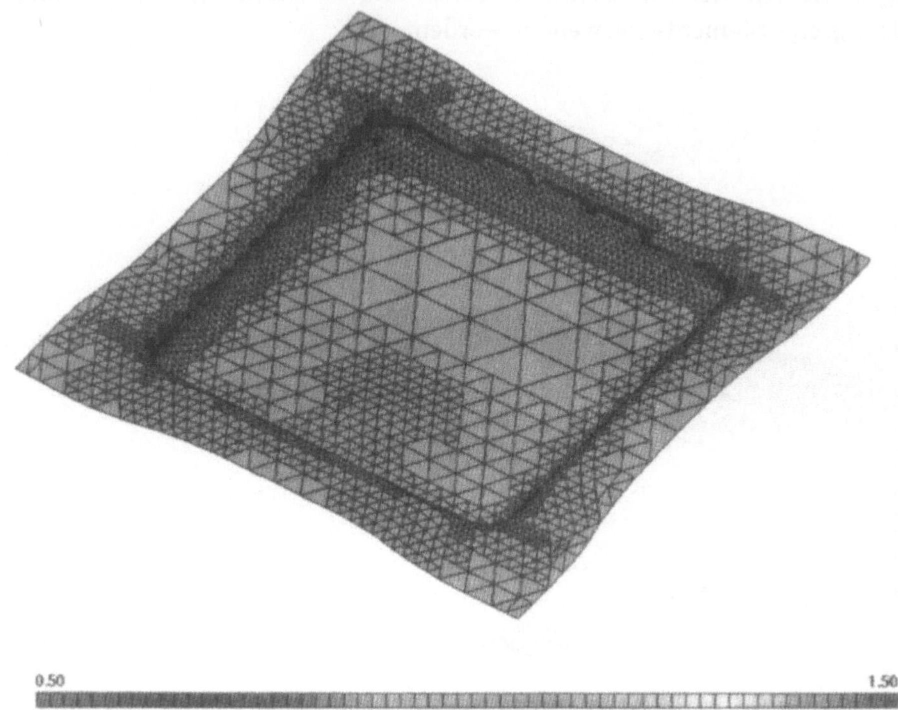

Bild 3: Berechnete Blechdickenverteilung im Werkstück nach 25 mm Ziehtiefe (8680 Elemente) (Hoesch Stahl AG)

Bild 3 stellt die Blechdickenverteilung des Werkstücks nach 25 mm Ziehtiefe dar. Das die Mulde formende Werkzeug ist gerade in Kontakt mit dem Blech, was an der Netzverfeinerung im unteren Bereich des Werkstücks zu erkennen ist. Das Netz besteht zu diesem Zeitpunkt aus 8680 Elementen.

Bild 4 zeigt die Blechdickenverteilung am Ende der Umformung (50 mm Ziehtiefe). Die Türgriffmulde ist jetzt voll ausgebildet und das gesamte Werkstück mit 11946 Elementen diskretisiert. Diese Netzverfeinerung erfolgt vollständig automatisch, wobei der Anwender die Möglichkeit hat, den Prozeß durch das Wichten der Faktoren Dehnungsänderung, Dickenänderung oder Radiusanpassung zu steuern.

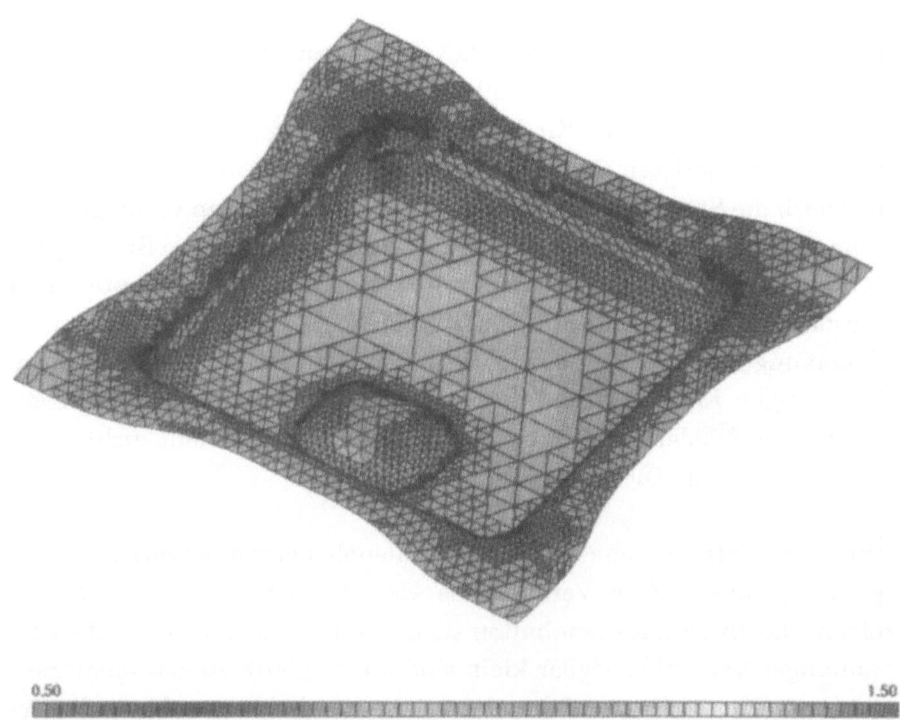

Bild 4: Berechnete Blechdickenverteilung im Werkstück nach 50 mm Ziehtiefe (11946 Elemente) (Hoesch Stahl AG)

Elementauswahl

Es gibt verschiedene Ansätze, den Spannungszustand im Werkstück zu beschreiben. Die Auswahl des Ansatzes bestimmt die zu verwendenden Elemente, die unterschieden werden in

- Schalenelemente,
- Membranelemente und
- Kontinuumselemente.

Schalenelemente haben den Vorteil, daß sie die geometrischen Anforderungen eines Bleches hervorragend erfüllen, aufgrund der Annahmen der traditionellen Schalentheorie von Kirchhoff (C^1 - Übergang) aber sehr komplexe Formfunktionen besitzen. Mindlin entwickelte ein vereinfachtes Element, das nur noch die Stetigkeit der Verschiebung an den Knoten verlangte (C^0-Übergang), aber immer noch beinhaltet, daß die transversalen Schubspannungen im Element klein und konstant über die Dicke des Elementes sind. Gerade diese letzte Bedingung führt bei Tiefziehsimulationen zu Problemen, den Spannungszustand im Werkstück korrekt zu beschreiben, da infolge des beidseitigen Kontaktes und den auftretenden Reibschubspannungen, z.B. unter dem Niederhalter, die Schubspannung im Element nicht mehr konstant ist über die Dicke des Elements.

Membranelemente sind analog zu den Schalenelementen hervorragend geeignet, die geometrischen Verhältnisse von Tiefziehsimulationen zu beschreiben. Darüberhinaus beinhalten sie die Annahme, daß sämtliche Biegespannungen vernachlässigbar klein sind im Vergleich zu den Membranspannungen. Dies steigert auf der einen Seite in erheblichem Maße die Rechengeschwindigkeit, da die Steifigkeitsmatrix des Systems sehr viel günstiger konditioniert ist, und auf der anderen Seite wird der Spannungszustand des Werkstückes natürlich nicht korrekt beschrieben.

Bei dem überwiegenden Teil der Tiefziehteile stimmt die oben getroffene Annahme, daß vornehmlich Streckziehbeanspruchungen auftreten, mit experimentellen Untersuchungen überein, so daß hier eine gute Übereinstimmung von Simulation und Prozeß erzielt werden kann. Die Berechnung des Eigenspannungszustandes des Werkstückes oder die Bestimmung der Rückfederung ist mit diesem Ansatz aber nicht möglich. Hier bedarf es noch weiterer Untersuchungen, um zu einem praktikablen Weg zu gelangen.

Kontinuumselemente haben den Vorteil, daß mit ihnen ein 3-dimensionaler Spannungszustand allgemein beschrieben werden kann. Nachteilig ist, daß

- nur ein bestimmtes Längenverhältnis der Elementseiten zulässig ist,
- die Rechenzeit gegenüber Membran- oder Schalenelementen deutlich höher ist und
- sie ein zu steifes Verhalten bei Biegebeanspruchung aufweisen.

Insbesondere das zu steife Verhalten der Elemente war Gegenstand umfangreicher Entwicklungen, um hier zu besseren Ergebnissen zu kommen. Heute gibt es mehrere Möglichkeiten, das Verhalten der Elemente in Bezug auf eine Biegebeanspruchung zu verbessern (reduzierte Integration, "assumed-strain"-Methode), so daß eine Verwendung von Kontinuumselementen für die Tiefziehsimulation möglich wird. Berücksichtigt werden muß aber, daß aufgrund der um ein Vielfaches höheren Rechenzeit Schalen- oder Membranelemente für die Simulation von Tiefziehprozessen zu bevorzugen sind.

Die Auswahl der Elemente bleibt demnach, ebenso wie die Auswahl des Integrationsverfahrens, sehr stark problemabhängig. In den meisten Programmsystemen wird ein Elementtyp bevorzugt, so daß dem Anwender hier die Auswahl erleichtert wird. Die impliziten Programmsysteme arbeiten in der Regel mit Struktur- oder Membranelementen (leistungsfähige Schalenelemente für implizite Systeme sind in der Entwicklung), während bei den expliziten Systemen die Schalenelemente bevorzugt werden.

Reibung

Die Untersuchung und Beschreibung der Reibphänomena zwischen Werkstück und Werkzeug ist bis heute noch nicht abgeschlossen. Obwohl mittlerweile weitergehende Formulierungen vorhanden sind, wird bei den meisten Berechnungen von Blechumformprozessen das Coulombsche Reibmodell verwendet, das die Reibkraft als Anteil der auf die Fläche wirkenden Normalkraft beschreibt

$$F_R = \mu \cdot F_N .$$

Der Reibkoeffizient μ ist hierbei im allgemeinen eine Funktion der Normalkraft F_N, der Werkstoffpaarung, der Oberflächenrauhigkeit R_a, des verwendeten Schmierstoffes, der Relativgeschwindigkeit zwischen den Reibpartnern und der Temperatur. An den Instituten in Hannover (Prof. Doege), Stuttgart (Prof. Siegert) und Darmstadt (Prof. Schmöckel) werden umfangreiche Untersuchungen durchgeführt, um zu einem verbesserten Reibmodell zu gelangen.

Aufbauend auf dem Coulombschen Reibmodell wurde vom Institut für Produktionstechnik und Umformmaschinen an der TH Darmstadt eine mathematische Beschreibung des Reibbeiwertes μ als Funktion der Normalspannung σ_n und der Relativgeschindigkeit v zwischen Werkstück und Werkzeug formuliert:

$$\mu = \alpha e^{\beta v} \sigma_n^2 + \gamma e^{\delta v} \sigma_n + \varepsilon e^{\zeta v} .$$

Am Institut für Umformtechnik und Umformmaschinen der Universität Hannover wurde ein Reibmodell entwickelt, bei dem die Reibschubspannung mit einer Potenzentwicklung 3. Ordnung als Funktion der Normalspannung σ_N beschrieben wird

$$\tau = \alpha + \beta \sigma_n + \gamma \sigma_n^2 + \delta \sigma_n^3 .$$

Bei beiden Beschreibungen wird deutlich, daß ein sehr hoher Aufwand an experimentellen Untersuchungen nötig wird, um die Konstanten zu bestimmen. Dies um so mehr, als der Einfluß der Werkstoffpaarung, des verwendeten Schmiermittels und der Oberflächenbeschaffenheit bei den Modellen nicht berücksichtigt wird.

Werkstoffflußsteuerung durch Ziehsicken

Die Formgebung und die Steuerung des Tiefziehprozesses erfolgt neben der Kontur des Werkzeugs in erster Linie mit Hilfe des Niederhalters. Je nachdem wie groß die Niederhalterkraft ist, erfolgt ein Tief- oder ein Streckziehen. Insbesondere durch die Entwicklung von regelbaren Niederhaltern ist es möglich, den Prozeß gezielt zu beeinflussen [2]. So kann durch eine Regelung der anfänglich hohen Niederhalterkraft der Auftreffstoß des Stempels auf dem Blech zu Beginn der Umformung vermindert werden. Anschließend wird durch eine Reduzierung der Niederhalterkraft das Nachfließen des Werkstoffes ermöglicht und durch eine hohe Niederhalterkraft am Ende des Prozesses eine bessere Formgebung erreicht (shape set).

Trotz dieser Möglichkeiten der Regelung muß das Fließverhalten des Werkstückes gezielt an einzelnen Stellen beeinflußt werden. Hierzu werden im allgemeinen Ziehsicken verwendet, mit denen der Werkstoff im Niederhalterbereich festgehalten wird. Nur bei Berücksichtigung dieses Werkstoffflusses sind die Ergebnisse einer Tiefziehsimulation für die Auslegung der Werkzeuge zu verwenden.

Die zum Teil sehr kleinen Radien der Ziehsicken benötigen bei einer Diskretisierung sehr viele Elemente. Daher werden oftmals vereinfachte Methoden für die Modellbildung herangezogen.

Eine Möglichkeit ist, direkt eine Tangentialkraft anzugeben, die im Flanschbereich auf das Werkstück wirkt. Bei dieser Methode muß der Anwender zum einen wissen, wie groß die Tangentialkraft ist, die durch die Ziehsicke eingeleitet wird und zum anderen ist es heute noch zum Teil mit großem Aufwand verbunden, die Randbedingungen auf das Modell zu übertragen, da sich die betroffenen Knoten durch die Umformung verschieben.

Eine weitere Möglichkeit ist die Verwendung eines Ersatzmodelles. Hierbei wird vom Anwender nur die Lage und die Abmessung der Ziehsicke angegeben und das FE-System überträgt die auf das Blech wirkende Tangentialkraft aufgrund einer vorher durchgeführten Simulation.

Die Berücksichtigung der Ziehsicke als Geometrieelement innerhalb der Tiefziehsimulation ist nur dann möglich, wenn in dem verwendeten FE-Programm eine automatische Netzver- und -entfeinerung implementiert ist, eine Option, an der alle Anbieter von FE-Programmen arbeiten und die heute nur in dem schon angesprochenen Programm AUTOFORM enthalten ist.

Vernetzung

Ein weiterer Schwerpunkt der nächsten Entwicklungen wird auf leistungsfähigen Programmen zur Vernetzung der Werkzeuge und der Werkstücke liegen. Gerade im Bereich der Tiefziehsimulation sind es Werkzeuge mit komplexen Freiformoberflächen, die in der Regel in CAD-Systemen erzeugt und abgebildet worden sind. Erst durch die Weiterentwicklung der Simulationsprogramme ist man heute in der Lage, diese Komplexität innerhalb der Berechnung zu berücksichtigen, so daß erst jetzt in zunehmendem Maße eine vollständige Integrität von CAD-System, Preprozessor, Analyseprogramm und Postprozessor gefordert wird.

Für eine Verwendung der komplexen Werkzeugoberflächen innerhalb der FE-Simulation muß eine Vernetzung dieser Flächen erfolgen. Preprozessoren der jüngsten Generation verfügen im allgemeinen über genormte Schnittstellen (IGES, VDA-FS) zu CAD-Systemen, so daß zumindest eine Geometrieübergabe erfolgen kann. Sinnvoll erscheint in diesem Zusammenhang eine vollständige funktionale Trennung zwischen CAD-System und Preprozessor. Bei komplexen Bauteilen sollten sämtliche Geometrieoperationen auf die hierfür entwickelte CAD-Ebene verlagert werden und der Preprozessor sollte, auf dieser Geometrie aufbauend, ausschließlich zur Vernetzung und zur Eingabe der Randbedingungen verwendet werden. Das bedeutet aber auch, daß schon in der Konstruktion eine FE-gerechte Aufbereitung der Oberflächen erfolgen muß. Insbesondere dürfen weder Überschneidungen noch Lücken zwischen den Oberflächen vorhanden sein.

Die anschließende Vernetzung muß automatisch auf den Flächen erfolgen, wobei das System für einen kompatiblen Anschluß der einzelnen Flächen sorgen muß. Die Randbedingungen sollten auf die Flächen bezogen werden, so daß eine Änderung der Netzdichte möglich wird, ohne daß eine vollständige Neudefinition nötig wird.

Mehrere Preprozessoren erfüllen die bisher genannten Bedingungen, die für eine Nachrechnung vorhandener Bauteile oder die Prozeßsimulation einzelner Varianten genügen.

Bei einer Anwendung der FE-Simulation für die Werkzeugentwicklung reichen diese Bedingungen nicht aus. Hierfür ist eine engere Verknüpfung von CAD-System und Preprozessor erforderlich, um die zum Teil notwendigen Änderungen der Geometrie des Werkzeuges bis hin zur vernetzten Struktur durchführen zu können, ohne den enormen Aufwand, der für die Erstellung der Daten der ersten Version des Werkzeuges nötig ist, für jede einzelne Variante zu betreiben. Ansätze, mit denen ein solches Konzept zu realisieren wäre, sind in der Entwicklung und werden in absehbarer Zeit zur Verfügung stehen. Als Beispiel seien hier die Arbeiten von Reissner und Vogt [13] genannt, die den Stadienplaner mit einem Expertensystem unterstützen und damit die Entwicklung und die Optimierung des Werkzeuges zumindest teilweise automatisieren.

Der Arbeitsaufwand, der bis zur Fertigstellung der ersten Version zu investieren ist, bleibt jedoch auch bei einer verbesserten Anbindung der Preprozessoren an ein CAD-System bestehen. So wird heute beispielsweise für die vollständige Vernetzung eines PKWs ca. ein halbes Mannjahr benötigt, wobei die Geometrie des Fahrzeuges im CAD-System vorhanden ist und "nur" für eine Netzgenerierung aufbereitet werden muß.

Zusammenfassung und Ausblick

Zusammenfassend läßt sich sagen, daß die Simulation von Blechumformprozessen immer größere Verbreitung findet. Das hohe Einsparungspotential von Zeit und Kosten bei der Werkzeugentwicklung rechtfertigt die enormen Anstrengungen, die in den letzten Jahren für die Weiterentwicklung der FEM unternommen wurden. Insbesondere sei hier die Projektgruppe "Prozeßsimulation in der Umformtechnik" (PSU) erwähnt (Herrmann [5] und Schilling [10]), die sich aus mehreren Hochschulinstituten Deutschlands und der Schweiz zusammensetzt und ein leistungsfähiges FE-Programm für die Simulation von Umformprozessen entwickelt.

Trotzdem sind noch eine Vielzahl von Fragen offen bzw. noch nicht zufriedenstellend gelöst. Die Entwicklungsfelder lassen sich in vier große Bereiche aufteilen

- Preprozessing (CAD-Geometrie => Vernetzung),
- Verbesserung der Numerik (Gleichungslöser, Stabilität, Elementbeschreibung, Rechengeschwindigkeit),
- Beschreibung der Prozeßparameter (Materialbeschreibung, Reibung, Ziehsicken) und
- Verbesserung der Hardware

Betrachtet man die Entwicklung der Workstations, so ist eine enorme Leistungssteigerung bei gleichbleibenden zum Teil sogar fallenden Preisen zu verzeichnen. Ein Ende dieser Entwicklung und damit eine Grenze der Leistungsfähigkeit von Workstations ist noch lange nicht in Sicht, wenn man die jüngsten Ankündigungen der Hersteller zugrunde legt. Dieser Trend wird die industrielle Verbreitung der FEM in der nächsten Zeit noch unterstützen, da die schon angesprochene Zeit für die Berechnung komplexer Umformprozesse kontinuierlich verkürzt werden kann.

Hinzu kommen die Möglichkeiten der Visualisierung, die die Ergebnisse einer Simulation in fast realistischen Bildern darstellen und damit zu einem verbesserten Verständnis des Prozesses beitragen.

Die FEM als Werkzeug für die Simulation von Blechumformprozessen steht damit an der Schwelle zu einem verbreiteten industriellen Einsatz. Dies erfordert aber auch in den nächsten Jahren eine angepaßte Ausbildung, so daß Personal zur Verfügung steht, um mit diesen leistungsfähigen Programmen zu arbeiten.

Literatur

[1] **Bathe, K.J.:** Finite-Elemente-Methoden. Springer-Verlag, Berlin Heidelberg New York Tokyo 1986

[2] **Drewes, E.-J.; Engl, B.; Lenze, F.-J.; Steininger, V.:** Kaltgewalzte Feinblechstahlsorten - Stand und Trends von Werkstoffentwicklung und Anwendungstechnik. Hoesch Berichte aus Forschung und Entwicklung unserer Gesellschaften, Heft 1/92, S. 3 - 14

[3] **Heath, A.N.; Pickett, A.K.; Ulrich, D.; di Pasquale, E.; Haug, E.; Aita, S.:** FEM-analysis of industrial sheet metal forming processes. XX. Int. Finite Element Kongreß, FEM'91, 18.-19.11.1991, Baden-Baden

[4] **Heiduschke, K.; Anderheggen, E.; Reissner, J.:** Constitutive equations for sheet metal forming. VDI Berichte 894, FE-simulation of 3-d sheet metal forming processes in automotive industry, VDI-Verlag, Düsseldorf 1991

[5] **Herrmann, M.:** Beitrag zur Berechnung von Vorgängen der Blechumformung mit der Methode der Finiten Elemente. Dr.-Ing. Dissertation, Universität Stuttgart, Prozeßsimulation in der Umformtechnik, K. Lange (Hrsg.), Nr. 1, Springer-Verlag, Berlin Heidelberg ... 1991

[6] **Hill, R.:** The mathematical theory of plasticity. Oxford Univ. Press, New York 1950

[7] **Kubli, W.:** Optimierung von Blechumformprozessen mit Hilfe des integrierten schnellen FE-Paketes "Autoform" - Konzepte, Einsatz und Beispiele. Vortrag anläßlich der Sitzung der IDDRG am 29.4.1992 in Düsseldorf

[8] **Kubli, W.; Anderheggen, E.; Reissner, J.:** Nonlinear solver with uncoupled bending and stretching deformation for simulating thin sheet metal forming. VDI Berichte 894, FE-simulation of 3-d sheet metal forming processes in automotive industry, VDI-Verlag, Düsseldorf 1991

[9] **Mazilu, P.; Luo, S.; Kurr, J.:** Anisotropy evolution by cold prestrained metals described by ICT-theory. Journal of Materials Processing Technology, Vol. 24, S. 303 - 311, Elsevier, 1990

[10] **Schilling, R.:** Finite-Elemente-Analyse des Biegeumformens von Blechen. Dr.-Ing. Dissertation, Universität Dortmund, Prozeßsimulation in der Umformtechnik, K. Lange (Hrsg.), Nr. 2, Springer-Verlag, Berlin Heidelberg ... 1992

[11] **Seydel, M.:** Numerische Simulation der Blechumformung unter besonderer Berücksichtigung der Anisotropie. Fortschritt-Berichte VDI, Reihe 2, Band 182, VDI-Verlag, Düsseldorf 1989

[12] **Symonds, P.S.:** Viscoplastic behaviour in response of structures to dynamic loading. Behaviour of materials under dynamic loading, ASME (1965), S. 106 - 124

[13] **Vogt, Ch.; Reissner, J.:** Safeguarding and extending the technological lead by the use of expert systems in forming technology. VDI Berichte 894, FE-simulation of 3-d sheet metal forming processes in automotive industry, VDI-Verlag, Düsseldorf 1991

[14] **Wertheimer, T.:** Numerical simulation of metal sheet forming processes. VDI Berichte 894, FE-simulation of 3-d sheet metal forming processes in automotive industry, VDI-Verlag, Düsseldorf 1991

Einsatz der Finite-Elemente-Methode in der umformenden Fertigung

Dr.-Ing. Robert Schilling
Lehrstuhl für Umformende Fertigungsverfahren, Dortmund

Priv.-Doz. Dr.-Ing. Günter Zicke
Volkswagen AG, Wolfsburg

Einleitung

Steigende Teilevielfalt, abnehmende Losgrößen und zunehmende Qualitätsanforderungen kennzeichnen den heutigen Markt der metallverarbeitenden Industrie. Um konkurrenzfähig zu bleiben, sind die Unternehmen gezwungen, mit ihrer Fertigung den erhöhten Forderungen nach Produktivität, Flexibilität und Sicherheit gerecht zu werden [1].

Diese Anforderungen an die Fertigung führen zu den in **Bild 1** angegebenen prozeßorientierten Entwicklungsschwerpunkten und bedingen einen steigenden Einsatz von modernen Computersystemen sowie rechnerunterstützten Technologien. Im Bereich der umformenden Fertigung sind derzeit die Einsatzschwerpunkte dieser Technologien überwiegend dort zu finden, wo es um die Bewältigung allgemeiner maschinenbaulicher Konstruktions- und Fertigungsplanungsaufgaben geht.

Betrachtung des Umformvorgangs

Aus wissenschaftlich-technologischer Sicht gilt das Interesse vorwiegend dem eigentlichen Umformvorgang. Experimentelle und theoretische Untersuchungen haben dabei zum Ziel, eine möglichst genaue Modellvorstellung vom Umformen des Werkstücks, das sich im Eingriff zwischen den Werkzeugen befindet, zu ermöglichen. Hierbei handelt es sich um den Material-

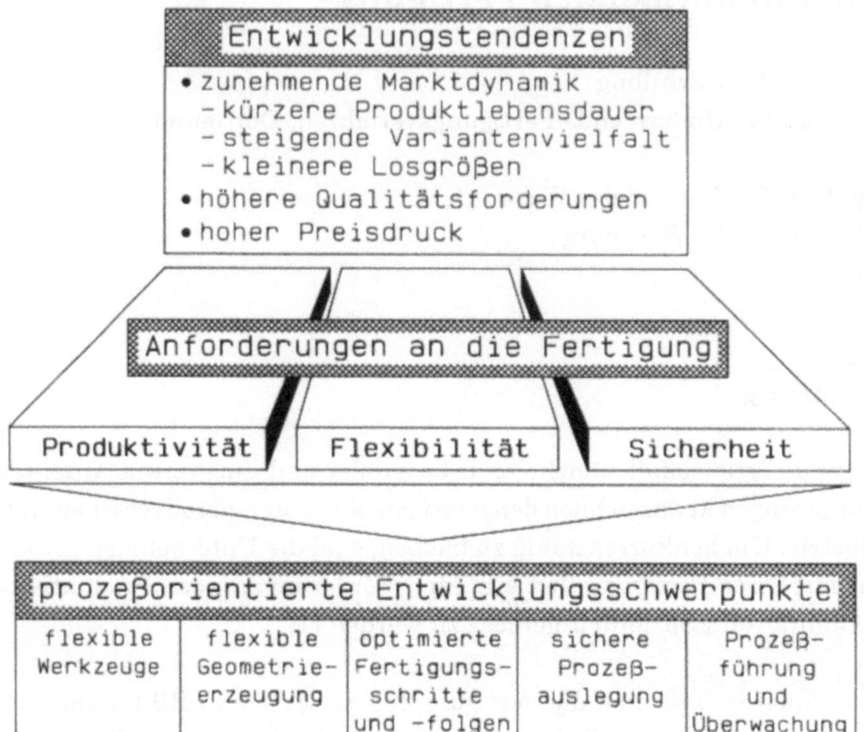

Bild 1: Marktentwicklungen bestimmen die Anforderungen an die Fertigung [1]

fluß eines Kontinuums mit der Zielsetzung der Formgebung. Es werden also Modelle für den Umformvorgang benötigt. Dieses gilt besonders für solche Verfahren, bei denen durch kinematische Gestalterzeugung oder durch partielle Umformung und ggf. häufigeren Werkzeugwechsel ein Vorgang abläuft, der wegen einer größeren Zahl von Prozeßvariablen eine automatische Steuerung erfordert.

Der Umformvorgang wird entscheidend bestimmt vom Verhalten der Werkzeugmaschine. So ist die vertikale und horizontale Steifigkeit von Pressen von großem Einfluß auf die zu erzielende Werkstückgenauigkeit sowie den Verschleiß von Führungs- und Werkzeugteilen. Zur Beurteilung und Optimierung des Betriebsverhaltens von Umformmaschinen werden sowohl Untersuchungen an Maschinen in Originalausführung und im verkleinerten Modell als auch mit abstrakten Rechenmodellen durchgeführt. Insbesondere hat die Strukturanalyse mit Hilfe der Finite-Elemente-Methode (FEM) zu einer Verbesserung und Verbilligung von Pressenkonstruktionen geführt [2].

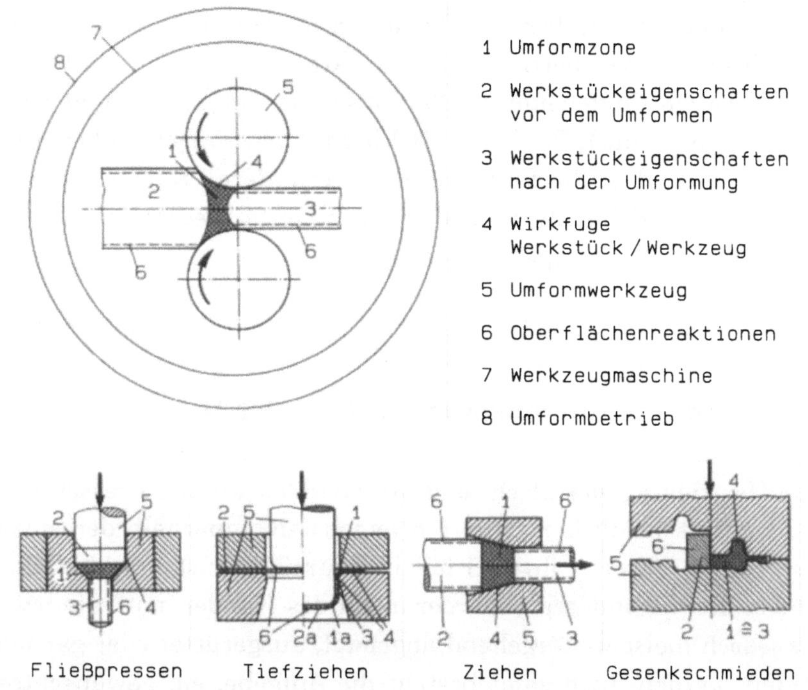

Bild 2: System einer Betrachtung von Umformproblemen [3]

Die Systematik in **Bild 2** stellt die wichtigsten Problemkreise, die bei der Bearbeitung von Werkstücken durch Umformverfahren anstehen, zusammen. Im äußeren Problemkreis (Bereich 8) stehen die Fragen des Betriebes, die durch die vorhandenen Einrichtungen (Maschinen, Wärmeeinrichtungen, Oberflächenbehandlungseinrichtungen, Werkstückhandhabung, Transport etc.) und die betriebliche Organisation (Arbeitsablauf) aufgeworfen werden. Hinzuzurechnen sind auch Fragen der wirtschaftlichen Produktion, d.h. der Automatisierung.

Mittelpunkt des Systems ist zweifellos der Bereich 1, die Umformzone des umzuformenden Werkstücks. Das beispielhaft dargestellte Walzgut gerät in den plastischen Zustand durch den äußeren Zwang, der sich aufgrund der Form und Kinematik der Walzen ergibt. Dieser Bereich, der zu seiner vollständigen Behandlung plastizitätstheoretische Betrachtungen im Verbund mit werkstoffkundlichen Erkenntnissen erfordert, scheint zunächst weit entfernt von den betrieblichen Aspekten des Bereichs 8. Geht man jedoch die Entwicklung neuer Produktionsweisen an, so wird man rückwirkend von Punkt 8 nach Punkt 1 eine Vielzahl von Fragen zu beantworten haben, die eine detaillierte Behandlung erfordern. Eine systematische Betrachtung läßt Fehlstellen, die diese Kette unterbrechen, schnell erkennen und Fehlentscheidungen vermeiden.

Analyse von Schmiedepressen mit der FEM

Für die Herstellung von Blech- und Massivteilen werden Pressen in einer Vielzahl unterschiedlicher Bauarten angeboten. Innerhalb der einzelnen Bauart werden sie nach ihrer Größe in Baureihen zusammengefaßt. Entsprechend den besonderen Anforderungen des Kunden muß die jeweilige Presse jedoch meist weitergehend angepaßt, ausgerüstet oder gar maßgeschneidert werden. Insgesamt besteht die Aufgabe, ein gewünschtes Betriebsverhalten bei der Fertigungsaufgabe durch gezielte konstruktive Maßnahmen an Maschine und Werkzeug zu gewährleisten. Wiederkehrende Problemstellungen beim Entwerfen und Detaillieren einer Presse sind deshalb z.B. die Konstruktionsaufgaben

- Festigkeit der Pressenbauteile,
- Steifigkeit der Gesamtkonstruktion

sowie bei höheren Ansprüchen

- dynamisches und thermisches Verhalten,
- Emissionen.

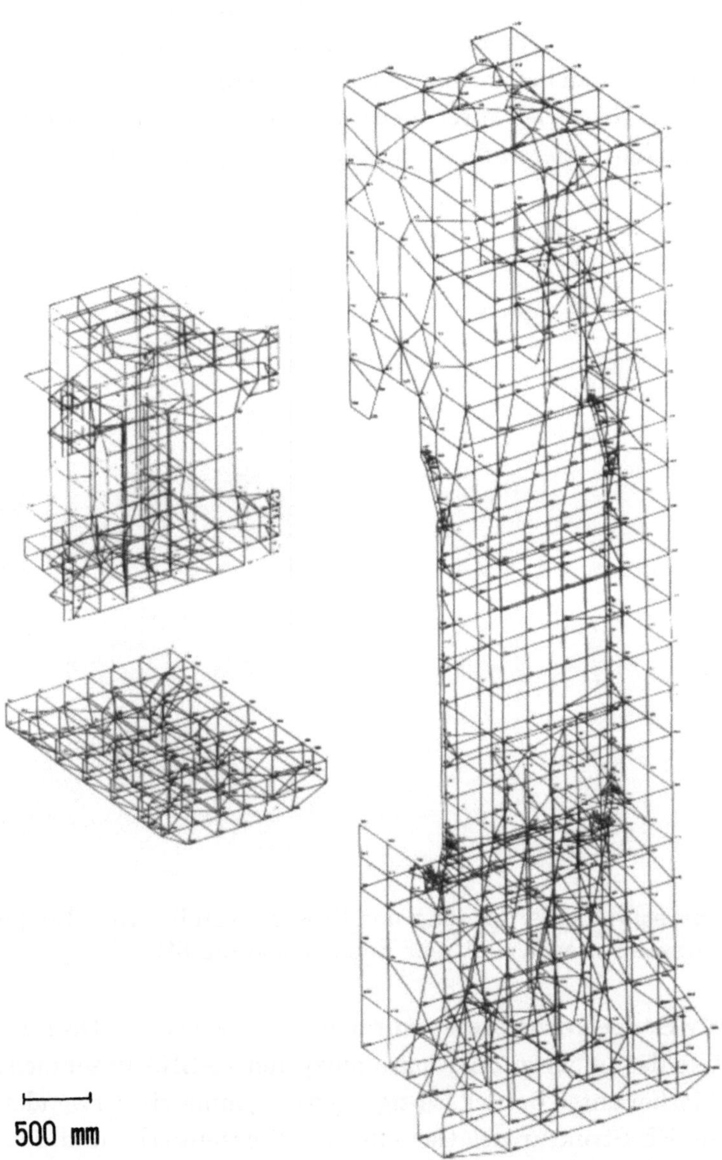

Bild 3: Räumlich idealisierte FE-Struktur der Hälfte einer Doppelkurbelpresse sowie Tisch und Stößel [4]

Modell- und Rechentechnik bieten Lösungen hierfür. Mit klassischen Rechenmethoden ist eine Nachrechnung etwa der Spannungen nur unter großen Vereinfachungen bei der Bauteilgeometrie und der Art des Belastungsfalles möglich. Numerische rechnergestützte Verfahren - wie Finite-Elemente-Methoden - bieten hier eine bessere Möglichkeit [2].

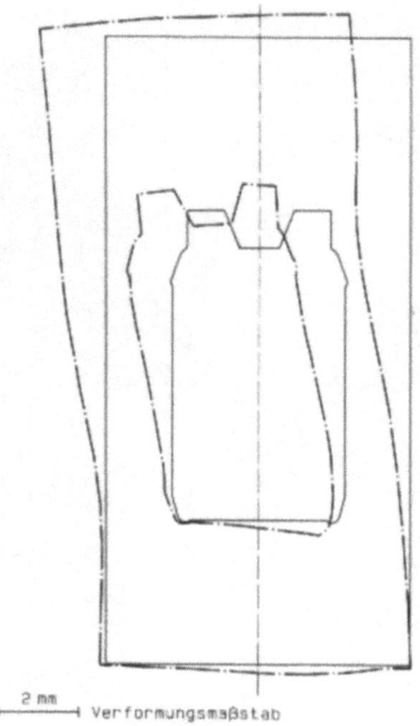

Bild 4: Berechnete Verformung des Pressengestells einer Doppelkurbelpresse bei außermittiger Beanspruchung [4]

Eine 10MN-Doppelkurbelpresse wurde beispielsweise von Haft und Löwen [4] mit Hilfe des linearen FE-Programmsystems ASKA untersucht. **Bild 3** zeigt die hierbei unter Berücksichtigung der Symmetrie verwendete dreidimensionale FE-Struktur des Gestells, des Pressentischs und des Stößels. Zur Diskretisierung des Gestells kamen hierbei Scheibenelemente mit sogenannten biquadratischen Ansatzfunktionen zum Einsatz. Tisch und Stößel wurden hingegen mittels dreidimensionaler Kontinuumselemente idealisiert. Relativ einfach konnte das Antriebssystem über die Einführung von Stabelementen abstrahiert werden. Das resultierende Berechnungsmodell umfaßte insgesamt 2311 Elemente mit 17775 Freiheitsgraden.

Die Analyse der Schmiedepresse erfolgte bei verschiedenen Winkelstellungen der Kurbelwelle. **Bild 4** zeigt beispielhaft die berechnete Verformung des Pressengestells (vergrößert dargestellt). Die parallelogrammähnliche Verformung der Maschine resultiert aus der gewählten unsymmetrischen Belastung. Neben der Bestimmung des Genauigkeitsverhalten der Presse lassen sich mit der FEM auch die Kräfte an Gestell und Antriebsteilen ermitteln und tabellarisch bzw. grafisch auswerten.

FE-Programmsysteme für die Simulation von Umformvorgängen

Die konstruktive Auslegung von Pressen und Maschinenteilen mit Hilfe der FEM ist im industriellen Bereich weit verbreitet. Hierzu werden sogenannte lineare FE-Programmsysteme, von denen eine kaum überschaubare Anzahl kommerziell verfügbar ist, eingesetzt. Die numerische Behandlung von Umformvorgängen ist jedoch im allgemeinen ein geometrisch und physikalisch nichtlineares, instationäres Problem. Mit der Entwicklung von nichtlinearen FE-Systemen wurde in den 70er Jahren begonnen. Das zunehmende Interesse an der Analyse von Umformprozessen führte zu einer bis heute stetig steigenden Zahl von nichtlinearen Programmen, deren Einsatz insbesondere in der mittelständischen Industrie noch nicht sehr ausgeprägt ist. **Bild 5** gibt einen Überblick über einige dieser Programmsysteme. Generell lassen sie sich in "general purpose"-Programme, z. B. MARC und ABAQUS, und "special purpose"-Programme, wie DEFORM oder AUTOFORM, unterscheiden, wobei die Übergänge als fließend zu betrachten sind.

Der Vorteil dieser speziell auf den Anwendungsbereich zugeschnittenen Programme liegt in der oftmals anwenderfreundlichen, problemangepaßten Benutzeroberfläche. Auch zeichnen sie sich häufig durch relativ kurze Simulationszeiten aus. Die "general purpose"-Programme lassen sich hin-

"general purpose"			"special purpose"		
			Blechumformung		
MARC	1970	(USA)	ABAQUS/Explicit	1991	(USA)
ABAQUS	1978	(USA)	ROBUST	1988	(J)
NIKE 3D		(USA)	ITAS-2D/3D	1988	(J)
ADINA	1975	(USA)	PAM-STAMP	1988	(F)
LARSTRAN	1981	(D)	INDEED	1991	(D)
SYSTUS	1985	(F)	AUTOFORM	1991	(CH)
LUSAS	1982	(GB)	Massivumformung		
EPDAN	1986	(D)	DEFORM (ALPID)	1982	(USA)
			FORGE 2/3		(F)
			M&P UMFORM	1985	(D)
			Blech- u. Massivumformung		
			LS-DYNA 3D	1974	(USA)
			UFO-3D	1991	(D)

Bild 5: FE-Programmsysteme für die Simulation von Umformvorgängen

gegen universeller einsetzen, z.B. zur Auslegung von Pressengestellen, zur Berechnung von beliebigen Umformprozessen, beispielsweise mit Elastomer-Werkzeugteilen [5,6]. Einige dieser Spezial-Programme sind relativ neu und wurden anläßlich der VDI-Tagung "FE-Simulation of 3-D Sheet Metal Forming Processes in Automotive Industry" am 14./16. Mai 1991 in Zürich [7] im Rahmen eines Benchmark-Testes vorgestellt.

Unter den vielfältigen Projekten, die sich zur Zeit mit der Entwicklung von FE-Programmsystemen für den umformtechnischen Bereich befassen, sei das von der Volkswagen-Stiftung geförderte Gemeinschaftsprojekt "Prozeßsimulation in der Umformtechnik - PSU" genannt. Ziel dieses Projektes ist die Erstellung eines nach modernen Gesichtspunkten struktrierten universellen, leistungsfähigen Programmsystems, das von etwa insgesamt 35 Wissenschaftlern aus den in **Bild 6** angeführten Teilprojekten fachübergreifend entwickelt wird.

PSU

Prozeßsimulation in der Umformtechnik

TP	Namen & Orte	Aufgaben
	Lange Stuttgart	Sprecher
1	Herrmann Stuttgart	Koordinator
2	Reuter Stuttgart	Informatik, "Software Engineering"
3	v.Finckenstein Dortmund	Materialdatenbank
4	Besdo Hannover	Elemente, Thermo-mech. Kopplung, Stoffgesetze, Schalenelemente
5	Geiger Erlangen	Werkzeugversagen - Verschleiß, Ermüdung
6	Reissner Zürich	Werkstückversagen (Bleche, mas- sive Werkstücke), Faltenbildung
7	Siegert Stuttgart	Kontaktbehandlung
8	Doege Hannover	Zwischenschichtverhalten Reibung, Wärmeübergang
9	Mahrenholtz Hamburg	"Remeshing", Netzbewertung/ -kontrolle, starrpl. Elemente
10	Kröplin Stuttgart	Kernsystem, Algorithmen, Daten- verwaltung, Benutzerschnittst.
	Besdo Geiger Lange	Lenkungsausschuß

Bild 6: Gemeinschaftsprojekt Prozeßsimulation in der Umformtechnik [8]

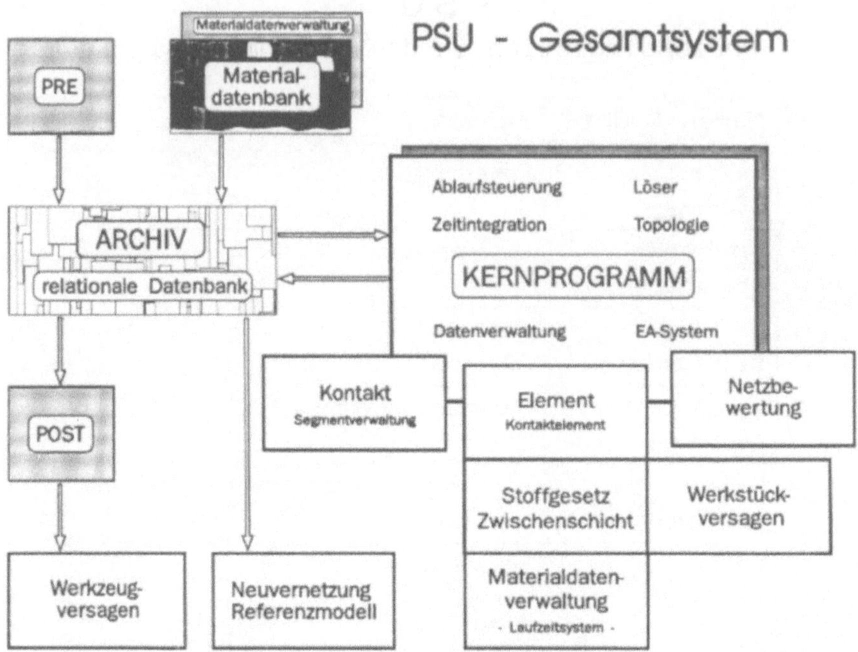

Bild 7: Aufbau des FE-Programmsystems PSU [8]

Neben der Implementierung des Kernsystems und der Datenverwaltung sind weitere Schwerpunkte die Kontaktbehandlung, die Beschreibung des Zwischenschichtverhaltens zwischen Werkstück und Werkzeug, die Ermittlung des Werkstück- und Werkzeugversagens, die Erstellung einer Materialdatenbank sowie die Implementierung der Elemente und Stoffgesetze. **Bild 7** zeigt eine schematische Darstellung des Programmsystems PSU. Gegenüber den bisher verfügbaren FE-Programmen beinhaltet dieses neue Konzept die Verwendung eines relationalen Datenbanksystems mit der Standard-Datenbanksprache SQL (Structured English Query Language), in der einerseits Berechnungs- und Restartdaten archiviert werden, die andererseits aber auch bei der Verwaltung von Material- sowie Prozeßdaten zum Einsatz kommt. Eine weiterführende Beschreibung der modernen und modularen Struktur dieses FE-Systems ist [10] zu entnehmen.

Analyse des Gesenkbiegens von Blechen mit der FEM

Am Beispiel des Umformverfahrens "Gesenkbiegen" sollen im folgenden die Möglichkeiten von Prozeßanalysen vorgestellt sowie der Einfluß des verwendeten FE-Modells auf die berechneten Ergebnisse veranschaulicht werden. Für die Simulation von Umformprozessen wird seit einigen Jahren am Lehrstuhl für Umformende Fertigungsverfahren der Universität Dortmund das kommerzielle FE-System MARC eingesetzt. Die FEM erlaubt - gegenüber elementaren Berechnungsweisen - eine umfassende Analyse des Biegeprozesses einschließlich Nachdrück- bzw. Prägevorgang. Dem für die Simulation erforderlichen FE-Modell lagen folgende Annahmen zugrunde [6]:

- *ebener Formänderungszustand* im Blech,
- *starre* Werkzeuge,
- Berücksichtigung der *Reibung* zwischen Werkstück und Werkzeug mit Hilfe des Coulombschen Reibgesetzes,
- vor dem Umformen *eigenspannungsfreies* Blech,
- *linear elastisches* Verhalten des Blechwerkstoffs und *nichtlineares, inkompressibles* Verhalten im plastischen Formänderungsbereich,
- *isotropes* Fließverhalten nach dem v. Mises-Fließkriterium, *assoziiertes* Fließgesetz sowie isotropes Verfestigungsverhalten des Werkstoffs.

Die Fließkurve des Blechwerkstoffs, ein austenitischer Stahl (X5CrNi18.9), wurde vor den Berechnungen in einem rechnergestützten Flachzugversuch ermittelt. In **Bild 8** ist die FE-Struktur sowie die Verteilung der plastischen Vergleichsformänderung beim freien Biegen und beim Prägen dargestellt. Typisch für das Biegen sind die V-förmigen Isolinien sowohl der Vergleichsdehnung als auch der nicht abgebildeten Vergleichsspannung im mittleren Blechbereich. Maximale Dehnungs- bzw. Spannungswerte treten an den Blechoberseiten in der Nähe des Symmetrieschnittes auf. Bei relativ zur Gesenkweite dicken Blechen erkennt man zudem den Einfluß der Krafteinleitung des Stempels und der Gesenkkante auf die Formänderungsverteilung. Das Blech weist z.B. bei einem Stempelweg von 4 mm an der Gesenkkante bereits eine lokale plastifizierte Zone auf.

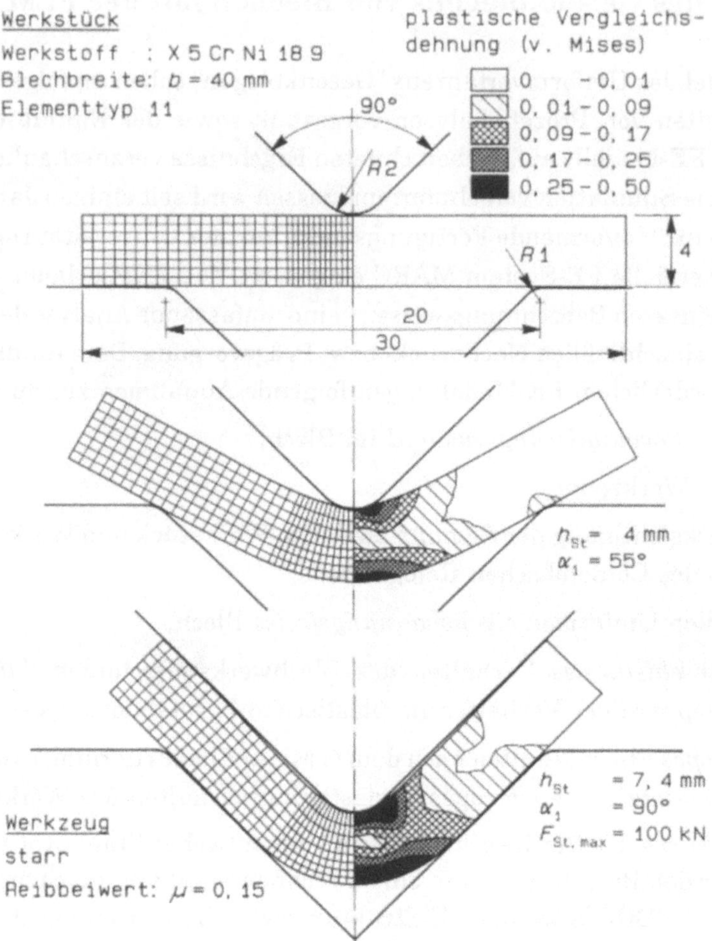

Bild 8: FE-Modell und plastische Vergleichsdehnungsverteilung beim Gesenkbiegen

Wichtig für die Bestimmung der Simulationsgüte sind verifizierende Berechnungen, z.B. mit anderen Methoden, oder experimentelle Untersuchungen. Deshalb wurden ergänzend zu den Simulationsrechnungen visioplastische Untersuchungen durchgeführt [10]. Hierzu konnte mit Hilfe von spe-

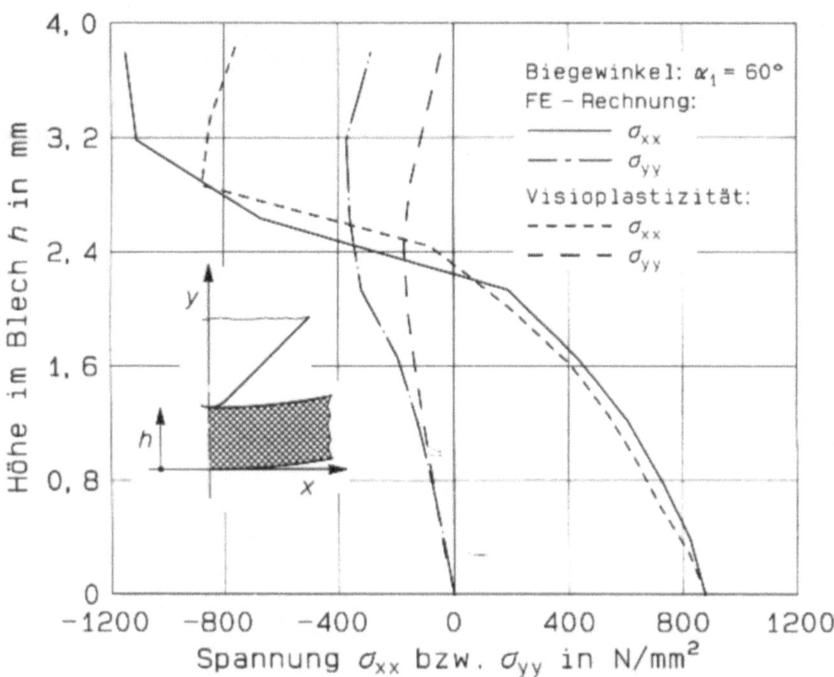

Bild 9: Normalspannungsverläufe in Umfangs- und Radialrichtung im Symmetrieschnitt der Biegeprobe bei einem Biegewinkel von 60°

ziellen, gerasterten Edelstahlproben, die in Stufen gebogen wurden, über eine Stofffflußermittlung die Spannungsverteilung im Blech ermittelt werden. **Bild 9** verdeutlicht die gute Übereinstimmung der visioplastisch und der numerisch bestimmten Umfangsspannungsverteilung im Symmetrieschnitt der Biegeprobe unter Last im Zugbereich. Im Druckbereich der Biegeprobe zeigen sich hingegen Abweichungen. Dies ist ebenfalls bei den Radialspannungsverläufen zu beobachten und nach Rothstein [11] als verfahrensbedingt anzusehen. Bei der visioplastischen Methode werden ausgehend von der äußeren Randfaser zunächst die Radialspannungen und anschließend die Umfangsspannungen berechnet. Damit können sich (experimentell kaum vermeidbare) Fehler "von außen nach innen" aufsummieren.

Nach dem Entlasten bleiben umformbedingte Eigenspannungen im Blech zurück, die ebenfalls - wie bereits in [6,12] vorgestellt - mit der FEM berechnet werden können. Von besonderer Bedeutung für die Güte derartiger Eigenspannungsberechnungen ist die geeignete Modellierung des Werkstoffverhaltens, um z.B. den sogenannten Bauschinger-Effekt zu berücksichtigen.

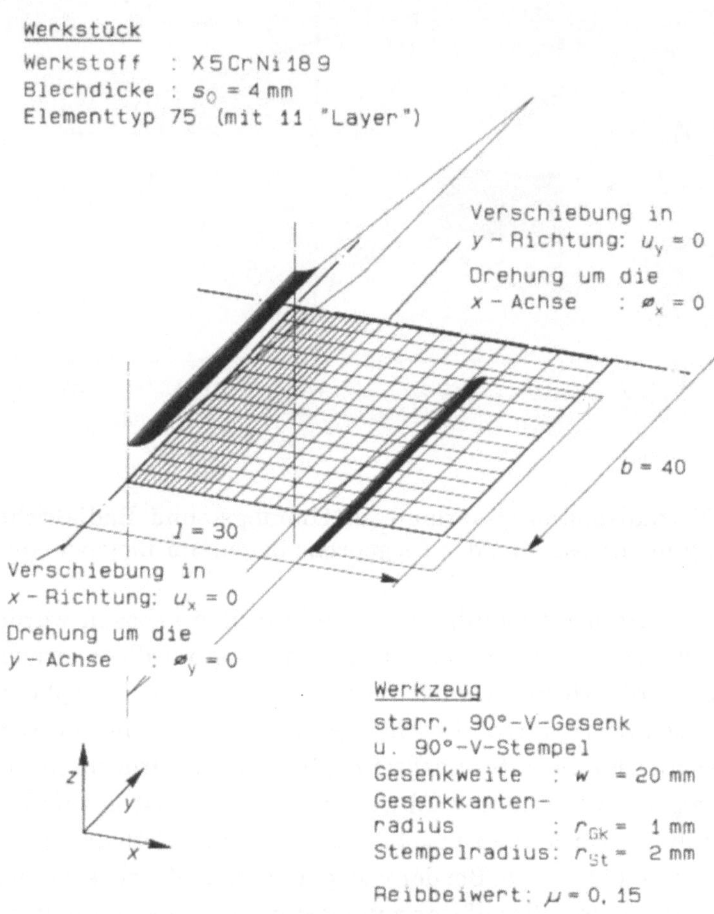

Bild 10: FE-Modell des Gesenkbiegens mit Schalenelementen

Bei geometrisch dreidimensionalen FE-Analysen von Blechumformprozessen führt eine Diskretisierung des Werkstücks mit Hilfe von sogenannten Kontinuumselementen aufgrund der häufig größeren Abmessungen in der Blechebene gegenüber der Dicke zu einer relativ großen Anzahl von kleinen Elementen und damit zu unwirtschaftlich hohen Rechenzeiten. Zur Reduzierung des dreidimensionalen Problems auf ein zweidimensionales kommen deshalb oftmals Schalenelemente zum Einsatz. **Bild 10** stellt diesbezüglich ein mit dem MARC-Elementtyp 75 ("dicke Schale") diskretisiertes Blechviertel des in Bild 8 skizzierten Biegeumformproblems vor. Werkzeug- und

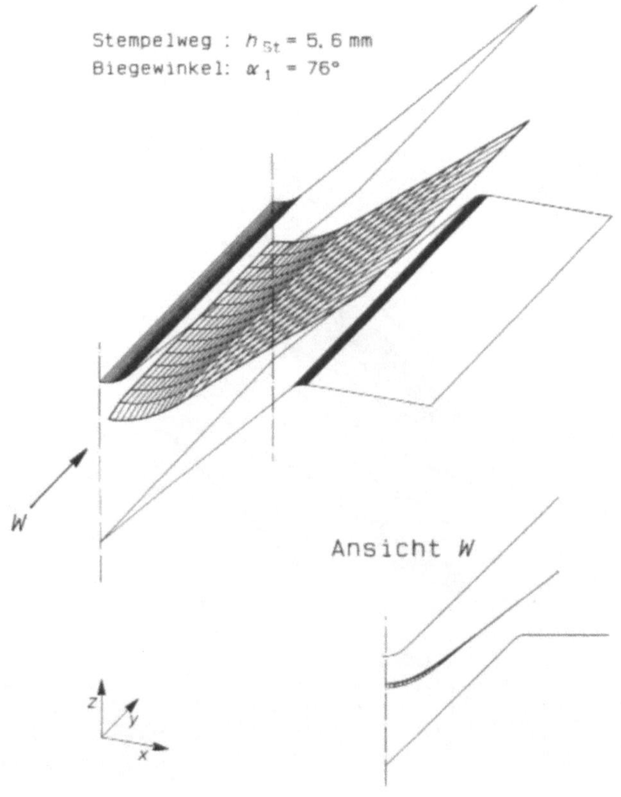

Bild 11: Deformierte Struktur bei einem Stempelweg von 5,6 mm

Werkstückabmessungen sowie der Blechwerkstoff wurden entsprechend der o.a. Analyse beibehalten. Die Symmetrie-Eigenschaften wurden über die Festsetzung von Freiheitsgraden berücksichtigt (s. Bild 10). Die deformierte Mittelfläche der Schalenstruktur läßt bei einem Biegewinkel von 76° die typische Aufwölbung der Außenkante des Biegeteils senkrecht zur Biegeachse erkennen (s. **Bild 11**). Die dargestellte Ansicht W verdeutlicht darüber hinaus, daß bei der Ermittlung des Kontaktes zwischen Werkzeug und Werkstück die Blechdicke berücksichtigt wird.

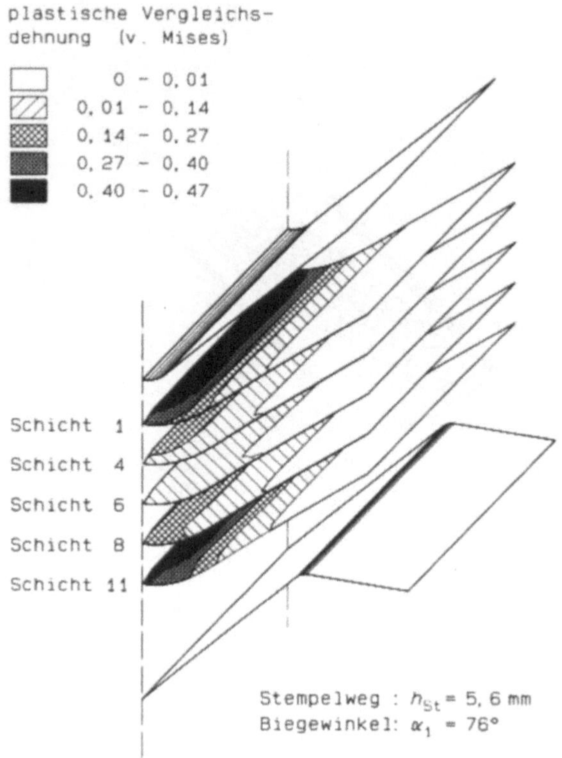

Bild 12: Plastische Vergleichsdehnungsverteilung dargestellt in verschiedenen Schichten (Layer) des Bleches

Die Ergebnisse werden bei Simulationsrechnungen mit Schalenelementen in den in diesem Beispiel vorgegebenen 11 Integrationsschichten, den sogenannten "Layer", ausgegeben. **Bild 12** stellt die plastische Vergleichsdehnungsverteilung grafisch in fünf dieser Schichten dar. Die größten Dehnungen treten an den Blechaußenseiten in der 1. und 11. Schicht im Bereich des Symmetrieschnittes auf; die mittlere Schicht 6 zeigt die kleinsten Werte. Die bereits vorgestellte Plastifizierung des Bleches aufgrund der Krafteinleitung an der Gesenkkante (s. Bild 8) wird hierbei nicht erfaßt, da bei Schalenstrukturen Spannungen normal zur Schalenebene vernachlässigt werden.

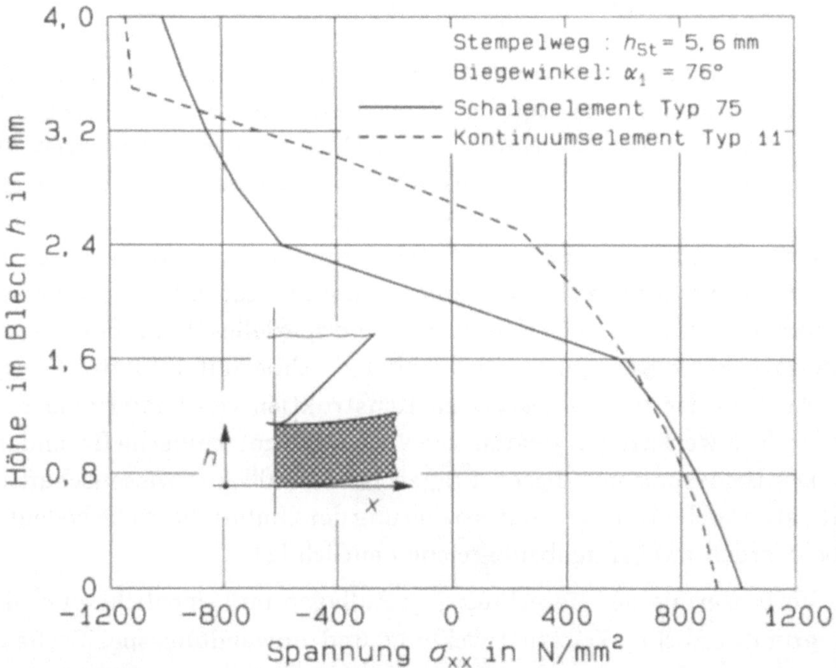

Bild 13: Normalspannungsverlauf in Umfangsrichtung einer mit Schalen- bzw. Kontinuumselementen diskretisierten Biegeprobe

Der Spannungsverlauf im Symmetrieschnitt gemäß **Bild 13** veranschaulicht einen weiteren Nachteil, den der Einsatz von Schalenelementen beinhaltet. Die diskretisierte Schalenprobe weist im Gegensatz zu der mit Kontinuumselementen ("plane strain") diskretisierten an den Blechaußenseiten gleich große Spannungsbeträge auf. Der Einfluß der Krafteinleitung auf die Spannungsverteilung und die Verlagerung der sogenannten "umfangsspannungsfreien Faser" wird ebenfalls nicht erfaßt. Die Verwendung von Schalenelementen empfiehlt sich daher nur bei der Simulation des Umformens dünner Bleche, wobei entweder der Prägevorgang nicht von Interesse ist oder Prägeeinflüsse vernachlässigt werden können.

Zusammenfassung und Ausblick

Die Produktionstechnik wandelt sich durch Rechnerstrukturen, die inzwischen viele Bereiche von der Konstruktion bis zur Fertigung durchsetzen. Vorreiter bei der Nutzung von Rationalisierungsreserven durch Rechnereinsatz war die Fertigungstechnik. Im Teilgebiet der Umformtechnik sind im allgemeinen größere Anstrengungen erforderlich, um Vorteile des Rechners nutzen zu können. Mittelständische Struktur der Fertigungsbetriebe, in nur geringen Stückzahlen benötigte, teure Umformaggregate, schwierige, durch manuelle Fähigkeiten und spezielles "know how" geprägte Umformvorgänge verzögerten den Eingang rechnerunterstützter Fertigungen. Auch in der rechnergestützten Konstruktion von Umformmaschinen und Umformwerkzeugen zeigten sich viele umformtechnische Besonderheiten. Die Befassung mit diesen Fragen ist deshalb aus wissenschaftlicher Sicht, aber auch für die Zukunftssicherung der Umformbetriebe bedeutsam. Dabei werden zwei Aufgabenbereiche deutlich [2]:

- Verbesserung der Berechnungsgrundlagen und -möglichkeiten durch grundsätzliche Weiterentwicklung und anwendungsspezifische Aufbereitung der vorzugsweise bei der Verwendung von EDV besonders geeigneten numerischen Methoden.
- Ingenieurmäßiger Einsatz dieser Methoden für größere Problemlösungen im Zusammenwirken mit anderen Verfahren, wie z.B. grafische Datenverarbeitung und Simulationstechniken, im Sinne eines "Computer Aided Engineering" (CAE).

Der vorliegende Beitrag veranschaulicht die Einsatzmöglichkeiten der Finite-Elemente-Methode in der umformenden Fertigung. Sowohl für die konstruktive Auslegung von Umformmaschinen als auch für die Simulation des zu optimierenden Umformprozesses läßt sich diese Methode als "numerisches Experiment" einsetzen. Die weltweiten Aktivitäten, beispielsweise das im wesentlichen von der Industrie unterstützte japanische Projekt "Sheet Forming Simulation Research Group" im Rahmen der "Japanese Deep Drawing Research Group" (JDDRG) [13], die zunehmenden Anwendungen der nichtlinearen FEM in der amerikanischen Schmiedeindustrie [14] sowie das vorgestellte Projekt "Prozeßsimulation in der Umformtechnik" (PSU) [9], belegen die Bedeutung dieser Methoden für eine innovative, zukunftsorientierte rechnerunterstützte Fertigung.

Literatur

[1] **Eversheim, W.; König, W.; Weck, M.; Pfeifer, T. (Hrsg.):** Produktionstechnik auf dem Weg zu integrierten Systemen. AWK'87 - Aachener Werkzeugmaschinen Kolloquium, Aachen, 11.-12.6.1987, VDI-Verlag, Düsseldorf 1987

[2] **Zicke, G.:** Numerische Berechnungsverfahren und Steuerungskonzepte als Bausteine für CAD/CAM im Bereich der Umformtechnik. Habilitationsschrift, Universität Dortmund 1983

[3] **Lange, K. (Hrsg.):** Umformtechnik Bd. 1, Springer-Verlag, Berlin Heidelberg ... 1984

[4] **Haft, F.; Löwen, J.:** Finite-Element-Berechnung großer Strukturen am Beispiel einer Pressenberechnung. Thyssen Technische Berichte 10 (1978) 1, S. 51 - 57

[5] **vom Ende, A.:** Untersuchungen zum Biegeumformen mit elastischer Matrize. Dr.-Ing. Dissertation, Universität Erlangen-Nürnberg, Fertigungstechnik - Erlangen, K. Feldmann u. M. Geiger (Hrsg.), Nr. 19, Carl Hanser Verlag, München Wien 1991

[6] **Schilling, R.:** Finite-Elemente-Analyse des Biegeumformens von Blechen. Dr.-Ing. Dissertation, Universität Dortmund, Prozeßsimulation in der Umformtechnik, K. Lange (Hrsg.), Nr. 2, Springer-Verlag, Berlin Heidelberg ... 1992

[7] **N. N.:** FE-Simulation of 3-D Sheet Metal Forming Processes in Automotive Industry. Tagungsbericht der VDI-Gesellschaft Fahrzeugtechnik, International Conference with Workshop, Zürich, 14.-16.5.1991, VDI Bericht 894, VDI-Verlag, Düsseldorf 1991

[8] **Herrmann, M.:** Das Gemeinschaftsprojekt "Prozeßsimulation in der Umformtechnik" - Zielsetzung, Konzepte, Probleme. Aus: Workshop des Gemeinschaftsprojekts Prozeßsimulation in der Umformtechnik PSU, Hannover, 5.-6.12.1991, Tagungsunterlagen, Hannover 1991, S. 1 - 13

[9] **N. N.:** Workshop des Gemeinschaftsprojekts Prozeßsimulation in der Umformtechnik PSU. Hannover, 5.-6.12.1991, Tagungsunterlagen, Hannover 1991

[10] **Rothstein, R.; Schilling, R.:** Numerische Spannungsermittlung beim Gesenkbiegen. Bänder Bleche Rohre 31 (1990) 4, S. 40 - 45

[11] **Rothstein, R.:** Einsatz der Prozeßsimulation zur Analyse und Weiterentwicklung von Gesenkbiegeverfahren. Dr.-Ing. Dissertation, Universität Dortmund, Fortschritt-Berichte VDI, Reihe 2, Nr. 194, VDI-Verlag, Düsseldorf 1990

[12] **Schilling, R.:** Blech-Biegeumformung und Eigenspannungsermittlung mit der FEM. In: Workshop "Numerische Methoden in der Plastomechanik", D. Besdo (Hrsg.), Neustadt, 6.-9.7.1992, Hannover 1992

[13] **Makinouchi, A.; Nakamachi, E.; Nakagawa, T.:** Development of CAE-System for Auto-Body Panel Forming Die Design by Using 2-D and 3-D FEM. Berichte der internationalen Gesellschaft für Mechanische Produktionstechnik, CIRP Annals 1991, Manufacturing Technology, Vol. 40/1/1991, S. 307 - 310

[14] **Walters, J.:** Die FEM-Anwendung auf das Schmieden aus der Sicht der Anwender. Umformtechnik 26 (1992) 4, S. 266 - 270

Rechnergestützte Bereitstellung von Expertenwissen für die FE-Simulation von Umformprozessen

Dipl.-Inform. Andreas Greve, Dipl.-Ing. Lutz Keßler
Lehrstuhl für Umformende Fertigungsverfahren, Dortmund

Einleitung

Die Anwendung der Finite-Element-Methode (FEM) erfordert neben grundsätzlichem Wissen über das Anwendungsgebiet weitreichende Kenntnisse über allgemeine Grundlagen der FEM sowie des verwendeten Simulationsprogramms und dessen Besonderheiten. Es ist also nicht wie bei der Benutzung einer Programmiersprache damit getan, die Syntax und die Semantik einzelner Befehle zu erlernen. Vielmehr ergibt sich die Komplexität bei der Erstellung einer hinreichenden Problembeschreibung durch die gegenseitige Beeinflussung der darin vorhandenen Angaben. Die Bewältigung dieser Problematik erfordert ein über Jahre hinweg aufgebautes Erfahrungswissen und vor allen Dingen in der ersten Zeit die Unterstützung durch einen Experten auf diesem Gebiet. Auch bei der Analyse fehlerhafter Simulationsrechnungen ist das Wissen einer erfahrenen Person erforderlich. Aus diesem Grunde besteht die Notwendigkeit, Erfahrungs- oder besser gesagt Expertenwissen über die FEM zu sammeln und allgemein verfügbar zu machen. Besonders geeignet für eine solche Aufgabe sind Expertensystem-Shells und Datenbanksprachen.

Arbeitsweise von Expertensystemen

Allgemeine Erläuterungen

Der Begriff des Expertensystems ist in der Literatur nicht abschließend definiert. Übereinstimmend wird lediglich festgestellt, daß Expertensysteme - als eine der Methoden der Künstlichen Intelligenz (KI) [1] - Computersysteme sind, die gebietsspezifisches Fachwissen speichern, verwalten, auswerten und dem Benutzer zur Verfügung stellen [2]. Als Experte wird jemand bezeichnet, der fundiertes Fachwissen auf einem Spezialgebiet besitzt, der aber darüber hinaus vor allem persönliches (nicht nachschlagbares) Erfahrungswissen gesammelt hat [3]. Aus diesem Grunde werden Expertensysteme auch Wissensbasierte Systeme genannt. Der Begriff der Künstlichen Intelligenz bezieht sich auf die Tatsache, daß diese Systeme aus den eingegebenen Daten und Verknüpfungen imstande sind, eigenständige Schlüsse zu ziehen und diese durch Auskunft über den eingeschlagenen Lösungsweg erklären können [4].

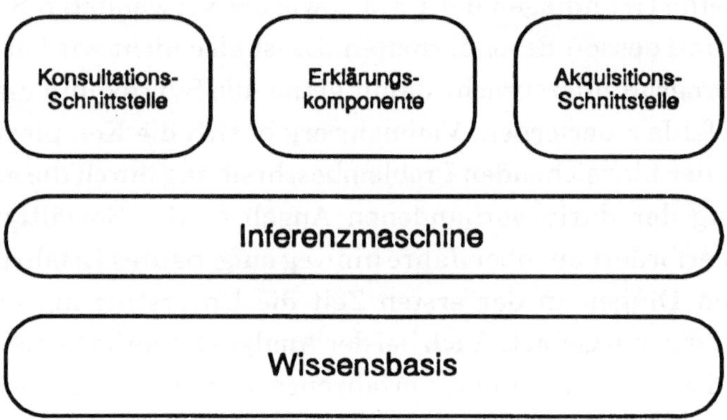

Bild 1: Komponenten eines Expertensystems

In **Bild 1** sind die einzelnen Komponenten eines wissensbasierten Systems dargestellt. Zentraler Bestandteil ist die Wissensbasis. Sie besteht aus einer Menge von Regeln und Objekten, aus denen sich Schlußfolgerungen ableiten lassen. Es ist somit notwendig, das Expertenwissen in irgendeiner Art und Weise in solche Regeln und Objekte zu transformieren [5]. Dies geschieht gemeinsam mit dem Experten über die Aquisitionsschnittstelle. Dabei ist darauf zu achten, daß die Problemlösung möglichst vollständig beschrieben wird und die Wissensbasis keine Inkonsistenzen, wie z.B. sich widersprechende Regeln, aufweist.

Das eigentliche Kernstück eines jeden Expertensystems ist die Inferenzmaschine. Sie wählt Regeln für einen Schlußfolgerungsmechanismus aus und trifft die Entscheidung, in welcher Reihenfolge diese betrachtet werden sollen. Möchte man einen Vergleich zu einem menschlichen Experten ziehen, so lassen sich Regeln und Objekte als Faktenwissen interpretieren, wo hingegen die Inferenzmaschine die Art und Weise nachbildet, wie aus diesem Faktenwissen vernünftige Schlußfolgerungen gezogen werden.

Zum Aufbau eines Expertensystems stehen sogenannte Expertensystemshells zur Verfügung. Sie stellen neben Werkzeugen zur Wissensrepräsentation in der Regel vorgefertigte Schnittstellenkomponenten und Inferenzmechanismen bereit.

Für den Anwender hat die Benutzung eines Expertensystems Konsultationscharakter. Das System versucht in einem interaktiven Prozeß - ähnlich einem menschlichen Experten - ausreichend Fakten zu einem konkreten Problem zu erfragen, um daraus eine Lösung zu finden und diese dem Benutzer mitzuteilen. Ein wichtiger Bestandteil ist dabei die Erklärungskomponente. Diese erlaubt dem Anwender während der Konsultation Informationen über den Fortschritt der Problembearbeitung zu erhalten [6].

Die oben beschriebenen Eigenschaften sind es nun, die ein Expertensystem von einem konventionellen Programm unterscheiden. Während ein konventionelles Programm im allgemeinen komplexere Algorithmen zur Zahlen- und Datenverarbeitung verwendet, die normalerweise zu Beginn der Berechnungen mit den entsprechenden Werten versorgt werden (z.B. FE-Programm), wird ein Expertensystem interaktiv benutzt. Es ist damit zu Beginn einer Konsultation noch nicht klar, welche Daten erforderlich sind. Außerdem ist die Erklärungskomponente zu einem beliebigen Zeitpunkt während des Ablaufs eines konventionellen Programms nicht denkbar. Selbst bei Verwendung von Debug-Informationen bleibt der Algorithmus für den Anwender verborgen [7].

Die Expertensystemshell NEXPERT OBJEKT

Realisierungsmöglichkeiten der oben genannten wichtigsten Komponenten eines Expertensystems (Wissensbasis, Inferenzmaschine) werden nachfolgend am Beispiel der Expertensystemshell NEXPERT OBJECT erläutert. NEXPERT OBJECT ist eine regel- und objektorientierte Expertensystem-Shell [8], die für mehrere Rechnertypen und Betriebssysteme zur Verfügung steht.

Objekte in NEXPERT
Objekte stellen eine elementare Beschreibungseinheit für Gegenständlichkeiten dar. Die Bezeichnung Gegenständlichkeit ist jedoch im abstrakten Sinn zu verstehen. Dies bedeutet, es können nicht nur konkrete Gegenstände, wie z.B. die Schraube_1 einer bestimmten Maschine, sondern auch abstrakte Gegenstände, wie z.B. der Prozeß_x in einem Rechner, als Objekte beschrieben werden. Gemeinsam ist allen Objekten, daß sie gewisse Eigenschaften (Properties) besitzen, durch die sie charakterisiert werden. Für die Schraube_1 könnte eine dieser Eigenschaften die Gewindeart sein, während eine wichtige Eigenschaft des Prozesses x möglicherweise sein Status ist. Properties von Objekten können während des Schlußfolgerungsprozesses in NEXPERT besetzt, verändert oder abgefragt werden, und so den weiteren Inferenzmechanismus beeinflussen. Die Wertzuweisung an Objektproperties erfolgt dabei beispielsweise aus vorangegangenen Schlußfolgerungen, Benutzereingaben oder Datenbankabfragen. Durch die Möglichkeit der direkten Wertzuweisung aus Datenbanken kann häufig ein Großteil der Wissensbasis in einer solchen Datenbank gespeichert werden, wodurch dieses Wissen in komfortabler Art und Weise gewartet und erweitert werden kann.

Wie bei fast allen objektorientierten Programmierwerkzeugen ist auch in NEXPERT ein Klassenkonzept vorgesehen. Ähnliche Objekte, die Properties miteinander teilen, lassen sich zu Objektklassen zusammenfassen. Dieses Klassenkonzept beinhaltet die Möglichkeit der Vererbung von Eigenschaften und Operationen, wie z.B. Werteabfragen, für eine ganze Objektklasse.

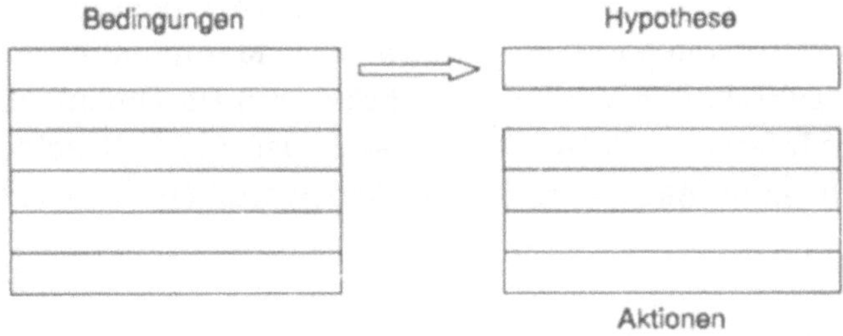

Bild 2: NEXPERT-Regel

Regeln in NEXPERT

Der grundsätzliche Aufbau der zweiten Wissensbasiskomponenten, der Regeln, wird in **Bild 2** anhand einer NEXPERT-Regel gezeigt. Die linke Seite der Regel beinhaltet die Regelbedingungen, während die rechte Seite aus einer Hypothese und mehreren möglichen Aktionen besteht. Konkret bedeutet dies für den Schlußfolgerungsmechanismus: Sobald sämtliche Bedingungen der linken Seite erfüllt sind, kann die in der rechten Seite vorhandene Hypothese bestätigt werden. Man sagt: "Die Regel wird gefeuert". Gleichzeitig mit dem "Feuern" der Regel werden sämtliche im Aktionsteil vorhandenen Anweisungen ausgeführt.

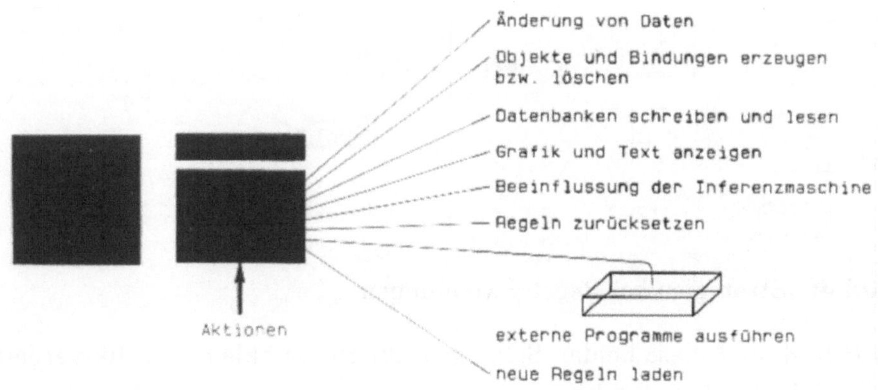

Bild 3: Mögliche Aktionen beim Feuern von Regeln

Bild 3 gibt eine Übersicht über mögliche Aktionen, die beim Feuern einer NEXPERT-Regel ausgeführt werden können. Neben dem schon erwähnten Anzeigen von Grafiken und Texten sind dies die Manipulation von Objekten und deren Eigenschaften, die Kommunikation mit Datenbanken, die Beeinflussung der Inferenzmaschine sowie das Laden neuer Regeln. Der allgemeinste Fall einer Aktion ist jedoch der Aufruf eines externen C-Programms.

Die Inferenzmaschine von NEXPERT

Wie schon zu Beginn erwähnt, ist die Inferenzmaschine eine der wichtigsten Komponenten eines wissensbasierten Systems. Sie trifft die Entscheidung, in welcher Reihenfolge die in Frage kommenden Regeln abgearbeitet werden [7].

Bei den Schlußfolgerungsmechanismen unterscheidet man zwei Grundstrategien:

- Rückwärtsschließen (Backward Reasoning)
- Vorwärtsschließen (Forward Reasoning)

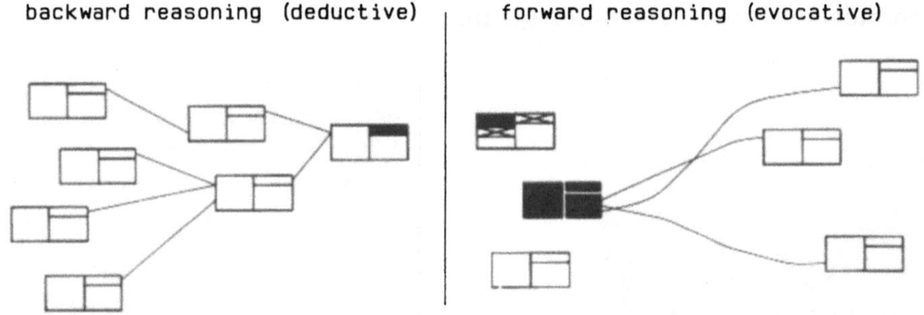

Bild 4: Strategien bei Regelanwendungen

In **Bild 4** sind diese beiden Strategien durch eine kleine Grafik verdeutlicht. Beim Rückwärtsschließen wird ausgehend von einer vorgeschlagenen Hypothese versucht, diese zu bestätigen. Hierzu müssen jedoch die Bedingungen in der linken Seite der zugehörigen Regel untersucht werden. Werden Werte von diversen Objekten benötigt, so stellt das System die entsprechenden Fragen an den Benutzer. Ist die Gültigkeit anderer Hypothesen gefragt, so werden die entsprechenden Regeln für diese Hypothesen in den Kontext des Schlußfolgerungsmechanismus gebracht, woraufhin deren Bedingungen überprüft werden.

Hierdurch entsteht eine Rückwärtsverkettung von Regeln, bis genügend Fakten vorhanden sind, um die Starthypothese zu bestätigen oder zu verwerfen. Beim Vorwärtsschließen läuft dieser Prozeß in der anderen Richtung ab. Begonnen wird in der Regel mit Wertzuweisungen an Objekte, aus denen das System versucht, möglichst viele Schlußfolgerungen zu ziehen.

In NEXPERT existiert eine gegenseitige Beeinflussung dieser beiden Strategien. Wird dort z.B. der Inferenzmechanismus durch den Vorschlag einer Hypothese angestoßen, so löst dies durch die gegenseitige Wechselwirkung von Hypothesen und Objektwerten sowohl eine Vorwärts- als auch eine Rückwärtsverkettung aus. Auf diese Weise entsteht während eines Schlußfolgerungsprozesses ein relativ komplexes Netz aus Entscheidungsbäumen.

Die Abarbeitung der Regeln eines Expertensystems ist also vergleichbar mit der Suche in komplexen Baumstrukturen [9,10] und somit, vor allen Dingen bei großen Regelmengen, mit einem sehr hohen Zeitbedarf verbunden. Diese Tatsache impliziert die Notwendigkeit, die Suche nach Möglichkeit einzuschränken bzw. zu steuern und somit Einfluß auf die Inferenzmaschine zu nehmen [11].

Die effektivste Maßnahme ist die Strukturierung des Problems, so daß bezüglich der Regelmenge sogenannte Wissensinseln (Knowledge Islands) entstehen. Eine Wissensinsel ist eine Teilmenge von Regeln, die direkt oder indirekt starke Bindungen (Strong Links) miteinander haben. Solche Bindungen treten auf, wenn zwei Regeln gleiche Daten entweder in ihren Bedingungen oder Aktionen miteinander teilen. Konkret bedeutet dies, daß beim Setzen eines solchen Datums zwangsläufig beide Regeln im weiteren Schlußfolgerungsmechanismus betrachtet werden müssen. Wissensinseln stellen in der globalen Sicht das Wissen für Teilprobleme dar. Daraus folgt, daß es für ein Expertensystem besonders günstig ist, wenn das Wissen gut in überschaubares Teilproblemwissen strukturiert werden kann. Dies ist ein Faktum, das sich wohl auch ohne weiteres auf menschliches Problemlösen übertragen läßt.

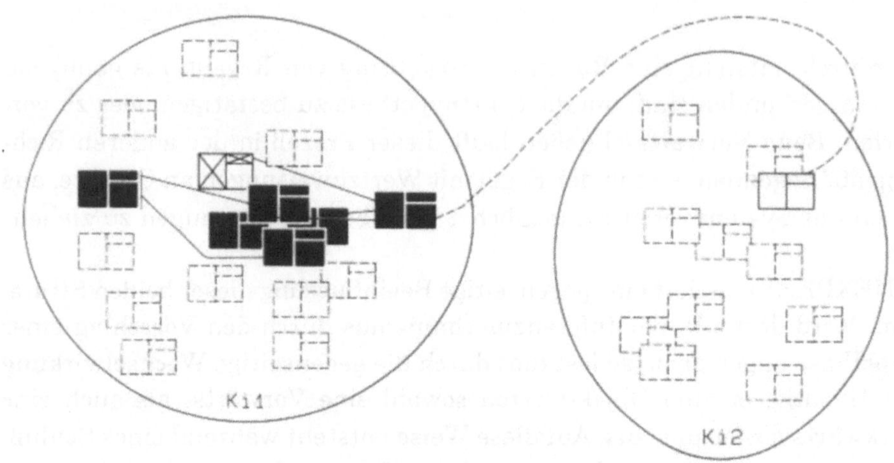

Bild 5: "Weak Links" als intuitive Verbindung von Wissensinseln

Um eine Lösung des Gesamtproblems zu erhalten, ist es jedoch auch notwendig, Verbindungen zwischen den einzelnen Teillösungen herzustellen, wie in **Bild 5** dargestellt. In der Nomenklatur der Expertensysteme bezeichnet man diese Verbindungen als schwache Bindungen (Weak Links). Sie haben die Funktionalität: "Wenn man das Teilproblem A gelöst hat, ist auch interessant, Teilproblem B zu betrachten." Ein solcher Mechanismus ist auf dem Niveau des menschlichen Experten mit dem Vorgang der Intuition vergleichbar.

Durch die Einteilung der Wissenbasis in Wissensinseln entsteht durch die schwachen Bindungen ein globaler Entscheidungsbaum, der jedoch durch die Einseitigkeit dieser Bindungsart nicht so komplex ist. Auf diesem globalen Suchbaum gibt es noch mehrere Möglichkeiten die Inferenzmaschine, oder besser gesagt die Reihenfolge der Abarbeitung, zu beeinflussen, auf die hier nicht näher eingegangen werden soll.

Datenbanken als Teil der Wissensbasis

Wie schon erwähnt, kann ein Teil des statischen Wissens eines Expertensystems in Datenbanken gespeichert werden. Für die FE-Analyse sind dies z.B. Materialdaten [12] oder Informationen über Elementtypen. Datenbanken werden häufig mit Hilfe von Datenbanksprachen erstellt und verwaltet, denen ein bestimmtes Datenbankmodell zugrunde liegt. Hierbei hat sich das Konzept der relationalen Datenbanken gegenüber anderen Modellen, wie Hierarchie- und Netzwerkmodell, die in den frühen Jahren der Datenbanktechnik propagiert wurden, durchgesetzt. Zur Zeit existiert eine Vielzahl von Datenbanksprachen, denen dieses Konzept zugrunde liegt. Die bekannteste heißt SQL und hat ihren Ursprung in dem IBM-Projekt SEQUEL (Structured English Query Language) in den Jahren 1970 bis 1974. Sie hat den Vorteil, durch entsprechende Normung einen gewissen Standard [13,14] zu definieren, was die Portierbarkeit von Anwendungen in dieser Sprache vereinfacht. In Bezug auf Expertensysteme eignen sich Datenbanken besonders zur Repräsentation von statischem Faktenwissen, welches sich während eines Schlußfolgerungsprozesses nicht ändert.

Grundkonzepterläuterung für ein FE-KI-System in der Umformtechnik anhand eines Elementberatungssystems

Um einen FE-Anwender effektiv durch den Einsatz von Expetensystemen unterstützen zu können, muß das erforderliche Wissen sowohl über die FE-Simulation als auch deren Anwendungsgebiet in eine Wissensbasis transferiert werden. Aus den schon erwähnten Komplexitätsgründen kann dies nur für ausgewählte und übersichtliche Teilbereiche geschehen [15,16]. Es ist also notwendig, daß vorliegende Wissen zunächst zu modularisieren und anschließend in Form von Regeln und Objekten zu formalisieren. Die dadurch entstehenden Wissensmodule können später, wie schon oben angeführt, über schwache Bindungen miteinander verknüpft werden. Im folgenden werden mögliche Konzepte zum Aufbau eines solchen Wissensmoduls am Beispiel eines Systems zur Elementberatung erläutert.

Probleme bei der Elementtypauswahl für ein FE-Problem

Die Beschreibung eines FE-Problems beginnt in der Regel, nach der Festlegung der FE-Randbedingungen, mit der Diskretisierung der Simulationsgeometrie. Diese kann zumeist nicht allgemein beschrieben werden, sondern muß auf den verwendeten Elementtyp oder die -typen abgestimmt sein.

Die verschiedenen Elementtypen lassen sich zunächst grob in Klassen einteilen (Volumen-, Schalen-, Balkenelemente etc. mit unterschiedlichen Dimensionen und Freiheitsgraden). Innerhalb einer solchen Elementklasse unterscheiden sich die einzelnen Elementtypen durch weitere Merkmale, wie Anzahl der Knoten und Integrationspunkte, Ansatzfunktionen, Integrationsart usw. [17]. Auf diese Weise können dem Benutzer in den unterschiedlichen FE-Programmen bis zu 150 verschiedene Elementarten für die Problembeschreibungen zur Verfügung stehen. Generell kann davon ausgegangen werden, daß nicht jeder Elementtyp für ein bestehendes Problem geeignet ist [18], da die Auswahl eines Elementtyps für das bestehende Problem nur unter Beachtung aller Simulationsrandbedingungen getroffen werden kann.

Auswahlkriterien bei der Elementbestimmung können sich durch die Dimension, Symmetriebedingungen, das Werkstoffverhalten, die vorgesehene Umformung und die Randbedingungen des Problems, diese können mechanisch (Reibung), thermisch (Wärme) oder geometrisch (Kontakt) sein, ergeben. Das Zusammenspiel dieser Auswahlparameter kann zu einer großen Anzahl von komplex verknüpften Entscheidungen führen, die beachtet werden müssen.

Beratungssystem für die FE-Elementauswahl

Grundkonzept

Das Anwenderspektrum für eine Expertensystementwicklung auf einem Spezialgebiet wird, durch den Konsultationscharakter einer Expertensystemberatung, in erster Linie durch die im Anwendungsbereich gebräuchlichen Fachtermini bestimmt. Im Hinblick auf die Entwicklung einer Elementberatung soll jedoch ein möglichst großer Anwenderkreis angesprochen werden. Aus diesem Grunde wird die Systemimplementierung von der Benutzerseite vorgenommen, so daß Ausdrücke aus dem Bereich der Umformtechnik denen aus dem Bereich der FEM vorgezogen und letztere soweit wie möglich vermieden werden [15].

Der Frage an den Benutzer nach der Art des Umformprozesses (zur Auswahl stehen die Blech- oder die Massivumformung) folgt die Unterteilung in Kalt- oder Warmumformung. Die von der Simulation gewünschten Ergebnisse werden hierbei ebenfalls abgefragt. So beziehen sich diese Fragen darauf, ob nur die Umformkräfte ausgegeben werden sollen oder auch Interpretationen in Bezug auf Eigenspannungen und Geometrieveränderungen (z.B. Blechdickenabnahme) nach der Umformung geplant sind. Aus diesen Angaben werden die Schlußfolgerungen für die Elementauswahl gezogen.

Bei der Gestaltung der Wissensbasis ist darauf zu achten, daß eine möglichst große Übersichtlichkeit erhalten bleibt. Dies kann durch einen thematisch getrennten, modularen Aufbau der Wissensbasis gewährleistet werden. In diesem Zusammenhang erfolgt auch die Prüfung, ob Wissen, welches in einer statischen Form (d.h. unverändert während der Beratung) vorliegt, in die Wissensbasis aufgenommen werden soll oder aber in externe Programme bzw. Datenbanken ausgelagert werden kann.

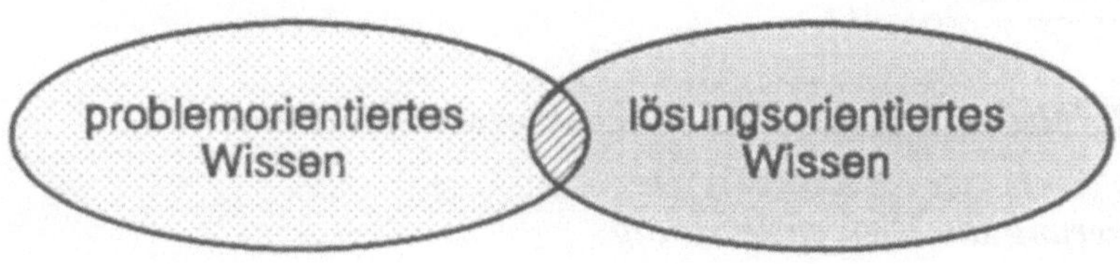

Bild 6: Thematische Aufteilung der Wissensbasis

Für das Elementberatungssystem ergab sich aus den oben angeführten Überlegungen die in **Bild 6** dargestellte Aufteilung der Wissensbasis. Es existieren problemorientierte Regeln und Objekte, die sich auf den zu simulierenden Prozeß beziehen. Zudem gibt es lösungsorientierte Regeln und Objekte, die sich auf die Problemlösung für die Simulation beziehen. In der Schnittmenge findet der Faktentransfer für den späteren Schlußfolgerungsprozeß auf dieser Wissensbasis statt.

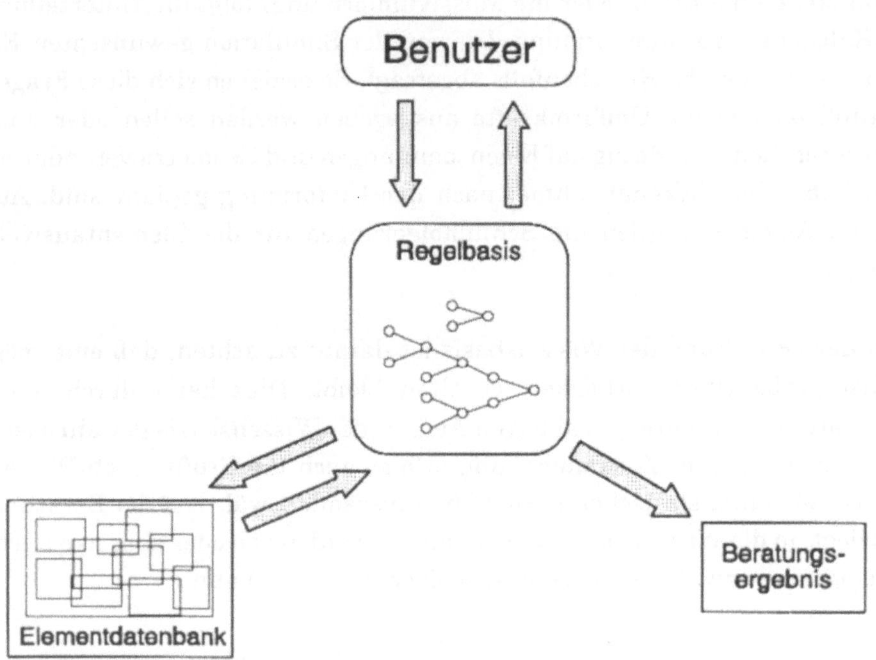

Bild 7: Strukturierung des Elementberatungssystems

Realisierung der Elementberatung

In **Bild 7** ist die für die Realisierung des Elementberatungssystems gewählte Aufteilung dargestellt. Speziell bei der Elementberatung liegt ein Großteil des Wissens in der Kenntnis von Elementtypeigenschaften. Dieses Wissen bleibt während des Schlußfolgerungsprozesses unverändert und liegt somit in statischer Form vor. Wie schon erwähnt, bietet sich hier zur Wissensrepräsentation der Einsatz einer Datenbank an. Da die Elementberatung für ein spezielles FE-Programm durchgeführt wird, der Schlußfolgerungsprozeß aber möglichst auf allgemeinen Kriterien beruhen sollte, müssen in einer solchen Datenbank sowohl generelle als auch programmspezifische Elementtypeigenschaften abgelegt sein.

In der konkreten Datenbankimplementierung äußert sich dieser Umstand wie folgt. Die Datenbank enthält zunächst eine Reihe von Elementprototypen mit ihren typischen generellen Eigenschaften, wie Formulierung (Schale, Volumen...), Dimension, Knoten und Integrationspunktzahl, Ansatzfunktionen etc. Diese Prototypliste, zunächst nur aus wenigen Elementtypbeschreibungen bestehend, kann durch den Einsatz der Datenbank jederzeit nach Bedarf einfach und komfortabel erweitert werden. Die Kopplung zu den konkreten Elementen des eingesetzten FE-Programms geschieht über eine zusätzliche Relation mit konkreten Elementnummern, den Verweisen zu den Prototypen und Informationen zu den programmspezifischen Eigenschaften des Elementes.

So ist es beispielsweise möglich, daß für ein beschriebenes Problem der grundsätzliche Einsatz eines Schalenelementes ratsam ist, aber der FE-Programmhersteller bei gegebenen Randbedingungen eher ein Volumenelement empfiehlt. Eine solche Information muß natürlich an den Benutzer des Beratungssystems weitergegeben werden.

Die hier vorgestellte Technik des Datenbankeinsatzes reduziert erheblich den Aufwand in der Regelbasis, die ansonsten das entsprechende statische Wissen in Form von Regeln implementiert werden müßte, was die Wissensbasis unübersichtlich und den Schlußfolgerungsprozeß wesentlich aufwendiger gestalten würde.

Die Vorgehensweise bei der Schlußfolgerung wird an den in **Bild 8** schematisch dargestellten Entscheidungsbäumen erläutert. Zu Beginn einer Beratung werden in dem mit der Hypothese "Problem_beschrieben" gekennzeich-

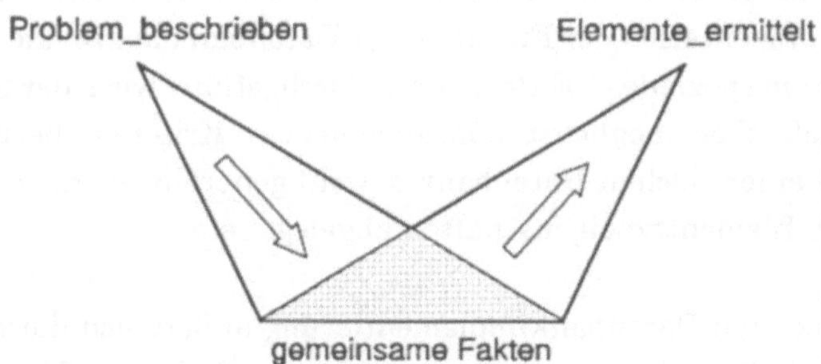

Bild 8: Entscheidungsbäume des Elementberatungssystems

neten Entscheidungsbaum Fragen über die Prozeßrandbedingungen, die Geometrie, gewünschte Werkstoffmodelle, Prozeßgrößen und Ergebniserwartungen an den Benutzer gestellt, die das System für die Auswahl der in Frage kommenden Elementtypen benötigt. Dabei gewährleistet der Aufbau der Wissensbasis, daß der Benutzer nur Fragen beantworten muß, die im direkten Zusamenhang mit dem bislang von ihm geschilderten Problem stehen. Mit Hilfe der innerhalb der problemorientierten Wissensbasis gesammelten Fakten über den zu simulierenden Prozeß, werden in der lösungsorientierten Wissensbasis die Anforderungen an die möglichen Elementtypen ermittelt oder Eigenschaften bestimmt, welche die Elemente nicht besitzen dürfen. Aufgrund einiger Anforderungen ist dann häufig schon der Ausschluß ganzer Elementklassen möglich. Beschreibt der Benutzer beispielsweise einen Prozeß in dem es zum beidseitigen Elementkontakt kommt, so werden Schalenelemente ungeeignet sein, während bei großflächigen Geometrien mit einseitigem Kontakt diese Elemente zu bevorzugen sind.

Die auf diese Weise ermittelten Elementanforderungen werden in dynamisch erzeugten Objekten abgelegt. Mit den gesammelten Erkenntnissen wird anschließend eine Recherche in der Elementtypdatenbank durchgeführt und dem Benutzer eine Liste von möglichen Elementen mit entsprechenden Kommentaren über ihre speziellen Eigenschaften übergeben.

Ausblick

Das Teilkonzept für die Elementberatung geht bisher von einem abgeschlossenen Beratungskonzept aus, daß zu einem Vorschlag eines oder mehrerer Elementtypen führt. Im Zusammenhang mit einem FE-Problem existiert jedoch noch eine Vielzahl von Ansatzpunkten für eine gezielte Anwenderunterstützung. So können im Bereich der Diskretisierung, der Materialdaten oder der Gestaltung von Randbedingungen ebenfalls Wissensmodule entwickelt werden. Damit ergibt sich die Möglichkeit, die einzelnen Module auf Wunsch zu einem Gesamtberatungssystem zusammenzubinden und dem Anwender eine durchgängige Beratung an die Hand zu geben. Dieses Modulkonzept beinhaltet, daß die für eine Elementberatung erhobenen Fakten, die in den Objekteigenschaften hinterlegt sind und in den anderen Modulen benötigt werden, an die neu zu bearbeitenden Regeln automatisch übergeben werden können. Auch für den Bereich der Wartung und Weiterentwicklung ergeben sich große Vorteile, da sich die einzelnen Module getrennt entwickeln und ausbauen lassen.

Literatur

[1] **Savory, S. E.:** Künstliche Intelligenz und Expertensysteme. Forschungsbericht der Nixdorf Computer AG, 2. Auflage, R. Oldenbourg-Verlag, München Wien 1985

[2] **Schnupp, P.; Nguyen Huu, C.T.:** Expertensystem-Praktikum. Springer-Verlag, Berlin Heidelberg ... 1987

[3] **Savory, S. E.:** Grundlage von Expertensystemen. Lehrbuch der Nixdorf Computer AG, R. Oldenbourg-Verlag, München Wien 1988

[4] **Puppe, F.:** Diagnostisches Problemlösen mit Expertensystemen. Informatik-Fachberichte Nr. 148, Springer-Verlag, Berlin ... 1987

[5] **Harmon, P.; King, D.:** Expertensysteme in der Praxis. R. Oldenbourg-Verlag, München Wien 1989

[6] **Richter, M. M.:** Prinzipien der künstlichen Intelligenz. B. G. Teubner-Verlag, Stuttgart 1989

[7] **Stoyan, H.:** Programmiermethoden der Künstlichen Intelligenz, Bd. 1+2, Springer-Verlag, Berlin Heidelberg ... 1988, 1991

[8] **Neuron Data Inc.:** NEXPERT-OBJECT-Handbücher, Bd. 1+2., Palo Alto 1987,1988

[9] **Winston, P. H.:** Künstliche Intelligenz. Addison-Wesley Verlag, Bonn 1987

[10] **Nilsson, N. J.:** Principles of Artificial Intelligence. Springer-Verlag, Berlin Heidelberg ... 1982

[11] **Dreyfus, H. L.:** Die Grenzen künstlicher Intelligenz - Was Computer nicht können. Athenäum Verlag, Königstein/Ts. 1985

[12] **Greve, A.; Schilling, R.:** Datenbankunterstützte Bereitstellung von Materialdaten für die Simulation von Umformprozessen, Workshop PSU, Hannover 1991

[13] **N. N.:** X3H2 (American National Standards Database Committee): Draft Proposed Relational Database Language. Document X3H2-83-152, August 1983

[14] **Date, C. J.:** A Guide to the SQL Standard. Addison-Wesley 1987

[15] **Greve, A.; Keßler, L.:** Untersuchung über die Anwendungsmöglichkeit von Expertensystemen für die FE-Analyse. Interner Bericht, Lehrstuhl für Umformende Fertigungsverfahren, Universität Dortmund 1991

[16] **Greve, A.; Steininger, V.:** Expertensysteme und FEM. Vortrag auf dem MARC Benutzertreffen, München 16.-18.09.1991

[17] **Kardestuncer, H.; Norrie, D. H.:** Finite Element Handbook. Mc Graw-Hill Book Company, New York ... 1987

[18] **Schilling, R.:**Finite-Element-Analyse des Biegeumformens von Blechen. Dr.-Ing. Dissertation, Universität Dortmund, Springer-Verlag, Berlin Heidelberg ... 1992

Betriebsfestigkeitsnachweis von Konstruktionen und Bauteilen sowie deren Optimierung mit Hilfe der Finite-Elemente-Methode

Dr.-Ing. Ulrich Preckel
DMT-Gesellschaft für Forschung und Prüfung mbH, Bochum

Einleitung

Für die Gewährleistung der Funktionsfähigkeit eines Systems bzw. einer Konstruktion ist unter anderem eine hinreichende Festigkeit der Einzelbauteile notwendig. Diese wird in der Regel durch entsprechende Berechnungen im und vor dem Konstruktionsstadium sichergestellt. Der Nachweis der Festigkeit sollte dabei möglichst v o r dem eigentlichen Konstruktionsprozeß in der sogenannten Konzeptions- oder Designphase stattfinden.

In dem vorliegenden Aufsatz wird daher zunächst auf eines der derzeit am weitest verbreiteten rechnergestützten Nachweisverfahren, der Finite-Elemente-Methode, eingegangen sowie ihre derzeitigen Möglichkeiten skizziert. Danach werden die Arbeitsschritte für einen qualifizierten Nachweis der Betriebsfestigkeit erläutert und die Problematik in der Auswertung der Finite-Elemente-Analysen dargestellt. Danach werden die heutigen Möglichkeiten aufgezeigt, Konstruktionen und Bauteile hinsichtlich einer vorgegebenen Funktion zu optimieren. Dies umfaßt zum einen die Problematik der diskreten Optimierung sowie der Formoptimierung durch Parametrisierung des Konstruktionsentwurfes. Es folgt die Zusammenfassung und der Ausblick auf die zukünftigen Berechnungsmöglichkeiten, die auf der Grundlage der derzeiten Entwicklungen möglich sein werden.

Berechnung von Konstruktionen und Bauteilen mit Hilfe der Finite-Elemente-Methode

Die Finite-Elemente-Methode ist ein numerisches Näherungsverfahren zur Lösung von Problemen der mathematischen Physik. Sie geht im wesentlichen zurück auf Arbeiten von Courant (1943), der einen erweiterten Ritzschen Ansatz auf der Basis eines Variationsprinzips beschrieb, und Hrenikoff (1943), der ein Stab-Balken-Ersatzmodell für kontinuumsmechanische Aufgabenstellungen vorstellte. In der Zwischenzeit bis heute fand, insbesondere unter dem Eindruck der rasant gewachsenen Hardwareleistung, eine stetige Weiterentwicklung statt. Sie erlaubt im Prinzip mit den heute am Markt befindlichen Programmen die Behandlung unter anderem von umformtechnischen Problemstellungen mit

- geometrischen Nichtlinearitäten,
- materiellen Nichtlinearitäten sowie
- Kontaktnichtlinearitäten

ohne große Mühe. Bei weitergehendem Informationsbedarf insbesondere zur Theorie dieser Methode sei die Lektüre von [1] empfohlen.

Zwei der wesentlichsten Entwicklungsschwerpunkte bei den heute vermarkteten Programmen sind derzeit

- die Vereinfachung bzw. Beschleunigung der Problemmodellierung, insbesondere der Geometriemodellierung - ca. 80 % der Problembearbeitungszeit wird heute für diesen Arbeitsschritt verwendet - sowie zum anderen

- die Entwicklung von Verfahren und Methoden zur Fehlerabschätzung und -korrektur programmintern als auch zur Verifizierung der Programmergebnisse.

Bei der programminternen Fehlerabschätzung und -korrektur sind zu nennen das sogenannte Adaptive-Meshing wie auch die vereinfachte bzw. automatische Ablaufkontrolle der inkrementellen/iterativen Belastungssteuerung bei nichtlinearen Analysen. Es zeigt sich auch heute, daß die in einigen Programmen implementierte "vollkommen automatische" Steuerung, meist auf Basis des Riks/Wempner-Algorithmus [2,3], durchaus verbesserungswürdig ist.

Bei der Verifizierung der Programmergebnisse sind die bekanntesten Ansätze die etwas einfachere "Validation des progiciels de calcul de structures (VPCS)" (Frankreich) sowie die vergleichsweise schwierigen "NAFEMS-Calibration-Tests" (England). Besonders den englischen Tests, die viele nichtlineare Problemstellungen inklusive den verifizierten Referenzlösungen beinhalten, stehen die meisten Programmhersteller sehr reserviert gegenüber, da hier viele Programmfehler und -schwächen offengelegt werden. Es sind auch tatsächlich nur verschwindend wenige Programme, die ihn bis heute mit Erfolg absolviert haben. Selbst die sogenannten Marktführer haben hier Federn lassen müssen.

In diesem Bereich ist auch die Qualitätssicherung gemäß der ISO 9000ff von ganz besonderer Bedeutung, da bei einem Festigkeitsnachweis von sicherheitsrelevanten Bauteilen mit der FEM die richtige Funktion des Programms sichergestellt sein muß. Es ist einsichtig, daß kein Programm ohne Fehler sein kann, jedoch muß durch organisatorische Maßnahmen die Fehlerquote auf ein absolutes Minimum begrenzt sein. Im Falle eines Falles muß entsprechend den Vorschriften in der ISO-Norm lückenlos belegt werden können, welche Maßnahmen ergriffen wurden, um eine (nahezu) fehlerfreie Funktion des Programmes zu gewährleisten. Auch hier wird es noch einiger Anstrengungen insbesondere im nichteuropäischen Raum bedürfen, um dies bei allen Software-Systemen sicherzustellen.

Nachweis der Betriebsfestigkeit

Der Begriff der Betriebsfestigkeit steht dabei als Oberbegriff. Er schließt dann die Begriffe Dauerfestigkeit und Zeitfestigkeit als Sonderfälle ein. Ein geforderter Nachweis der Betriebsfestigkeit kann demnach unter entsprechenden Gegebenheiten des Einzelfalles auch als ein Nachweis der Dauerfestigkeit oder als ein Nachweis der Zeitfestigkeit erbracht werden [4]. Dabei wird heute die Art, in der die auftretende Beanspruchung und die ertragbare Beanspruchung für die Belange eines Betriebsfestigkeits-Nachweises zu ermitteln sind, als eine verfahrensbedingt untrennbare Einheit gesehen.

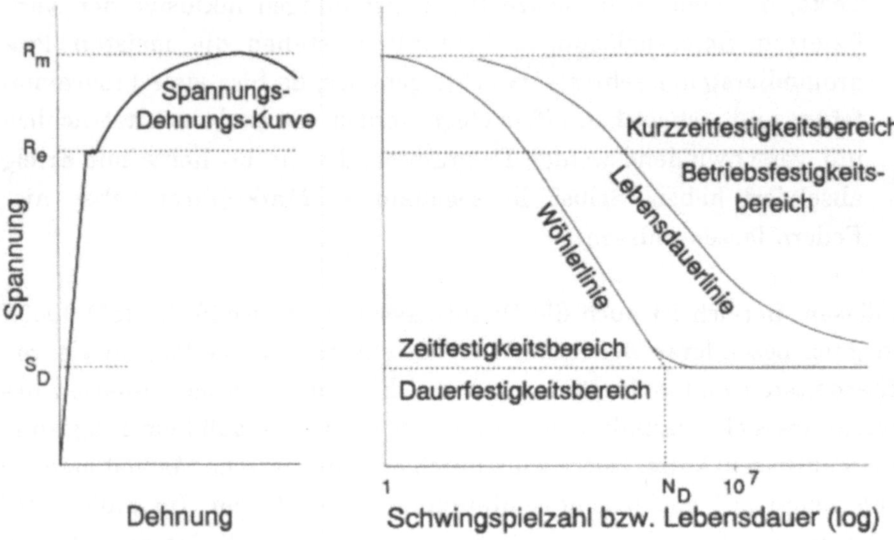

Bild 1: Betriebsfestigkeitsrelevante Kenngrößen

Aus der Spannungs-Dehnungs-Kurve des Werkstoffes sind die Zugfestigkeit R_m und die Streckgrenze R_e bzw. $R_{p0,2}$ als obere Grenzwerte der Beanspruchung zu entnehmen (siehe DIN 50145). Im Sinne des allgemeinen Maximalspannungs-Nachweises würde ihr *einmaliges* Überschreiten ein Versagen des Bauteils bedeuten (**Bild 1**).

Die Dauerfestigkeit S_D liefert einen Beanspruchungsgrenzwert, bis zu dessen Höhe eine schwingende Beanspruchung *beliebig oft* ohne Bruch ertragbar ist. Eine Schwingbeanspruchung oberhalb der Dauerfestigkeit führt nach einer *endlichen Anzahl* von Schwingspielen zum Bruch, wobei der Bruch umso eher eintritt, je höher die Beanspruchung ist. Für eine Schwingbeanspruchung mit gleichbleibenden Amplituden wird diese Abhängigkeit dargestellt durch die Zeitfestigkeitslinie, dem geneigten Teil der Wöhlerlinie im Bereich der Zeitfestigkeit (Bild 1). Die vollständige Wöhlerlinie erstreckt sich von der Zugfestigkeit über die Zeitfestigkeitslinie bis zur Dauerfestigkeitsgrenze (siehe DIN 50100).

Als Kenngrößen der Betriebsfestigkeit dienen

- der Dauerfestigkeitswert,
- die Zeitfestigkeitslinie,
- die Lebensdauerlinie sowie
- die maximal zulässige Beanspruchung im Sinne des statischen Festigkeitsnachweises.

Um das Konzept der Betriebsfestigkeit praktisch umzusetzen, bieten sich, alternativ oder in zweckmäßiger Kombination, zwei Wege an:

- *der Weg des experimentellen Betriebsfestigkeitsnachweises*, der vornehmlich bei Bauteilen einer Serienfertigung, wie z.B. im Kraftfahrzeugbau, bei extremem Leichtbau, wie z.B. im Flugzeugbau, wie auch ganz allgemein bei besonderen Anforderungen an die Schwingbruchsicherheit oder zu einer letztgültigen Abklärung in wichtigen Einzelfällen beschritten wird, oder

- *der Weg des rechnerischen Betriebsfestigkeitsnachweises*, der für Bauteile der Einzelfertigung, insbesondere für die großen und teuren

Bauteile des Schwermaschinenbaus, der Anlagentechnik, des Brückenbaus usw., der einzig gangbare Weg ist, aber auch in der Konstruktionsphase derjenigen Bauteile zumindest orientierend durchlaufen wird, für die anschließend ein experimenteller Nachweis ansteht.

Ganz generell ist derzeit ein starker Trend hin zum rechnerischen Betriebsfestigkeitsnachweis zu spüren. Dies liegt unter anderem an

- einem softwareseitig sich ständig verbessernden Instrumentarium,
- einem zunehmenden Kostenvorteil zugunsten des rechnerischen Nachweises sowie
- in vielen Fällen einer erheblichen Zeitersparnis gegenüber dem Prüfstandsversuch.

Bei dem rechnerischen Nachweis ergeben sich gelegentlich folgende Schwierigkeiten:

I. Die rechnerische Modellierung bedarf eines gewissen Geschickes, das sich auf einer entsprechenden Ausbildung sowie einem fundierten Wissen gründet. Um das Ergebnis nicht von den Fähigkeiten des entsprechenden Berechnungsingenieurs abhängig zu machen, sind zu diesem Zwecke für viele Bereiche einschlägige Normen und Richtlinien erstellt worden, die als Vorschriften- und Regelwerk zu Rate gezogen werden können. Die wichtigsten unter diesen Regelwerken sind insbesondere die DIN 4100, DIN 4114, DIN 15018, DIN 18800, DS804 sowie VDI-Richtlinie 2226. Das heißt, es muß im vornherein klar sein, auf Basis welchen Regelwerks, z.B. DIN oder VDI-Richtlinie, der Nachweis zu erfolgen hat. Darin sind teilweise oder vollständig festgelegt,

    - welche Kräfte und Lasten zu berücksichtigen sind,
    - welche Rechenmodelle angewandt werden sowie
    - anhand welcher Grenzwerte das Ergebnis zu bewerten ist.

Für den Fall, daß alle drei Kriterien festgelegt sind, ist der geforderte Nachweis meist ohne besondere Schwierigkeiten durchzuführen.

II. Sind keine Vorschriften oder Richtlinien für die Berechnung anwendbar, so muß Klarheit geschaffen werden über die oben genannten Parameter.

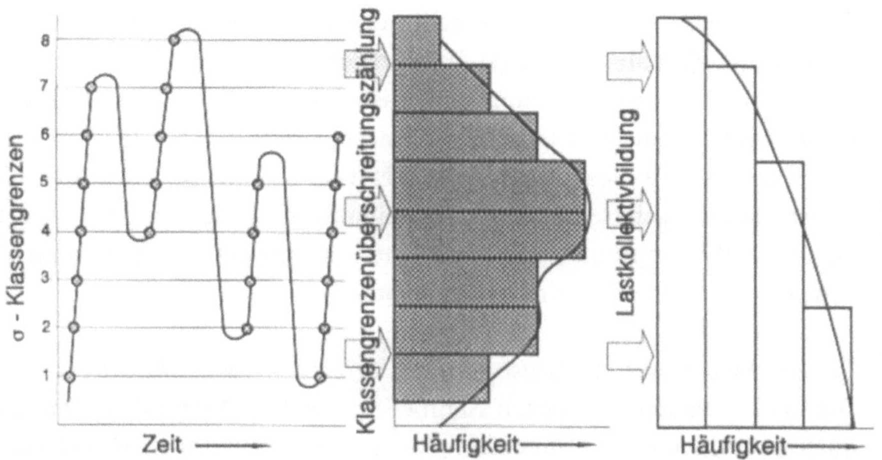

Bild 2: Kollektivbildung nach der Klassengrenzen-Überschreitungszählung

IIa. *Die Höhe der zu berücksichtigenden Belastung*
Dies ist bei statischer Belastung im allgemeinen kein großes Problem. Bei schwingender Beanspruchung sieht die Sache schon etwas schwieriger aus, da hier eine Last-Zeit-Funktion vorliegt. Die wesentlichen Verfahren um diese zu diskretisieren und zu klassieren, sind in der DIN 45667 näher erläutert und für den Fall der Klassengrenzenüberschreitungszählung in **Bild 2** prinzipartig skizziert. Anhand des dabei ermittelten Last-Kollektivs lassen sich dann die entsprechenden Berechnungen anstellen.

IIb. *Das anzuwendende Rechenmodell*

Hier lassen sich keine generellen Angaben machen, es hat sich aber gezeigt, daß die Finite-Elemente-Methode fast überall anwendbar ist, wenngleich aus Gründen der Ökonomie oft nur einfache klassische Methoden zur Anwendung gelangen. Eine Problematik, die sich gelegentlich bei der Benutzung der FEM zeigt, ist die im Grunde zu genaue und zu detailgetreue Abbildung des Bauteils mit der Folge, daß höhere Spannungen an den kritischen Stellen ermittelt werden als mit den klassischen "einfachen" Berechnungsverfahren. Die einschlägigen Regelwerke sind aber meist genau für diese "einfachen" Methoden ausgelegt, und so ergibt sich hier eine Diskrepanz, die im Einzelfall nur schwierig zu berücksichtigen ist. Eine Folge aus diesem Dilemma ist die Entwicklung des sogenannten Hot-spot-Konzeptes [5] für die Lebensdauerabschätzung von Schweißnähten. Eine andere Konsequenz ist die Benutzung von sogenannten normierten Wöhlerlinien [6] bzw. des Kerbgrundspannungskonzeptes [4].

IIc. *Die zur Bewertung des Ergebnisses benutzten Werkstoffkennwerte*

Die am häufigsten benutzten Kennwerte für den Maximalspannungsnachweis können den Dauerfestigkeitsschaubildern nach Haig/Smith entnommen werden. Für eine qualifizierte Bewertung der Zeitfestigkeit bei schwingender Beanspruchung wird in der Regel die Wöhlerkurve benutzt. Anhand dieser Kurve lassen sich dann die entsprechenden Rechenverfahren beispielsweise zur linearen Schadensakkumulation nach Palmgren/Miner [7,8] bzw. Haibach [9] anwenden. Das Prinzip einer möglichen Vorgehensweise ist in **Bild 3** skizziert. Hierbei werden für ein belastetes Bauteil die entsprechenden Vergleichsspannungen ermittelt, daraus das Lastkollektiv gemäß der Vorgehensweise in Bild 2 erstellt und zusammen mit der dazugehörigen Wöhlerlinie für diesen Werkstoff die Schadensrechnung durchgeführt. Die so ermittelte Lebensdauer des Bauteils kann im Bereich der Zeitfestigkeit als ein qualifizierter Betriebsfestigkeitsnachweis angesehen werden.

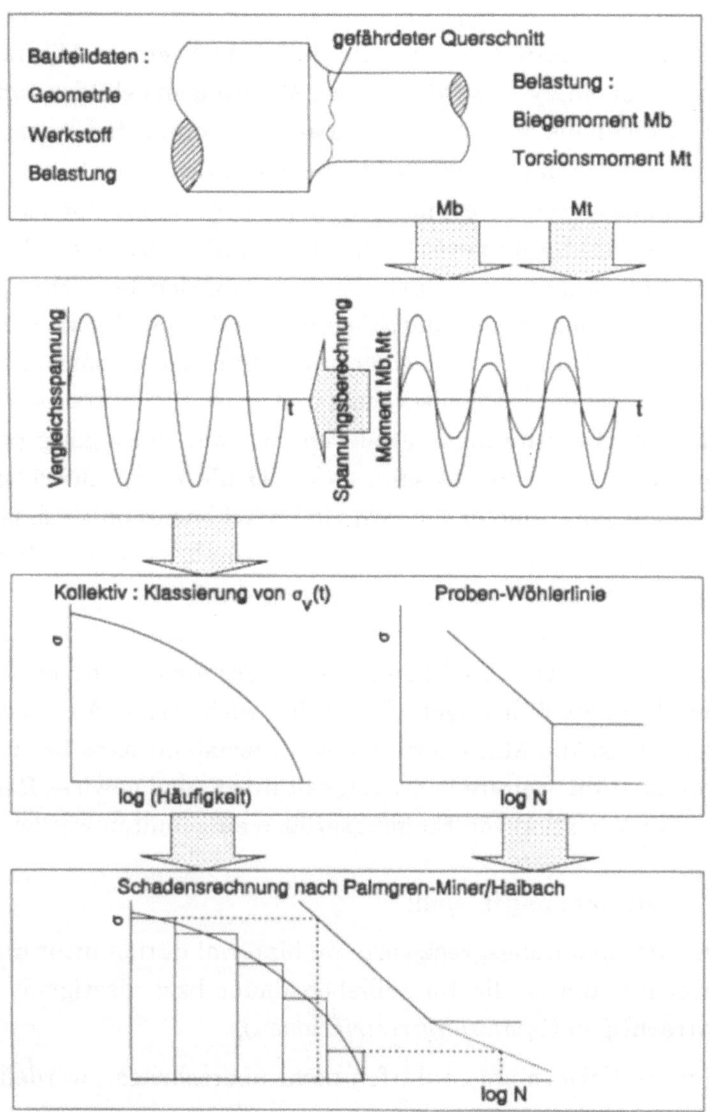

Bild 3: Strategie des Kerbgrundspannungs-Wöhlerlinien-Konzeptes

Optimierung von Konstruktionen und Bauteilen

Grundprinzip der Optimierung ist die Suche nach einem Minimum oder Maximum. In der Analysis werden hierzu Ableitungen gebildet und anhand dieser Ableitungen die Minima bzw. Maxima bestimmt. Bei einem bekannten Gleichungssystem kann dies in manchen Fällen geschlossen erfolgen, was bei komplizierteren Berechnungen in der Regel nicht möglich ist. Hierbei muß die Ableitung numerisch ermittelt werden. Dazu sei die Berechnung (oder Berechnungsprozedur) als eine Funktion betrachtet, die aus einer Anzahl von Eingangsparametern eine Anzahl von Ergebnisgrößen liefert. Bei einer (infinitesimalen) Änderung der Eingangsparameter ergibt sich eine Änderung der Ergebnisgrößen, und so ist eine numerische partielle Ableitung der (Berechnungs-) Funktion nach einem Eingangsparameter gebildet worden. Nun kann es sein, daß aber die zu optimierende Größe nicht ein Eingangsparameter sondern ein Zwischenergebnis o.ä. ist. In diesem Fall wird das Berechnungsergebnis ins Verhältnis zu dem Zwischenergebnis gesetzt und so die partielle Ableitung ermittelt.

Finite-Elemente-Systeme sind komplexe Programmsysteme im Sinne der zuvor gemachten Ausführungen. Einer der wichtigsten Aufgabenfälle in diesem Bereich ist die Minimierung des Materialeinsatzes bei Bauteilen. Hier kommt aber die weitere Schwierigkeit hinzu, daß gewisse Randbedingungen bei der Variation von Eingangsgrößen eingehalten werden müssen.

Typische Randbedingungen sind:

- bestimmte Spannungsgrenzwerte im Material dürfen nicht überschritten werden, um so die Bauteillebensdauer bzw. -festigkeit nicht zu beeinträchtigen (*Spannungsrestriktionen*),
- bestimmte Verformungen dürfen nicht überschritten werden (*Verformungsrestriktionen*),
- bestimmte Abmessungen dürfen, um die Funktionsfähigkeit des Bauteils zu gewährleisten, nicht unter- oder überschritten werden (*Geometrische Restriktionen*),

- bestimmte Abmessungen oder Werte dürfen nur in diskreten Schritten geändert werden (*Diskrete Optimierung*), da beispielsweise Halbzeuge wie Bleche oder Profile nur in bestimmten Abmessungen verfügbar sind oder Durchmesser (bei Schrauben, Bolzen o.ä.) in Normreihen festgelegt sind.

Weiterhin kann es vorkommen, daß die Eingangsparameter in bestimmten Kombinationen eingesetzt werden müssen. Dieser etwas schwierige Fall soll aber im weiteren nicht weiter berücksichtigt werden. Grundsätzlich gibt es zwei Ansätze zur Bauteiloptimierung mit der Finite-Elemente-Methode:

I. *Optimierung auf der Basis der FEM-Eingangsdaten*

Ia. *Optimierung von Einzelwerten (z.B. Blechdicken etc.)*
Die Vorteile sind, daß es sich hierbei um einen relativ einfachen Algorithmus und um ein erprobtes und robustes Rechenverfahren handelt, das an nahezu jedes FEM-System koppelbar ist und bei dem diskrete Variationen sehr einfach möglich sind. Als Nachteil hat sich der sehr eingeschränkte Einsatzbereich herausgestellt.

Ib. *Gestaltoptimierung auf der Basis der FEM-Netztopologie [10].*
Als Vorteil hat sich der vergleichsweise robuste, aber sehr rechenintensive Algorithmus herausgestellt sowie die Koppelbarkeit an nahezu jedes FEM-System. Als Nachteile sind insbesondere zu nennen, daß die geometrischen Restriktionen in den Abmessungen etc. nur schwer einzuhalten sind, daß Variationen in nur sehr begrenztem Maße möglich sind und die diskrete Optimierung nahezu unmöglich ist.

II. *Optimierung auf Basis der Eingangsdaten für den Preprozessor*, d.h. auf CAD-ähnlicher Eingabenomenklatur.
Dieses im weiteren näher vorgestellte Verfahren bietet alle unter Ia und Ib genannten Vorteile, beispielsweise ein sehr breites Anwendungsspektrum. Hierbei können sowohl alle Parameter (sowohl aus Ia, Ib wie auch weitere) wahlfrei variiert als auch beliebige Restriktionen (auch diskrete) problemlos berücksichtigt werden. Es setzt allerdings

bei dem FEM-System bestimmte Eigenschaften voraus, so daß es nur an bestimmte FEM-Systeme koppelbar ist. Voraussetzung hierfür ist die objektorientierte assoziative Problemmodellierung, wie sie beispielsweise in **Bild 4** dargestellt ist.

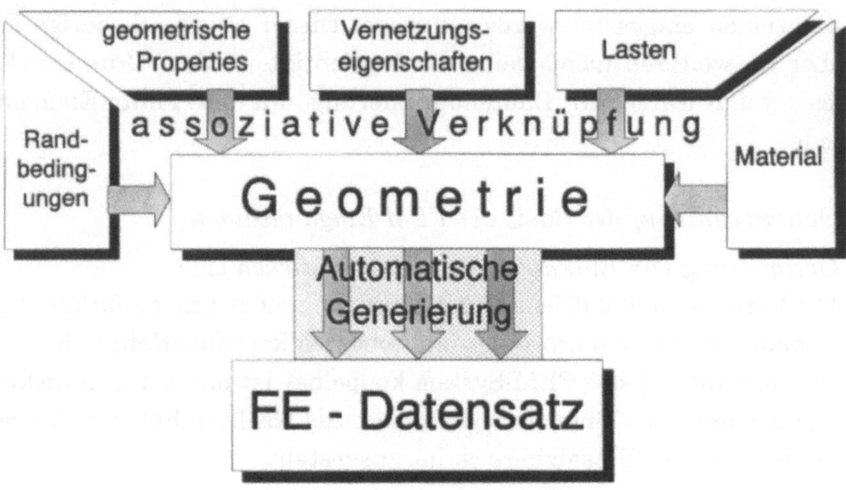

Bild 4: Prinzip der assoziativen Problemmodellierung

Im Preprozessor wird der Bauteilentwurf geometrisch sowie von seinen Materialeigenschaften etc. beschrieben (ähnlich CAD). Desweiteren werden die Last- und Randbedingungen völlig unabhängig hiervon definiert und auf assoziativer Basis verknüpft mit der zuvor definierten Geometrie und nicht mit der FEM-Netztopologie, da sich diese ja im Verlauf der Optimierung ändern kann. **Bild 5** zeigt dies für den Fall eines realen Bauteils. Nun wird zwischen den Parametern unterschieden, die fest sind (Funktionsmaße, vorgegebene Blechdicken, etc.), und denen, die variabel sind und die es gilt, hinsichtlich der einen Zielfunktion (objective) zu optimieren. Die gelegentlich in der Literatur anzutreffende "multi-objective Optimization" sollte mit äußerst kritischer Zurückhaltung gesehen werden. Es lassen sich in der Regel nicht mehrere Ziele gleichzeitig verfolgen.

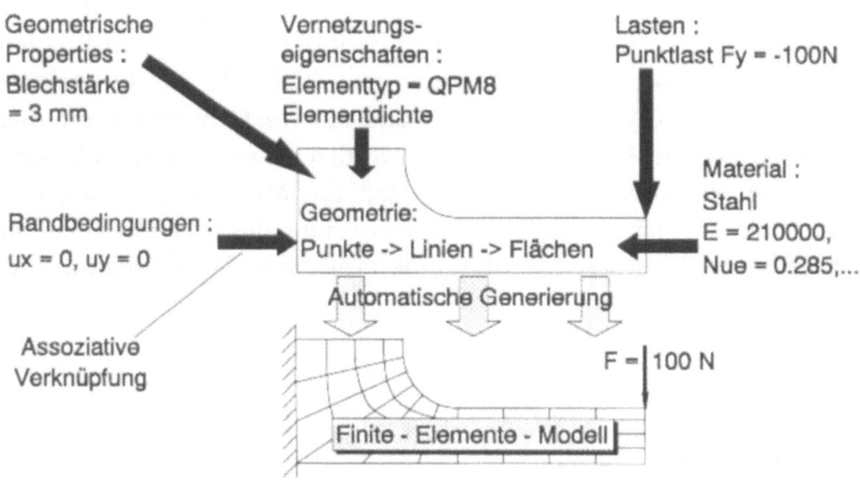

Bild 5: Problemmodellierung am Beispiel eines realen Bauteils

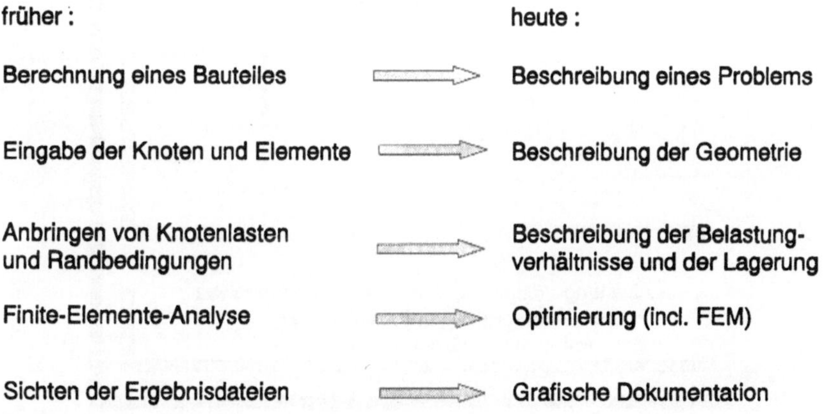

Bild 6: Übergang von der Bauteilberechnung zur Problembeschreibung als Grundlage für die Optimierung

Mit dieser neuerlich benutzten assoziativen Modellierung ist der erste Schritt von der früher üblichen normalen Bauteilberechnung zur Problembeschreibung und damit zur Optimierung getan (**Bild 6**). Für die variablen Parameter werden Gültigkeitsbereiche und die Werte definiert, die diese Parameter annehmen können. Weiterhin werden die noch übriggebliebenen Restriktionen definiert, beispielsweise daß die Materialspannungen im Zuge des Maximalspannungsnachweises unterhalb der Dauerfestigkeit des Materials bleiben müssen oder daß eine bestimmte Durchbiegung nicht überschritten werden darf, etc.

Bild 7: Prinzipielle Vorgehensweise bei der Optimierung

Bild 7 zeigt einen typischen Fall, worin als Ziel eine Material-, d.h. Gewichtsminimierung, erreicht werden soll. Zusätzlich zu den Spannungsrestriktionen sind die geometrischen Restriktionen der Dicke t und des

Radius *r* eingeführt worden. Außerdem dürfen die beiden freien Parameter *t* und *r* nur bestimmte Werte annehmen (r = 2,3,4,5 mm und t = 2,3,4 mm (-> Diskrete Optimierung)). Der Optimierer erzeugt nun jeweils mit variierten Eingabedaten neue Preprozessordatensätze. Daraus werden automatisch die FE-Datensätze generiert und die entsprechende Berechnung wird durchgeführt. Anhand der Ergebnisse werden die Ableitungen d*M*/d*r* und d*M*/d*t* gebildet, eine Sensitivitätsanalyse, d.h. welche Variable hat den größten Einfluß auf die Zielfunktion und führt am stärksten zur Kollision mit den Restriktionen, wird durchgeführt, die Eingangsdaten werden erneut modifiziert und die Prozedur solange wiederholt, bis keine Verbesserung hinsichtlich der Zielfunktion erreicht ist.

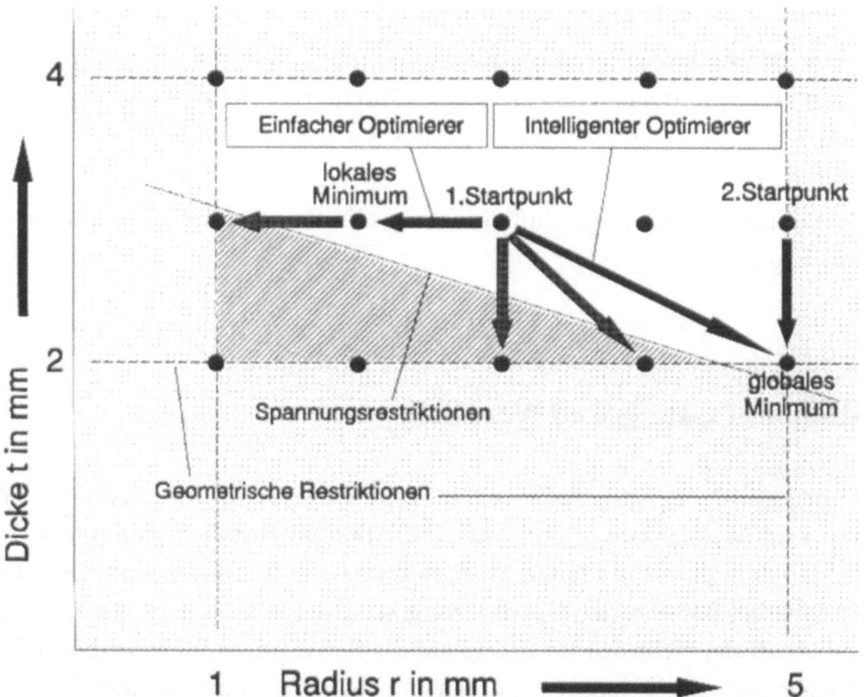

Bild 8: Suchstrategien des Optimierers zum Finden des globalen Optimums bei einem realen Problem

Daß selbst bei einem so einfachen Beispiel, wie es in Bild 5 und 7 dargestellt ist, die Tücke im Detail steckt, kann anhand des **Bildes 8** veranschaulicht werden. Ein einfacher Optimierer würde ausgehend von dem ursprünglichen Entwurf (1. Startpunkt) sofort nach der ersten Variation als Optimum r = 2 mm und t = 3 mm ausweisen. Das so gefundene Minimum unter den gegebenen Restriktionen kann aber ein globales oder lokales Minimum sein. Für diese Prüfung gibt es derzeit kein allgemeingültiges Patentrezept.

Die zwei Möglichkeiten, um hier eine Verbesserung zu erzielen, sind:

- *verbesserte und intelligentere Suchstrategien im Optimierungsprogramm*, welche, wie im Bild dargestellt, nach zwei weiteren Variationen das globale Optimum finden, sowie
- *eine verbesserte interaktive Kontrolle durch den Benutzer*, der in diesem Falle einfach einen neuen 2. Startpunkt definiert und so hofft, daß das globale Optimum gefunden wird, welches bei r = 5 mm und t = 2 mm liegt.

Die derzeitige Praxis zeigt, daß eine sinnvolle Kombination aus beiden die besten Ergebnisse liefert.

Zusammenfassung und Ausblick

Der vorliegende Beitrag sollte einen Eindruck vermitteln über die Verfahren und Möglichkeiten zum qualifizierten Betriebsfestigkeitsnachweis sowie den derzeit vorhandenen Möglichkeiten zur Bauteiloptimierung. Insbesondere im Bereich der Optimierung sind derzeit noch große Entwicklungspotentiale, nicht nur im Bezug auf die Software, sondern insbesondere im Bezug auf die Einsparungspotentiale bei den Bauteil- und Produktkosten. Es existieren Schätzungen, die sich bei Produkten selbst in der Großserienfertigung zwischen 2 und 20 % bewegen. Bei Kleinserien und Einzelkonstruktionen können die Prozentsätze im Einzelfall noch um Faktoren höher liegen. Die bisher durchgeführten Optimierungsrechnungen haben diese Zahlen bestätigt. Im Gegensatz zur mittlerweile verflogenen CAD-Euphorie, die die in sie gesetzten Erwartungen nur zu einem gewissen Teil erfüllen konnte und bei der die Physik zum überwiegenden Teil vernachlässigt wurde, wird bei der Optimierung die Mechanik mitberücksichtigt, so daß sich diese neuerliche Arbeitsweise vom betriebswirtschaftlichen Standpunkt aus gesehen wesentlich eher rechnen wird. Es gibt daher Prognosen, die vergleichbar zur Strategie in Bild 6 entsprechende Veränderungen in der Konstruktionsmethodik erwarten lassen. Danach wird der Konstrukteur mit der Unterstützung eines Optimierers auf der Basis seiner Problembeschreibung das für ihn gültige Optimum ermitteln und im Falle von mehreren Möglichkeiten seine Konstruktionsvarianten "durchspielen". Dieses hier nur am Beispiel der Bauteiloptimierung vorgestellte Verfahren wird aber dann auch anwendbar in vielen anderen Bereichen, so beispielsweise Verfahrensoptimierung, Fertigungsoptimierung, Logistik oder ganz allgemein Organisationsoptimierung, also in allen Bereichen, in denen sich ein Problem durch ein verfügbares mathematisches Modell abbilden und hinsichtlich eines Zieles optimieren läßt.

Literatur

[1] **Bathe, K.-J.:** Finite-Elemente-Methoden. Springer-Verlag, Berlin Heidelberg New York 1986

[2] **Wempner, G. A.:** Discrete Approximations Related to Nonlinear Theories of Solids. International Journal for Solids and Structures, Vol. 7 (1971), S. 1581 - 1599

[3] **Riks, E.:** An Incremental Approach to the Solution of Snapping and Buckling Problems. International Journal for Solids and Structures, Vol. 15 (1974), S. 529 - 551

[4] **Haibach, E.:** Betriebsfestigkeit. Verfahren und Daten zur Bauteilberechnung. VDI-Verlag Düsseldorf 1989

[5] **Iida, K.:** Application of Hot Spot Concept for Fatigue Life Prediction. IIW-Document XIII-1130-83/XV-552-83, VDI-Forschungsheft-Nr. 614, VDI-Verlag Düsseldorf 1982

[6] **Haibach, E. et al.:** Normierte Wöhlerlinien für ungekerbte und gekerbte Formelemente aus Baustahl. Stahl und Eisen 101 (1981) 3, S. 21 - 27

[7] **Palmgren, A.:** Die Lebensdauer von Kugellagern. VDI-Z 58 (1924), S. 339 - 341

[8] **Miner, M. A.:** Cumulative Damage in Fatigue. Journal of Applied Mechanics 12 (1945), S. 159 - 164

[9] **Haibach, E.:** Modifizierte lineare Schadensakkumulationshypothese zur Berücksichtigung des Dauerfestigkeitsabfalls mit fortschreitender Schädigung. LBF-Technische Mitteilung TM 50/70, Darmstadt 1970

[10] **Mattheck, C.:** Gestaltoptimierung mechanischer Bauteile auf der Basis biologischen Wachstums. Intern. FEM-Congress, Baden-Baden 20.-21.Nov.1989, S. 167 - 176

Finite-Elemente-Analyse des Biegeumformens von stranggepreßten Aluminiumprofilen

Dipl.-Ing. Folker Haase; Dr.-Ing. Robert Schilling
Lehrstuhl für Umformende Fertigungsverfahren, Dortmund

Einleitung

Die stetig zunehmende Bedeutung der Integral- und Leichtbauweise führt zu einer raschen Entwicklung profilierter Halbzeuge. Dabei nimmt der Flach- bzw. Profilstahl einen großen Anteil an den gesamten Erzeugnissen ein. Eine besondere Stellung als Konstruktionshalbzeug im Schienenfahrzeug- sowie im Automobilbau haben in der letzten Zeit die stranggepreßten Aluminium-Profile mit ihren oft multifunktionalen Querschnittsformen gewonnen [1], die häufig durch Biegeumformen weiter verarbeitet werden.

Aus den vielfältigen Querschnitten sowie den komplexen Formen der Biegeteile resultiert der hohe Schwierigkeitsgrad der Biegeaufgaben in diesem Bereich. Bedingt durch diesen Zusammenhang wurden bisher mehrere Verfahrensvarianten zum Profilbiegen entwickelt. Die problemorientierte Entwicklung derartiger Verfahren hat zur Folge, daß diese Verfahren eine unterschiedliche Eignung für die jeweilige Biegeaufgabe aufweisen. Daher ist vor Durchführung eines Biegeprozesses eine Auswahl des günstigsten Biegeverfahrens unter Berücksichtung des Schwierigkeitsgrades der Biegeaufgabe erforderlich. Adelhof [2] stellte diesbezüglich Methoden für die Verfahrensauswahl und Möglichkeiten zur Erhöhung der Flexibilität beim Profilbiegen vor.

Zur Entwicklung und Optimierung von Umformverfahren wird seit einigen Jahren vermehrt die Finite-Elemente-Methode (FEM) eingesetzt. Die Gründe für die zunehmende Verbreitung dieser Methode sind einerseits die sinkenden Kosten für leistungsfähige Arbeitsplatzrechner und andererseits die Verbesserung der Methoden der sogenannten nichtlinearen FEM, die sich in den Weiterentwicklungen der kommerziellen Programme bzw. Neuentwicklungen von FE-Systemen wiederfinden.

Simulation von Umformvorgängen mit der FEM

Die Methode der Finiten Elemente ist seit den sechziger Jahren ein bekanntes, vielseitig einsetzbares Verfahren zur Lösung von sogenannten "Feldproblemen" in den verschiedensten Bereichen, wie z. B. in der Festkörpermechanik, in der Strömungsmechanik oder in der Elektrotechnik. Wurde anfangs die FEM für rein elastische Problemstellungen, beispielsweise zur Festigkeitsberechnung von Maschinenteilen, eingesetzt, so fand sie seit etwa 1970 auch Anwendung bei der Berechnung von elastisch-plastischen Vorgängen.

Der Umformprozeß zeichnet sich durch das Auftreten von großen Formänderungen sowie sehr großen Verschiebungen und Rotationen der Materialpartikel aus. Diese Gegebenheiten führen - gegenüber den rein elastischen Problemen - zu einer aufwendigeren mathematischen Behandlung und letztendlich zu einem nichtlinearen Gleichungssystem, das gelöst werden muß. Drei Typen von Nichtlinearitäten lassen sich unterscheiden, die bei der Berechnung von Umformvorgängen bedeutsam sind [3]:

- Die *materiellen Nichtlinearitäten* werden durch ein nichtlineares Werkstoffverhalten hervorgerufen. Viele Metalle weisen im elastisch-plastischen Bereich des Spannungs-Dehnungs-Diagramms kein lineares Verhalten auf.

- Die *geometrischen Nichtlinearitäten*, bedingt durch große Verschiebungen bzw. große Formänderungen, führen zu einem nichtlinearen Zusammenhang zwischen Dehnungen und Verschiebungen einerseits sowie Spannungen und Kräften andererseits.

- Die *nichtlinearen Randbedingungen bzw. Kräfte* sind beispielsweise bedeutungsvoll bei einem reibungsbehafteten Kontakt von Körpern, bei nichtlinearen Federn oder bei Kräften, die ihre Richtung mit der sich verschiebenden Struktur ändern.

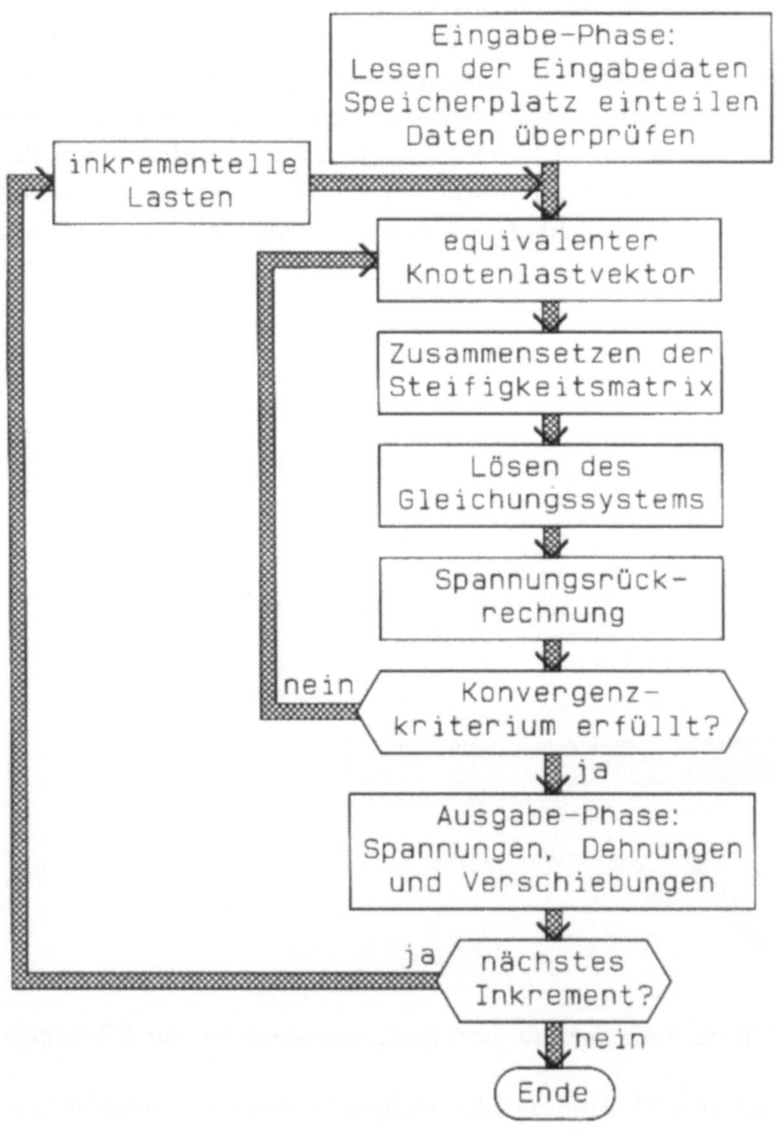

Bild 1: Flußdiagramm von MARC [3]

Die o.a. Nichtlinearitäten erfordern ein inkrementelles Vorgehen, d.h. die vorgegebenen Lasten (oder Verschiebungen) werden " portionsweise" aufgebracht. Das Gleichungssystem wird nach jedem Inkrement iterativ gelöst. **Bild 1** veranschaulicht diese Vorgehensweise anhand des Programmflusses des für die Simulation von Umformvorgängen eingesetzten kommerziellen FE-Programms MARC. Charakteristisch ist hierbei die innere iterative Schleife mit dem sogenannten Konvergenz- bzw. Genauigkeitstest und die äußere inkrementelle Schleife mit dem Aufbringen der "Lastenportionen".

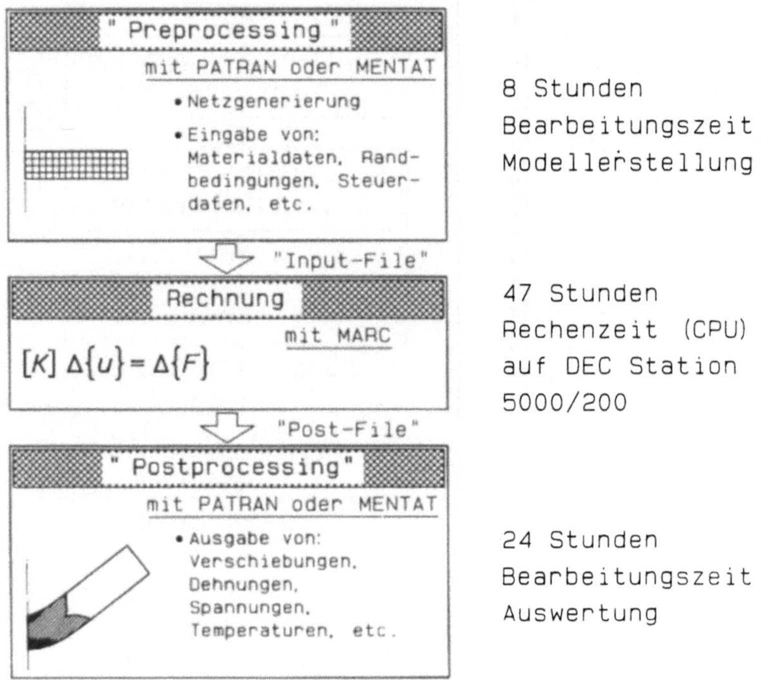

Bild 2: Bedeutung der Pre- und Postprozessoren bei der FE-Analyse

Die Ablauf einer FE-Analyse soll im folgenden vorgestellt werden. Grafische Programmsysteme werden zur Eingabe und Auswertung der umfangreich anfallenden Daten eingesetzt (s. **Bild 2**). Mit Hilfe dieser sogenannten Pre- und Postprozessoren - als kommerzielle Programme seien hier MENTAT und PATRAN erwähnt - werden die zur Analyse erforderlichen FE-Netze generiert sowie die Randbedingungen (vorgeschriebene Verschiebungen und Lasten) eingegeben. Die Eingabe der Materialdaten und der für die Rechnung notwendigen Steuerparameter (Anzahl der Inkremente, Toleranzen etc.) in den Eingabedatensatz erfolgt mit einem Programm-Editor. Zur Generierung von komplexen Werkzeugoberflächen leisten zudem oftmals CAD-Systeme wertvolle Hilfe. Für das "Pre- und Postprocessing" sowie für die FE-Rechnung stehen am Lehrstuhl für Umformende Fertigungsverfahren der Universität Dortmund Rechner der Firma Digital Equipment zur Verfügung. Über ein Netzwerk ("Local Area Network") sind diese mit weiteren Komponenten, z.B. Peripherie-Einheiten und Personal-Computer verbunden.

Als Ausgabe-Datensätze erzeugt MARC im wesentlichen neben dem "Restart-File", das alle für eine weiterführende Rechnung notwendigen Daten enthält, einen Datensatz mit binär oder formatiert abgelegten Werten (Spannungen, Dehnungen, Verschiebungen etc.) zur grafischen Auswertung sowie einen Datensatz, der die Simulationsrechnung protokolliert und eventuell Fehlermeldungen enthält. Aufgrund der meist sehr umfangreichen Datenmenge ist die grafische Aufbereitung dieser Werte mit MENTAT oder PATRAN sehr hilfreich. Gerade die Generierung der Eingabedaten sowie die Dokumentation der Rechenergebnisse beanspruchen problemabhängig einen relativ großen Teil der gesamten Analysezeit. Die benötigte Zeit für die FE-Analyse hängt desweiteren bei der Simulation von Umformvorgängen von der zur Verfügung stehenden Rechnerleistung ab.

Beispielhaft sind in Bild 2 die für eine dreidimensionale Simulation des Biegeumformens von Aluminium-Profilen benötigeten Rechen- bzw. Bearbeitungszeiten angeführt (Rechnung R2). Um Analysekosten einzusparen, muß auf der einen Seite eine leistungsfähige "Hard- und Software" eingesetzt und auf der anderen Seite ein optimiertes FE-Modell verwendet werden.

FE-Modell zur Analyse des Profilbiegens

Zu Beginn einer FE-Analyse stellt sich somit die Frage nach einem möglichst optimalen Modell zur Beschreibung des zu untersuchenden Umformproblems. Hierbei ist die Wahl des Elementtyps, des Diskretisierungsgrades (d.h. die Feinheit des FE-Netzes), der Randbedingungen sowie des Werkstoffmodells für die Güte der Simulationsrechnung bedeutsam. Die Berücksichtigung von Symmetrien bei der Netzgenerierung hilft zudem den Rechenaufwand von vornherein zu reduzieren.

Bei der Prozeßsimulation des querkraftfreien Biegens von rechteckigen Aluminiumrohren stand zunächst die Erstellung eines geeigneten FE-Modells und die Optimierung des FE-Netzes im Vordergrund der numerischen Untersuchungen. **Bild 3** zeigt im oberen Teil den prinzipiellen Aufbau der Vorrichtung zum querkraftfreien Biegen, die auch zur experimentellen Untersuchung des Umformprozesses eingesetzt wurde [4]. Die Vorrichtung, eingebaut in eine hydraulische Versuchspresse, erlaubte über die Einleitung eines "reinen Biegemomentes" eine Herstellung von kreisbogenförmig ausgebildeten Biegeproben. Im unteren Teil des Bildes ist das für die Simulation zugrunde gelegte FE-Modell skizziert. Zur Diskretisierung des Werkstücks wurden dreidimensionale isoparametrische Acht-Knoten-Kontinuumselemente erster Ordnung (MARC Elementtyp 7) gewählt. Gegenüber Balken- und Schalenelementen bedingen diese Elemente einen höheren Rechenaufwand, ermöglichen allerdings eine umfassende Analyse des Biegeprozesses einschließlich der Erfassung von Querschnittsverformungen und Dickenänderungen des Aluminiumprofils unter Beachtung eines dreidimensionalen Spannungszustandes. Aufgrund der Symmetrie-Eigenschaften des Biegeproblems reichte die Modellierung eines Viertels der Biegeprobe entsprechend der in Bild 3 dargestellten Weise aus.

Bei den experimentellen Untersuchungen erfolgte die Momenteneinleitung durch eine jeweils 120 mm lange Einspannung, wobei an den Enden des Profils ein Kern eingeführt wurde, um die Verformungen des Profilquerschnittes an diesen Stellen zu vermeiden [4]. Während des Biegevorgangs folgte die Verschiebung der Einspannstellen der Krümmung des Werk-

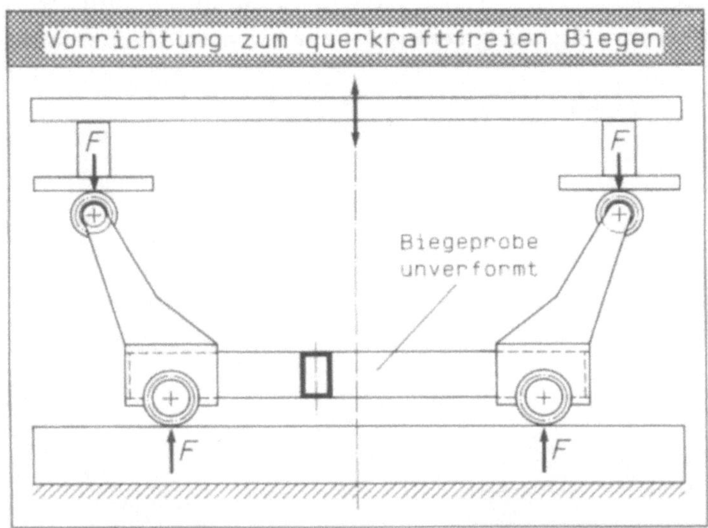

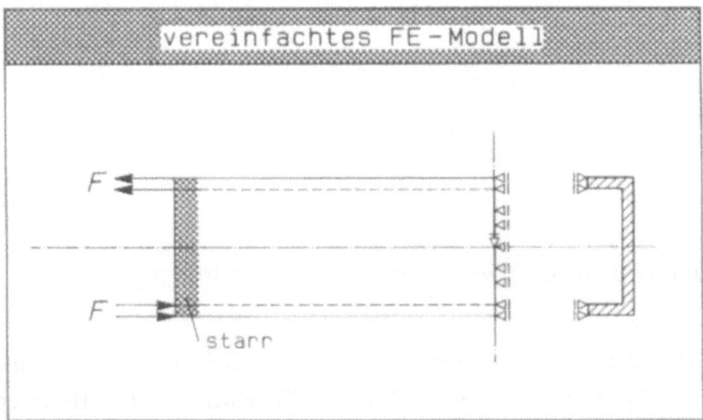

Bild 3: Versuchsvorrichtung und FE-Modell für das querkraftfreie Biegen

stücks. Diese Einspannung ließ sich bei dem FE-Modell vereinfacht realisieren, indem die Elemente am Profilende als starr beschrieben wurden. Diese Vorgehensweise gestattete die o.a. Verformungen des Profils in der Einspannzone einzuschränken. Das Biegemoment wurde - wie aus Bild 3 ersichtlich - vereinfacht mit Hilfe von Flächenlasten auf den starren Stirnseiten des Profils aufgebracht, wobei die Lastvektoren während der Simulationsrechnung gemäß der Werkstückkrümmung nachgeführt werden mußten, damit sie ihre Richtung senkrecht zur Stirnseite beibehielten.

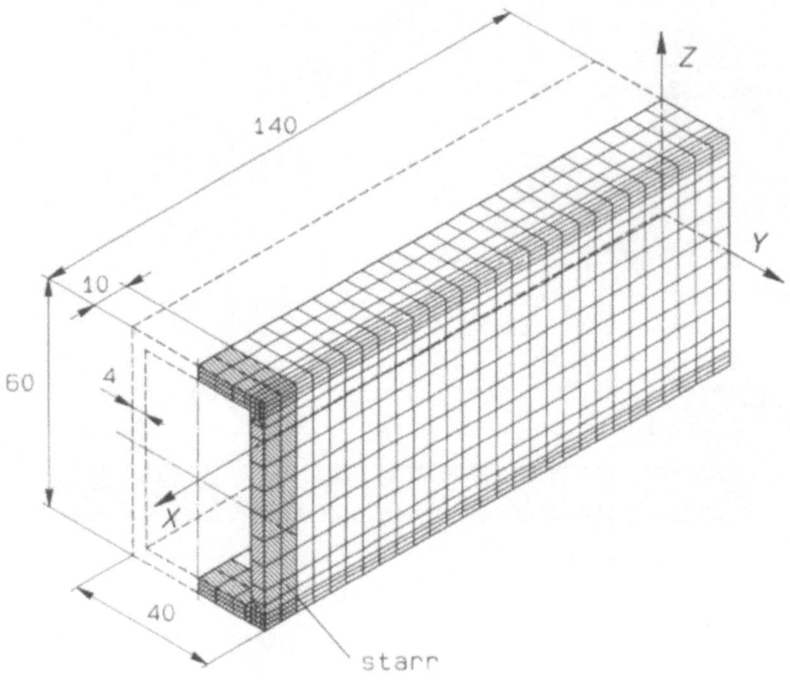

Bild 4: Diskretisiertes Werkstück mit Abmessungen

In **Bild 4** ist das diskretisierte Werkstück (für die Rechnung R2) aus AlMgSi0,7 mit den Abmessungen dargestellt. Eine vor den Biegeversuchen im Zugversuch ermittelte Fließkurve beschrieb, unter der Annahme eines isotropen Fließ- und Verfestigungsverhaltens des Materials, gemäß der v.Mises-Theorie das plastische Verhalten des Profilwerkstoffs. Das für die nichtlineare Analyse erforderliche inkrementelle Aufbringen der Last erfolgte mit der sogenannten Arc-Length-Methode, wobei nach der Vorgabe der zu erreichenden Endlast das Programm selbstständig die Laststeigerung derart ermittelte, daß pro Inkrement die Verschiebung konstant blieb [5].

Numerische Ergebnisse der FE-Berechnungen

Unter Variation der Werkstückdiskretisierung, mit einer Anzahl von Elementen zwischen 120 und etwa 2200, sollten die elastisch-plastische Simulationsrechnungen des Biegeumformens von Profilen zunächst die Frage nach dem Einfluß des Diskretisierungsgrades auf die Güte der Ergebnisse beantworten. Zwar ist eine möglichst feine Vernetzung des Werkstücks, insbesondere in Bereichen mit erwartungsgemäß hohen Spannungsgradienten, durchaus sinnvoll, hohe Rechenzeiten - und damit hohe Analysekosten - müssen dann jedoch in Kauf genommen werden. In **Tabelle 1** sind die benötigten CPU-Zeiten der Rechnungen R1 bis R3 auf einer DECstation 5000/200 der Firma Digital Equipment angeführt. Eine Erhöhung der Elementzahl um den Faktor 18 (R3 gegenüber R1) führt somit zu einer 28mal längeren Rechenzeit. Allerdings führt ein erhöhter Rechenaufwand nicht unmittelbar zu einer deutlichen Verbesserung der Ergebnisse.

Rechnung	Anz. Elemente	Anz. Knoten	Rechenzeit
R1	120	286	2,5 Std.
R2	1624	2494	47,0 Std.
R3	2184	3132	70,5 Std.

Tabelle 1: Rechenzeiten (CPU-Zeiten) bei unterschiedlichem Diskretisierungsgrad

Frühere FE-Analysen des Biegeumformens von Blechen [6,7] belegen zwar, daß eine möglichst feine Elementunterteilung des Werkstücks in Blechdikkenrichtung im Hinblick auf die Simulationsgüte - insbesondere bei Eigenspannungsberechnungen - anzustreben ist. Ob diese Erfahrungen jedoch ohne weiteres auch auf das Halbzeug "Profil" übertragbar sind, soll im folgenden geklärt werden. Als Indikatoren bieten sich die berechneten Formänderungen sowie die berechneten Momenten-Krümmungs-Verläufe an.

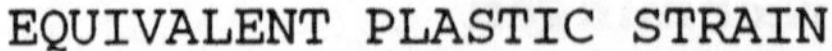

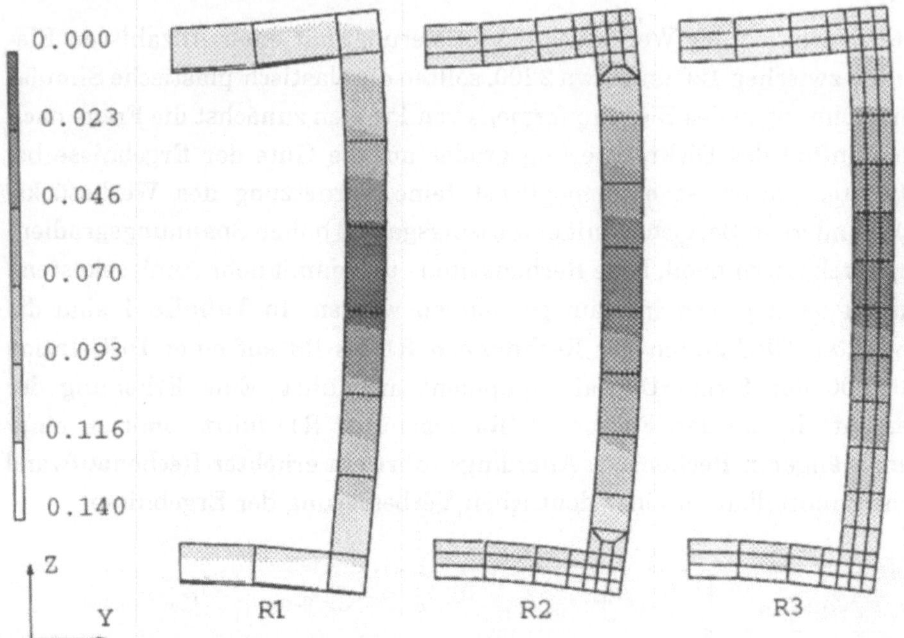

Bild 5: Berechnete Verformung des Profilquerschnittes und plastische Vergleichsformänderungsverteilung im Symmetrieschnitt der Biegeprobe

Bild 5 veranschaulicht die numerisch bestimmten plastischen Vergleichsformänderungen des Profilquerschnittes im Symmetrieschnitt der Biegeprobe. Zu erkennen ist die typischerweise beim Profilbiegen auftretende (unerwünschte) Profilveränderung, wie sie auch bei den Versuchen festgestellt wurde [4]. Betrachtet man vergleichend die berechneten Vergleichsformänderungen unter Einsatz der drei verschiedenen FE-Strukturen, so sind keine größeren Differenzen erkennbar. Auch **Bild 6** belegt den relativ geringen Einfluß der Werkstückdiskretisierung auf die berechneten Formänderungen. Die Simulationsrechnung R1 liefert gegenüber den Rechnungen R2 und R3 etwas größere Dehnungsbeträge, wobei die Maxima in der sogenannten Zugzone des Biegeteils liegen.

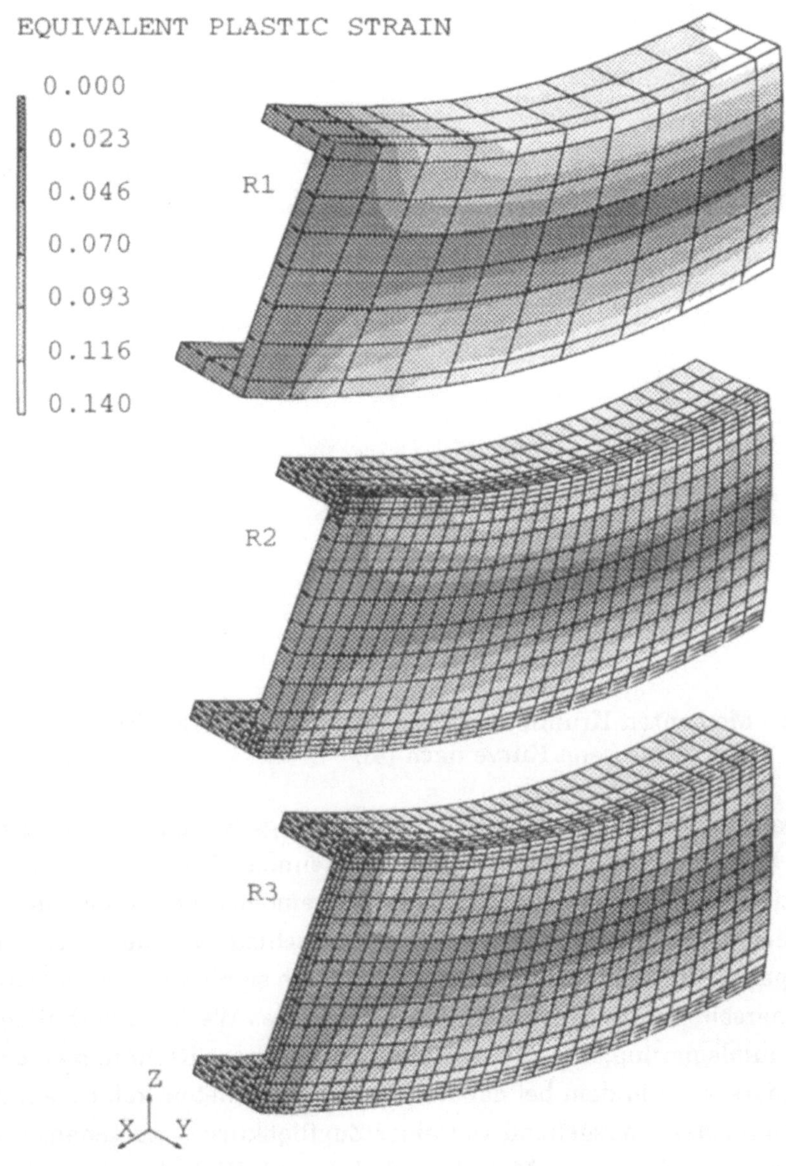

Bild 6: Berechnete plastische Vergleichsformänderungsverteilungen der Profile unter Variation der Werkstückdiskretisierung

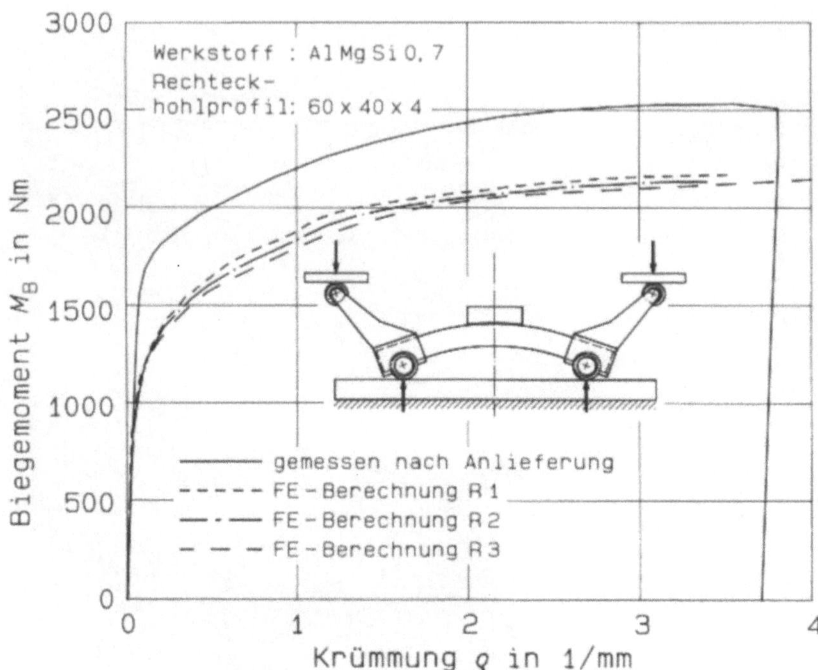

Bild 7: Momenten-Krümmungs-Beziehung beim querkraftfreien Profilbiegen (gemessene Kurve nach [4])

Auch bei den berechneten Momenten-Krümmungs-Beziehungen sind gemäß **Bild 7** keine wesentlichen Unterschiede erkennbar. Eine grobe Werkstückdiskretisierung führt zu etwas größeren Biegemomenten, da sich die Struktur dabei etwas "steifer" verhält. Der Unterschied zwischen berechnetem und experimentell ermitteltem Verlauf ist jedoch signifikant. Gründe hierfür sind einerseits in der zeitlichen Abhängigkeit des Werkstoffverhaltens der Aluminiumlegierung, die einen Vergleich Experiment/Rechnung erschwert, und andererseits in dem bei der Rechnung verwendeten, relativ einfachen Werkstoffmodell - ausgehend von einer Zugfließkurve - zu sehen. Die Beschreibung des plastischen Materialverhaltens mit Hilfe einer Biegefließkurve würde bereits zu geringeren Abweichungen führen [8]. Auf die Bedeutung von Werkstoffmodellen und Materialdaten für Prozeßsimulationen von Umformvorgängen wurde bereits an anderer Stelle hingewiesen [6,9].

Zusammenfassung und Ausblick

Die zunehmende Bedeutung stranggepreßter Aluminiumprofile resultiert nicht zuletzt aus den verbesserten Festigkeitseigenschaften, die hauptsächlich durch die Werkstoffwahl bestimmt werden. Eine Weiterverarbeitung dieser Produkte - beispielsweise durch das Biegeumformen - erfordert die Kenntnis der Werkstückeigenschaften nach dem Herstellungsprozeß, die zudem bei bestimmten Legierungen eine zeitliche Abhängigkeit aufweisen.

Die vorgestellten Simulationsrechnungen mit Hilfe der Finite-Elemente-Methode belegen einerseits den sinnvollen, aber auch aufwendigen Einsatz dieses "modernen Werkzeugs" zur Prozeßanalyse und andererseits die Bedeutung des Werkstoffmodells mit den erforderlichen Materialdaten für die Genauigkeit der Berechnungen. Nach den vorgestellten Analysen des Profilbiegens, bei denen die Optimierung des FE-Netzes im Vordergrund stand, werden sich zukünftige numerische Untersuchungen dem Themenbereich "Werkstoffmodell" widmen.

Literatur

[1] **Preller, H.:** Kaltprofile - Herstellverfahren und ihre qualitativen Grenzen. Mitteilungen der Deutschen Forschungsgemeinschaft für Blechverarbeitung und Oberflächenbehandlung (1968) 13, S. 209 -221

[2] **Adelhof, A.:** Komponenten einer flexiblen Fertigung beim Profilrunden. Dr. -Ing. Dissertation, Universität Dortmund 1992

[3] **N.N.:** MARC Benutzer-Handbücher A - F. MARC Analysis Research Corporation, Palo Alto 1990

[4] **Finckenstein, E. v.; Kleiner, M.; Adelhof, A.:** Ermittlung von Kennwerten für das Biegen von stranggepreßten Aluminium-Profilen. Interner Bericht, Lehrstuhl für Umformende Fertigungsverfahren, Universität Dortmund 1992

[5] **Berry, D.I.:** Beyond Buckling, A Nonlinear FE Analysis. Mechanical Engineering (1987) 8, S. 40 - 44

[6] **Schilling, R.:** Finite-Elemente-Analyse des Biegeumformens von Blechen. Dr.-Ing. Dissertation, Universität Dortmund, Prozeßsimulation in der Umformtechnik, K. Lange (Hrsg.), Nr. 2, Springer-Verlag, Berlin Heidelberg ... 1992

[7] **Haase, F.; Schilling, R.:** Numerische Untersuchung des Biegens im U-Gesenk ohne Gegenhalter. Interner Bericht, Lehrstuhl für Umformende Fertigungsverfahren, Universität Dortmund 1990

[8] **Finckenstein, E. v.; Adelhof, A.; Haase, F.; Kleiner, M.; Schilling, R.:** Bending of Steel and Aluminium Shaped Beams. Vortrag, 42nd CIRP General Assembly, Aix en Provence, 23.-29.08.1992, Informal S.T.C. "Forming" Meeting

[9] **Schilling, R.:** Blech-Biegeumformung und Eigenspannungsermittlung mit der FEM. In: Workshop "Numerische Methoden in der Plastomechanik", D. Besdo (Hrsg.), Neustadt, 06.-09.07.1992, Hannover 1992

Integration der Prozeßsimulation des Gesenkbiegens in ein automatisches Biegeplanungssystem

Dr.-Ing. Jürgen Fait
Atlas-Datensysteme, Essen

Einleitung

Die Forderungen nach kurzen Innovationszyklen und einer Variantenvielfalt der Produkte verstärken in der industriellen Praxis den Trend zu größerer Flexibilität der Fertigungsverfahren, um Kunden termingerecht beliefern zu können [3].

Zur wirtschaftlichen Fertigung kleinere Losgrößen sind auch die Blechbearbeitungsbetriebe zur Automatisierung ihrer Fertigungseinrichtungen gezwungen. Speziell in der Blechumformung gewinnen Biegeverfahren im Zuge der stetigen Weiterentwicklung von Automatisierungsstrategien zunehmend an Bedeutung.

Für das Biegen gilt allgemein, daß CNC-Programme für Biegewerkstücke bisher meist in einer Probefertigung solange optimiert werden, bis ein fehlerfreies Werkstück entstanden ist. Diese Vorgehensweise ist sehr zeit- und kostenintensiv.

Eine Vorausbestimmung der CNC-Maschineneinstelldaten erfolgt deshalb in der Praxis auch meist nach empirischen Berechnungsformeln bzw. nach dem empirischen Wissen der Maschinenbediener. So wird beispielsweise die notwendige Eintauchtiefe des Stempels zur Kompensation der Blechrückfederung durch Versuchsreihen bestimmt, da die Einflußfaktoren auf die Rückfederung, wie z.B. die Werkzeuggeometrie oder die Werkstoffeinflüsse, bisher weder durch eine exakte Rechnung noch durch eine Sensorik erfaßt werden konnten.

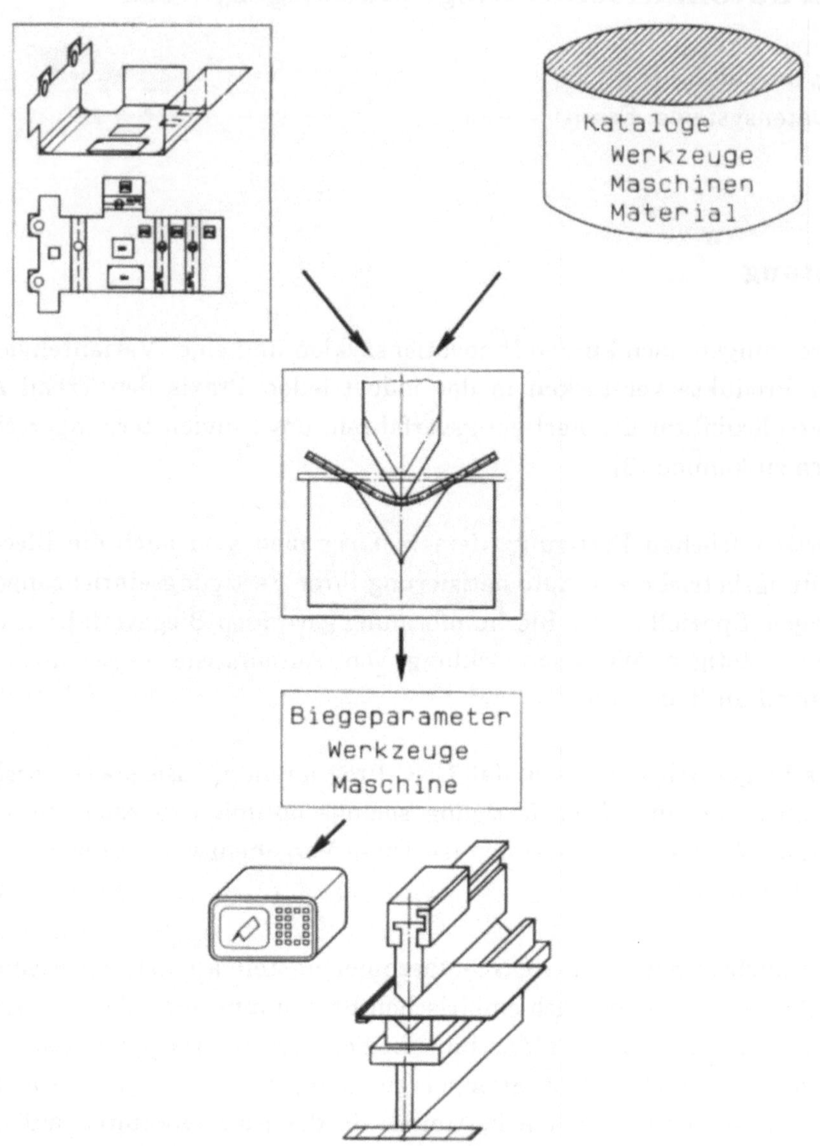

Bild 1: Funktionsschema der automatischen Biegeplanung ASCO-AB [4]

Deshalb entwickelte die Universität Dortmund eine Prozeßsimulation zur Analyse des Gesenkbiegevorganges und zur Generierung von CNC-Biegedaten. In Kooperation mit dem Lehrstuhl für Umformende Fertigungsverfahren wurde diese Prozeßsimulation von der Fa. ATLAS-DATENSYSTEME übernommen, weiterentwickelt und in ein Biegeplanungsmodell integriert.

Bild 1 verdeutlicht den Ablauf der automatischen Biegeplanung ASCO-AB [4]. Als Eingabewerte fungieren

- die Geometrie des Biegewerkstückes, das gefertigt werden soll und
- Angaben für Biegewerkzeuge, Maschinen und Materialien.

Als Hauptergebnis benennt das Biegeplanungs-Modell die zur Fertigung notwendige Biegemaschine und Werkzeuge sowie die Parameter, die zur Steuerung der Biegemaschine notwendigen sind.

Beschreibung der Prozeßsimulation

Die o.g. Prozeßsimulation des freien Biegens im Gesenk stellt den zentralen Rechenkern der Biegeplanung dar. **Bild 2** zeigt den allgemeinen Ablauf der Prozeßsimulation, **Bild 3** das benutzte Rechenmodell.

Die Simulationsrechnungen beinhalten :

- die Berücksichtigung eines dreidimensionalen Spannungszustandes im Werkstück und
- die Formänderungsgeschichte bei real-plastischem Werkstoffverhalten.

Das Prinzip zur Approximation der Biegelinie besteht in der Unterteilung des Gesenkbiegevorganges in diskrete Umformschritte und in der iterativen Berechnung der sich einstellenden Belastungskonstellationen [2,3].

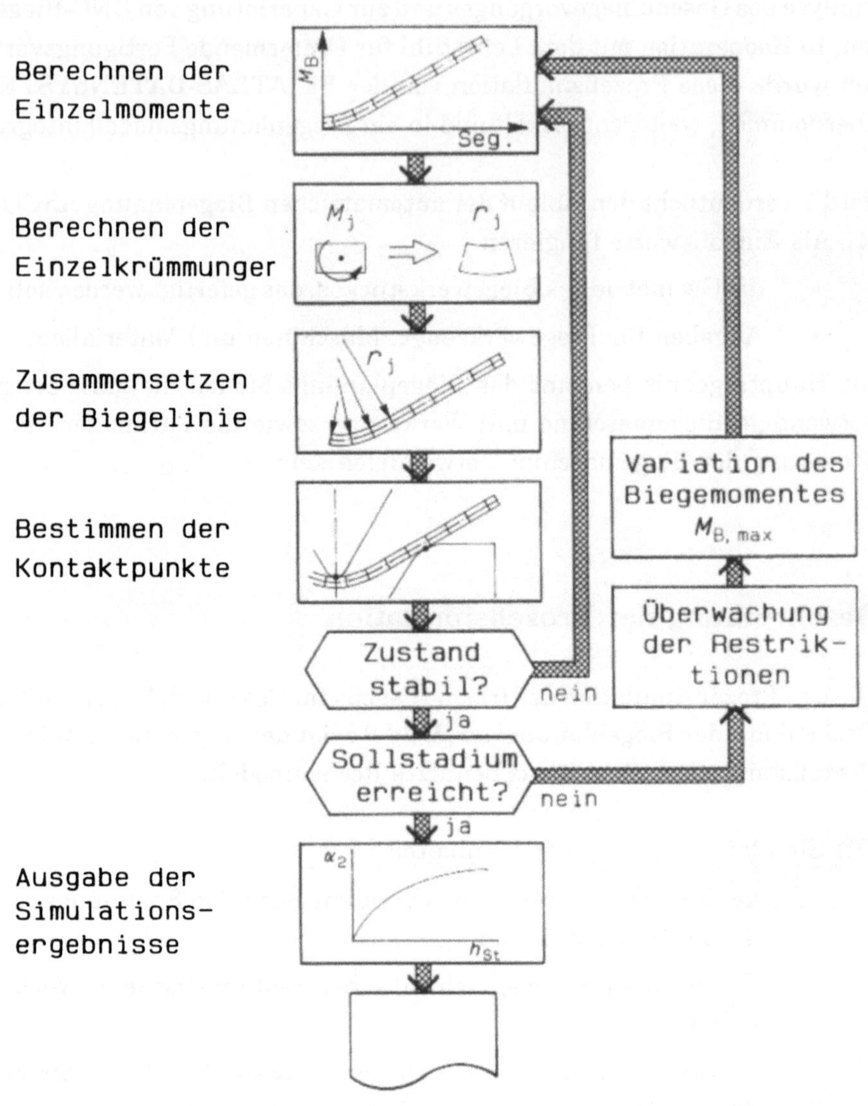

Bild 2: Prinzipieller Aufbau der Prozeßsimulation [1]

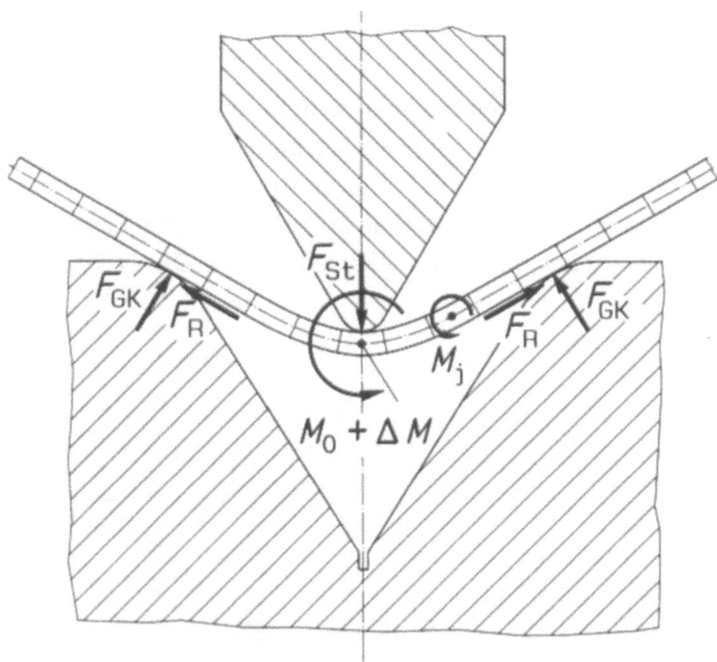

Bild 3: Prozeßmodell zum Freibiegen [1]

Der erste Schritt der Prozeßsimulation besteht in der Vorgabe der geometrischen und technologischen Anfangsbedingungen. Danach wird eine Aufteilung des Werkstückes in eine diskrete Anzahl von Segmenten gleicher Ausgangslänge vorgenommen (Bild 3).

Ausgehend vom Betrag des maximalen Biegemomentes unter dem Stempel des vorangegangenen Umformschrittes erhöht man für den aktuellen Umformschritt dieses Biegemoment um einen bestimmten Betrag ΔM.

In Abhängigkeit von der jeweiligen geometrischen Konfiguration von Werkstück und Werkzeug des betrachteten Biegestadiums wird dann jedem einzelnen Segment ein Biegemoment zugeordnet. Der so ermittelte Biegemomentenverlauf ist dann der Ausgangspunkt zur Ermittlung der Krümmung jedes einzelnen Segmentes.

Es folgt die Berechnung der Segmentkrümmungen in Abhängigkeit vom Biegemomentenverlauf. In diesem Programmodul werden die Gleichgewichtsbedingungen formuliert, d.h. das aufgrund der Biegekraft entstehende äußere Biegemoment muß mit dem aufgrund der Biegespannung entstehenden inneren Biegemoment im Gleichgewicht stehen (**Bild 4**).

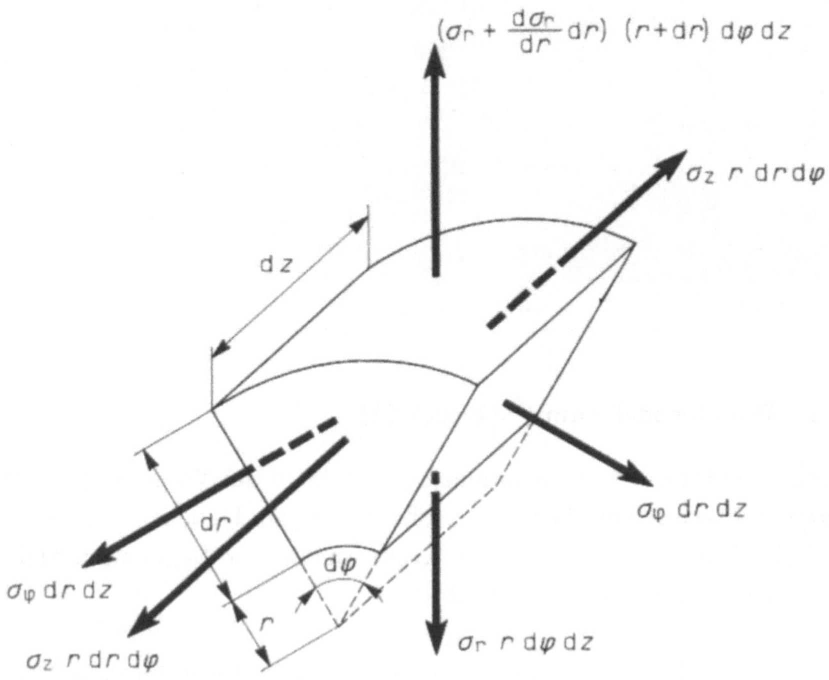

Bild 4: Gleichgewichtsbetrachtung an einem infinitesimal kleinen Volumenelement bei der Biegeumformung [3]

Unter Berücksichtigung eines dreidimensionalen Spannungszustandes erhält man dann durch numerische Integration eine Beziehung, die als

Ergebnis eine Relation zwischen Biegemoment und Radius der Segmente für den Belastungsfall darstellt [1].

Im nächsten Berechnungsschritt werden diese infinitesimal kleinen, verformten Blechsegmente durch numerische Addition zu einer Biegelinie "zusammengesetzt" (**Bild 5**). Man belastet jedes Segment mit dem jeweiligen Biegemoment und nach dem oben beschriebenen Algorithmus verformt sich das Segment, wie es in der linken Hälfte des Bildes 5 skizziert ist.

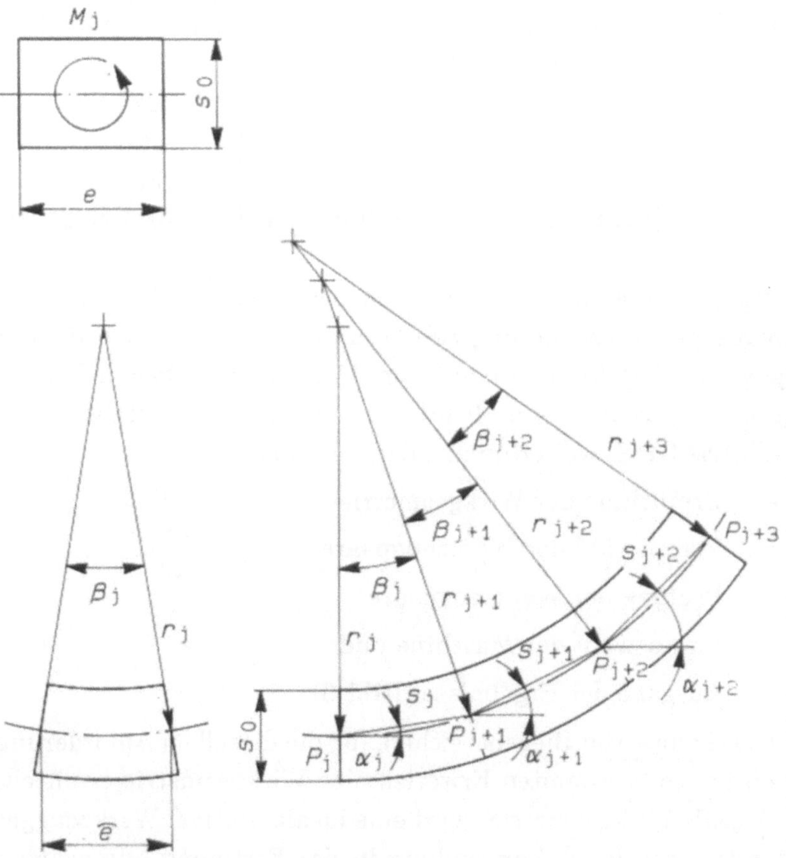

Bild 5: Ermittlung der Biegelinie durch numerische Addition von infinitesimal kleinen, verformten Blechsegmenten [2]

Unter der Voraussetzung eines ebenen Formänderungszustandes, der Blechdickenkonstanz und der Annahme, daß die Länge der ungelängten Faser des Bleches der Länge der mittleren Faser entspricht, lassen sich die Koordinaten der Biegelinie durch geometrische Addition berechnen.

Dieser hier beschriebene Berechnungszyklus wird so oft durchlaufen, bis verfahrensspezifische Restriktionen hinsichtlich der Kontinuität des Prozesses erfüllt sind und Konvergenzkriterien eingehalten wurden. Der Programmdurchlauf wird dann abgebrochen, wenn ein vorgegebener Biegewinkel erreicht ist. Andernfalls wird das Biegemoment erhöht und der Berechnungszyklus erneut durchgeführt.

Weiterentwicklung der Prozeßsimulation zur Biegeanalyse

Die Prozeßsimulation - integriert in den Modul BIEGE-ANALYSE der automatischen Biegeplanung ASCO-AB - berechnet nach dem oben beschriebenen Verfahren anhand von Modellrechnungen jeden einzelnen Biegevorgang. Neben dem Modul "Modellrechnung" besteht die Funktion BIEGE-ANALYSE weiterhin aus den Teilfunktionen

- Ermittlung der Wirkgeometrie
- Vorauswahl der Werkzeugpaare
- Prüfung der Werkzeugpaare
- Vorauswahl der Maschine und
- Ausgabe der Ergebnisse (**Bild 6**).

Für jede Gruppe von Biegebereichen, für die dieselben Anforderungen gelten, wird nach bestimmten Kriterien eine Wirkgeometrie ermittelt. Unter dem Begriff "Wirkgeometrie" wird eine ideale (fiktive) Werkzeuggeometrie verstanden, bei deren Verwendung in der Fertigung alle geometrischen Anforderungen an das Biegeteil erfüllt werden könnten. Diese Wirkgeometrie dient als Vergleichskriterium für die Auswahl der realen Werkzeuge.

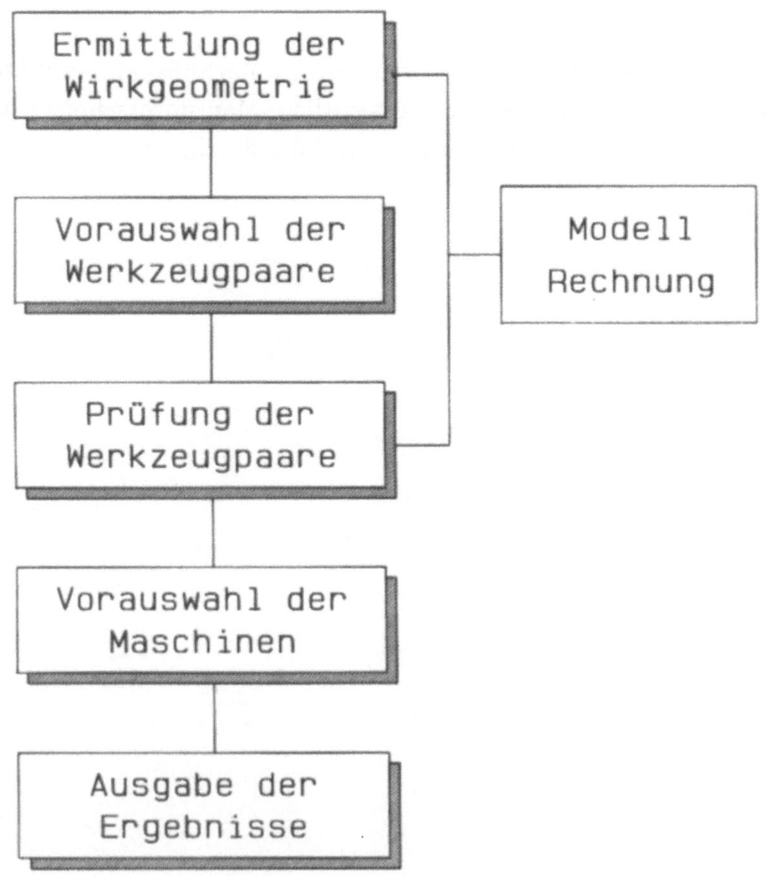

Bild 6: Teilfunktion BIEGE-ANALYSE [4]

Die Bestimmung der Werkzeugpaare aus einer Datenbank erfolgt dann anhand dieser Wirkgeometrie durch geometrische Ähnlichkeitsbetrachtungen. Alle Werkzeugpaare werden dann anschließend auf Einhaltung der vorgegebenen Toleranzen geprüft. Liegen die Werkzeugpaare fest, ermittelt das System die zu diesen Werkzeugen passende Biegemaschine.

Funktioneller Aufbau der Biegeplanung

Die Stellung der automatischen Biegeplanung innerhalb einer rechnerintegrierten Fertigung wird aus **Bild 7** ersichtlich. Man unterscheidet hierbei die Entwurfsebene, die Planungsebene und die Fertigungsebene.

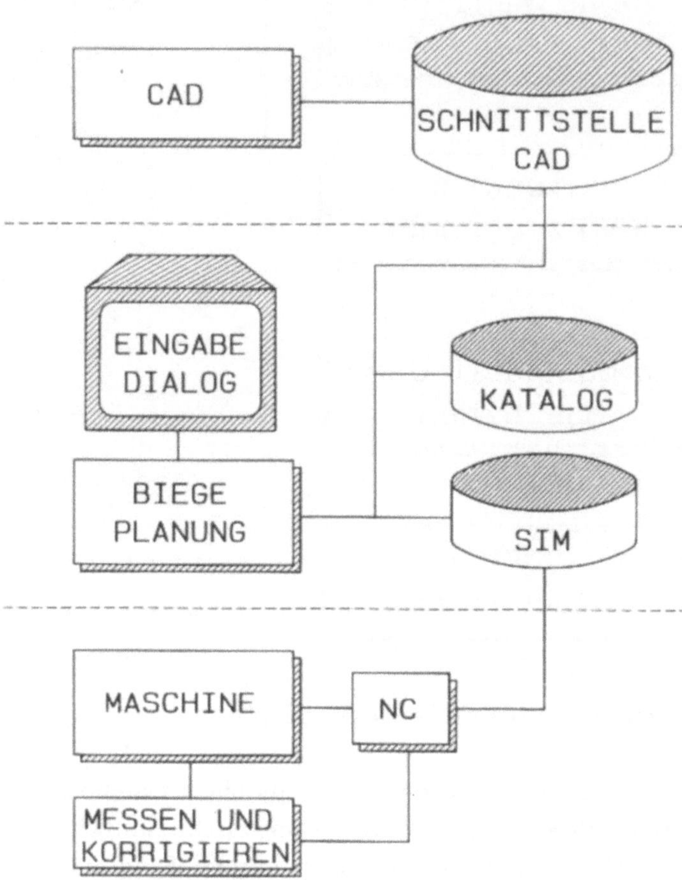

Bild 7: Integration der Biegeplanung innerhalb einer rechnergestützten Fertigung [4]

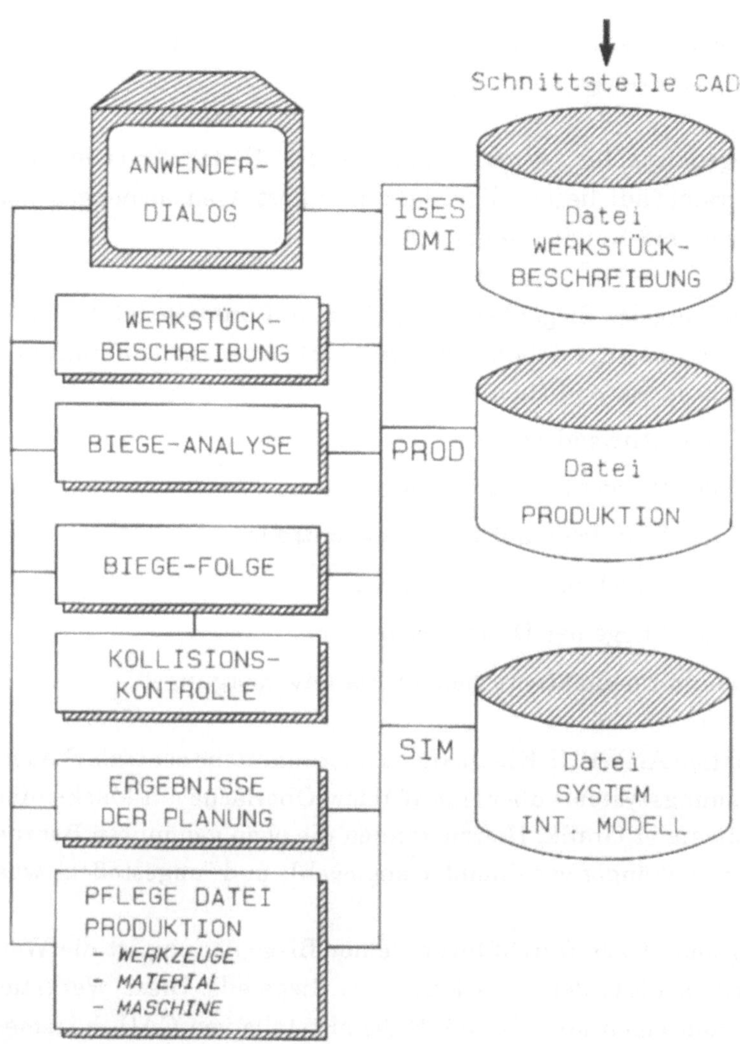

Bild 8: Schema Funktionen und Dateien [4]

In der Entwurfsebene wird mittels CAD-System das Biegeteil konstruiert und die Geometrie über eine IGES-Schnittstelle an ASCO-AB übergeben. Dort wird dann die Biegeplanung über einen Eingabedialog mit Hilfe von technologischen Daten, die in Katalogen abgespeichert sind, durchgeführt und die Ergebnisse in eine Datei, die System-Internes Modell (SIM) genannt wird, abgelegt.

Die Biegeparameter werden dann in der Fertigungsebene durch ein NC-Programm auf die jeweilige Maschine übertragen, an der gegebenenfalls ein Messen und Korrigieren stattfindet.

Die Aufteilung des Biegeplanungssystems in Funktionsblöcke ist in **Bild 8** skizziert. Es besteht neben der oben beschriebenen Teilfunktion BIEGE-ANALYSE im wesentlichen aus

- dem Anwenderdialog
- der Werkstückbeschreibung
- der Biegefolge mit Kollisionskontrolle
- den Ergebnissen der Planung
- der Pflege der Datei "Produktion"

zusammen mit den entsprechenden Datenversorgungen.

Die Funktion ANWENDER-DIALOG übernimmt die zentrale Steuerung des Biegeplanungssystems über eine Window-Oberfäche mit Maskendialog und unterstützender Grafik. Hierzu können die oben genannten Bearbeitungsschritte unabhängig voneinander angewählt und "angestoßen" werden.

Ausgangspunkt zur Durchführung einer Biegeplanung ist die Werkstückgeometrie in Form der Abwicklung des Biegeteils. Diese Werkstückdaten können zum einen über die IGES-Schnittstelle von CAD-Systemen in die Funktion WERKSTÜCK-BESCHREIBUNG übernommen oder wahlweise interaktiv in das System eingegeben werden. Hierbei unterscheidet das System zwischen Biegezonen (Bends), ungebogenen Biegeschenkeln (Plates) und Innenkonturen (**Bild 9**). Diese Daten werden zunächst in der Datei "WERKSTÜCK-BESCHREIBUNG" abgelegt, dann in das Format der Datei "SYSTEM INTERNES MODELL" konvertiert und dort gespeichert.

An die Funktion WERKSTÜCK-BESCHREIBUNG schließt sich die Funktion BIEGE-ANALYSE an, deren zentraler Kern die Prozeßsimulation darstellt. Wie oben bereits beschrieben, berechnet die Biegeanalyse jeden einzelnen Biegevorgang in Form von Modellrechnungen, trifft eine Vorauswahl für Werkzeuge und Biegemaschinen und bestimmt die Biegeparameter.

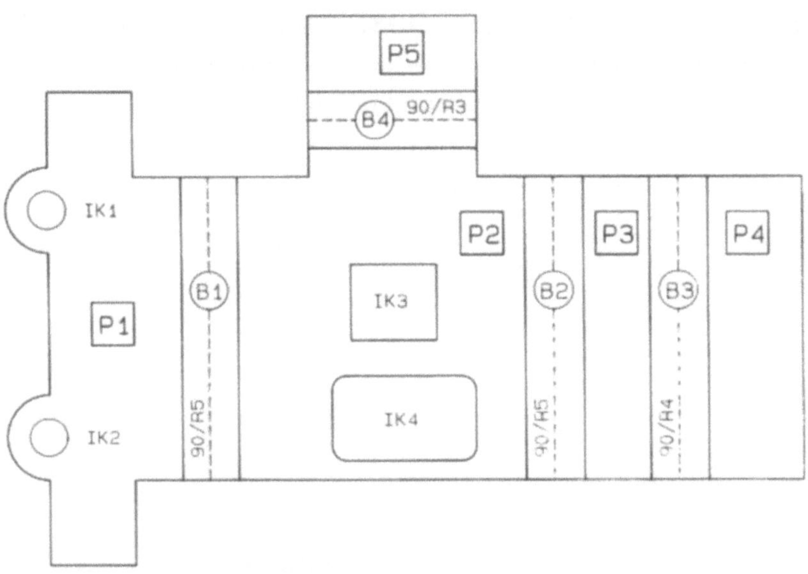

Bild 9: Werkstückabwicklung [4]

Nach der Funktion BIEGE-ANALYSE wird die Funktion BIEGEFOLGE abgearbeitet. In diesem Programmodul wird eine kostenoptimale Biegefolge generiert. Als Optimierungskriterium wird das Erreichen von minimalen Fertigungszeiten vorgegeben. Bei der Suche der optimalen Fertigungszeiten werden Handhabungsoperationen und Maschinenzeiten berücksichtigt. Hierbei ergibt sich die erforderliche Rechenzeit aus einem Wechselspiel der Vorgaben aus bester und beliebiger Lösungen. Dem Anwender wird freigestellt, die Biegefolge automatisch generieren zu lassen oder diese auch selbst manuell durchzuführen.

Die nachgeschaltete Ausführbarkeitsprüfung führt eine Kollisionsprüfung des Biegeteils mit sich selbst, mit den Werkzeugen und mit Maschinenteilen durch und legt die von der Biege-Analyse vorausgewählten Werkzeuge und Biegemaschinen endgültig fest.

Als Ausgangsgrößen entnehmen diese Funktionen die Geschwindigkeit der Biegemaschinen aus der Datei PRODUKTION, die Werkstückgeometrie aus der Datei "SYSTEM INTERNES MODELL" sowie die sogenannte Kostenmatrix (Vorgabe des Fertigungszeitverhältnisses für Maschinenoperationen, Werkzeugwechsel und Werkstückhandhabung) vom Anwender.

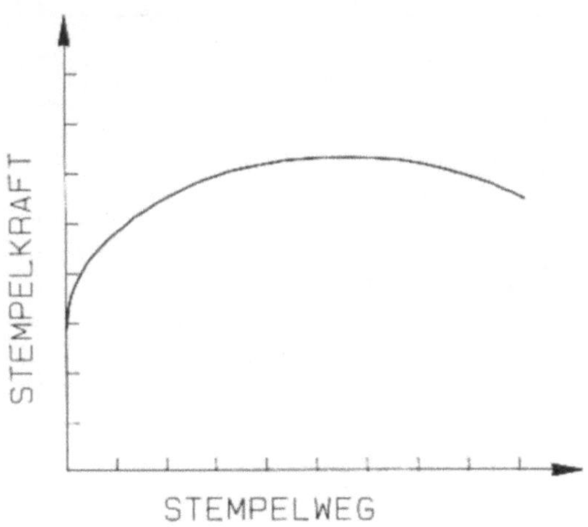

Bild 10: Berechneter Biegekraft-Stempelweg-Verlauf [4]

Für jedes gefundene Werkzeugpaar werden über die Modellrechnungen die Biegeparameter auf dem Bildschirm über die Funktion ERGEBNISSE DER PLANUNG in Form von Listen ausgegeben oder auch grafisch angezeigt (**Bild 10**) und in der Datei "SYSTEM INTERNES MODELL" gespeichert.

Der letzte in Bild 8 gezeigte Funktionsblock wird PFLEGE DATEI PRODUKTION genannt. In dieser Datei werden die technologischen Daten für

- Werkzeuge,
- Maschinen und
- Werkstoffe

gespeichert. Mit Hilfe dieser Eintragungen wird die Biegeanalyse mit Daten versorgt. Die Datei muß deshalb mit den entsprechenden Werten gefüllt und danach auf dem aktuellen Stand gehalten werden.

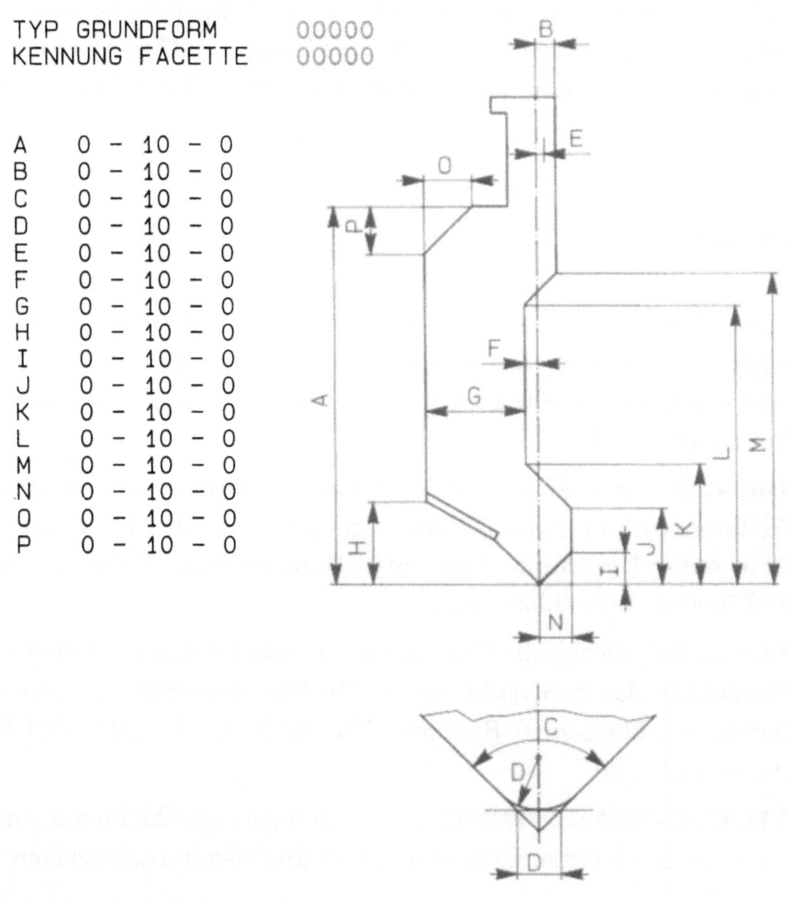

Bild 11: Eingabe über Typ von Oberwerkzeugen [4]

Alle verfügbaren Werkzeuge werden anhand eines grafisch unterstützten Typenkatalogs beschrieben. **Bild 11** zeigt ein Beispiel für die parametrisierten Eingabemöglichkeiten eines Biegestempels. Die Eingabe und Pflege wird durch einen Eingabe-Dialog gesteuert und durch eine Grafik unterstützt. In ähnlicher Weise werden die Daten für Unterwerkzeuge, Werkzeugaufnahmen, Maschinen und Werkstoffkennwerte eingegeben.

Der Arbeitsvorbereitung steht damit ein leistungsfähiges Planungsinstrument zur Verfügung, mit dem das freie Biegen im Gesenk in derselben Form wie andere Arbeitsprozesse zu analysieren und zu planen ist [4].

Literatur

[1] **Kahl, K.-W.:** Untersuchungen zur Verbesserung der Form- und Maßgenauigkeit beim Biegen von Blechen. Dr.-Ing. Dissertation, Universität Dortmund, Fortschritt-Berichte VDI, Reihe 2, Nr. 114, VDI-Verlag, Düsseldorf 1986

[2] **Rothstein, R.:** Einsatz der Prozeßsimulation zur Analyse und Weiterentwicklung von Gesenkbiegeverfahren. Dr.-Ing. Dissertation, Universität Dortmund, Fortschritt-Berichte VDI, Reihe 2, Nr. 194, VDI-Verlag, Düsseldorf 1990

[3] **Fait, J.:** Technologische Grundlagenuntersuchungen zur Erhöhung der Flexibilität des Schwenkbiegens. Dr.-Ing. Dissertation, Universität Dortmund, Fortschritt-Berichte VDI, Reihe 2, Nr. 207, VDI-Verlag, Düsseldorf 1990

[4] **ATLAS-DATENSYSTEME:** ASCO-AB Automatische Planung des Biegeprozesses im Gesenk. Firmenschrift und Seminarunterlagen (1991)

Distributed Automation Edition (DAE) in der Umformtechnik
- Automatisierung mit verteilten Systemen

Dipl.-Ing. Thomas Straßmann
Lehrstuhl für Umformende Fertigungsverfahren, Dortmund

Dr.-Ing. Gereon Ludowig
Thyssen-Maschinenbau GmbH, Witten

CIM/DAE, Einführung und Überblick

Der Zeitbedarf für die Produktentwicklung und -fertigung durch den Hersteller soll auf ein Minimum begrenzt werden. Sich ständig ändernde Marktsituationen fordern, bei der Herstellung eines Produktes "schneller, besser und kostengünstiger" zu sein.

Eine Möglichkeit, diesen Anforderungen gerecht zu werden, ist der Einsatz von Rechnern mit speziellen Anwendungsprogammen, die auf die einzelnen Teilaufgaben abgestimmt sind. Die Entwicklung entsprechender Einzelkomponenten ermöglich es, die Produktivität zu verbessern, die Qualität anzuheben und die Koordination bzw. den Betriebsablauf zu optimieren. Die daraus entstehenden Computer Integrated Manufacturing (CIM) -Konzepte stellen eine erhebliche Aufgabe dar. Zur Teilrealisierung dieser CIM-Architektur ist auf Einzelbausteine zurückzugreifen. So wird bei der Fertigungsplanung auf Produktions-Planungs-Systeme (PPS) zurückgegriffen. Zur Konstruktion der Werkstücke sind Computer Aided Design (CAD) Programme im Einsatz. Unter dem Begriff Computer Aided Planning (CAP) faßt man die technische Planung, also das Erstellen von CNC-Programmen und die Prozeßsimulation zusammen. Die Arbeitsvorbereitung setzt CAD/CAE zur computerunterstützten Projektierung, das Computer Aided Engineering (CAE), ein. Mittels Computer Aided Quality Assurance (CAQ) wird die Qualitätskontrolle durchgeführt.

Auf der Maschinenseite werden immer mehr CNC-Steuerungen mit ihren vielfältigen Schnittstellen zur Automatisierung des Fertigungprozesses genutzt. In dem zwischen der Steuerung auf der einen Seite und der PPS/-CAD/CAE-Schiene auf der anderen Seite liegenden Feld ist das Computer Aided Manufacturing (CAM) anzusiedeln.

Sind alle Automatisierungsbausteine, die sogenannten C-Techniken, einmal erstellt, so ist in einem weiteren Schritt ein Zusammenfassen mehrerer Einzelteile zu einem Teilsystem vorzusehen. Mit der Zielsetzung, die Transparenz, Durchgängigkeit und Schnelligkeit der Informationsübertragung zu verbessern, sind diese "Inseln" langfristig zu einem Gesamtsystem zu verbinden. Das heißt jedoch nicht, daß damit eine zentralisierte, hierarchische Kommandostruktur realisiert wird. Die jüngste Diskussion um die "schlanke Fabrik" oder "lean production" spricht eher für eine Vernetzung teilautonomer Subsysteme, deren Kommunikationsabläufe integriert werden.

Da vielschichtige Komponenten (abhängig von den Aufgaben) eingesetzt werden, sind die verschiedensten Bausteine über (z.T. unterschiedliche) Netzwerke miteinander zu verknüpfen. Das Zusammenspiel dieser Netze und das Aufbauen eines kohärenten (und erweiterbaren) übergeordneten Gesamtsystems erweist sich jedoch als schwieriges Unterfangen.

Zur Lösung dieser Problematik ist von der Fa. IBM als Software-Plattform für ein integriertes Fertigungssystem die Distributed Automation Edition (DAE) entwickelt worden. Dieses System ermöglicht die firmen- oder unternehmensweite Datenverwaltung und Kommunikation mit Einheiten an lokalen und fernen Knoten in einem heterogenen Netzwerk. Als Local Area Network (LAN) werden für den Fertigungsbereich die Netzwerke IBM-PC-Netzwerk und IBM-Token-Ring (TR) mit den Protokollen TCP/IP (Transmission Control Protocol/Internet Protocol) und MAP 3.0 unterstützt.

DAE ist eine Betriebssystemerweiterung (System-Enabler), die als Basis für eine werksweite Automatisierung von einzelnen Arbeitszellen bis hin zur Gesamtverknüpfung aller Fertigungsinseln Verwendung findet. Als Be-

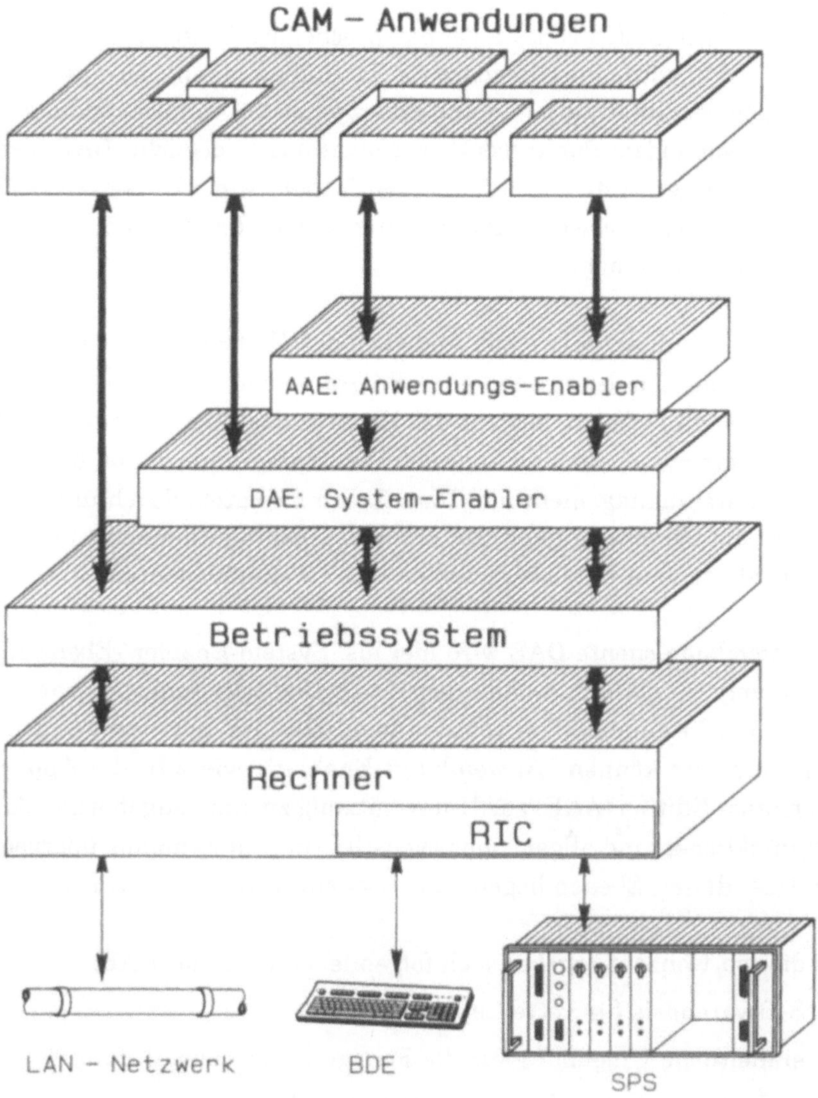

Bild 1: Das Ebenen-Modell

triebssysteme können zur Zeit IBM OS/2, DOS, VM und AIX/6000 verwendet werden. Durch den Einsatz der entsprechenden Systemerweiterung (z.B. CS/2 für OS/2) wird eine transparente Datenübertragung, eine gemeinsame Benutzung von Informationen und eine Steuerung von Anwendungen und Einheiten von jedem Punkt des DAE-Netzes aus ermöglicht. DAE dient zur Auslagerung der systemspezifischen Aufgaben, wie z.B. Netzwerkspezifikationen, Speicherverwaltung und Datenwegbeschreibungen, aus den Anwendungsprogrammen.

Um den Anwendungsentwickler und auch den Endbenutzer von den technischen Einzelheiten der systemnahen Programme und dem Wissen ihrer Beschaffenheit zu befreien, besteht das Konzept des Ebenenmodells (**Bild 1**). Dies teilt das System in eine Lage von Dienstprogrammen auf, die Funktionen wie Datenmanagement und Datenkommunikation durchführen. Es ermöglicht die Unabhängigkeit der Anwendungsprogrammen von den ihnen zugrundeliegenden Betriebssystemen und DV-Komponenten.

Die Systemkomponente DAE wird hier als "System-Enabler"-Ebene zur Unterstützung von CAM-Anwendungen durch Dienstleistungsprogramme eingesetzt, welche unabhängig von den benutzten DV-Systemen und Endgeräten sind. Ihr können "Anwendungs-Enabler", wie z.B. die Application Automation Edition (AAE) zur Unterstützung zusammengehöriger Anwendungsfunktionen und allgemeiner Dienstleistungsprogramme, übergeordnet sein. Über diesen Ebenen liegen dann (systemfrei) die CAM-Anwendungen.

Aus diesem Konzept ergeben sich folgende Vorteile von DAE:

- Softwarebasis für verteilte Systeme
- einheitliche Umgebung für die Fertigungsautomatisierung
- einheitliche Anwendungsschnittstelle (API)
- transparente Kommunikation innerhalb des Netzwerks
- Überwachung und Steuerung der angeschlossenen Fertigungsmaschinen

- Schutzfunktionen (Security) für Daten und Programme
- zentrale System-(Fehler-)Meldungsverwaltung
- Datenaustausch mit Host-Systemen
- Hilfen für die Anwendungsentwicklung und Systemverwaltung

Beispiel einer Fertigung

An der Universität Dortmund wird im Rahmen einer Studie ein DAE-System zu Forschungs- und Demonstrationszwecken aufgebaut. Hier ist der Einsatz der einzelnen Komponenten am Fallbeispiel der Dreiwalzenbiegemaschine darzustellen.

Zum besseren Verständnis des DAE-Einsatzes und zur Darstellung der einzelnen Teil-Komponenten des DAE (wie z.B. CS/2 und MLS) innerhalb einer CIM-Umgebung ist die folgende beispielhafte Fertigungslinie im Behälter- und Apparatebau zu betrachten:

Ein Druckbehälter ist aus mehreren Blechteilen herzustellen. An das walzgerundete zylindrische Mittelteil werden an beiden Enden aus Blech gedrückte Kappen geschweißt. Es sind alle Einzelteile zu fertigen, zu transportieren und nach der Montage zu verpacken und zu lagern. Die einzelnen Fertigungspunkte (Walzrunden, Drücken, Schweißen, Lackieren, Verpacken etc.) werden als Arbeitszellen innerhalb einer CAM-Fertigungslinie betrachtet, die in drei Ebenen geteilt werden kann:

Planungsebene mit:

- *Auftragsannahme*
  Hier wird der Auftrag entgegengenommen und bearbeitet. Es werden die kaufmännischen Gesichtspunkte abgeklärt (Kalkulation) und Punkte wie z.B. Maschinenauslastung, Material- und Personalverfügbarkeit bestimmt.

- *Arbeitsvorbereitung*
  Die entsprechenden Einzelteile werden konstruiert. Wird z.B. ein aus mehreren Einzelteilen bestehendes Werkstück gefertigt, so sind hier auch die Fertigungsverfahren, Fertigungsreihenfolge und die Montage zu bestimmen.

- *Konstruktion, Simulation*
  Zur Fertigung der Einzelteile benötigt die Werkstatt Konstruktionszeichnungen. Diese werden mittels CAD-System erstellt. Für die Maschinensteuerungen sind über EDV-Programme die CNC-Steuerdaten zu generieren.

- *Datenbank*
  Zur Archivierung der Auftragsdaten, der Zeichnungsfiles und der CNC-Daten empfiehlt sich die Verwendung einer zentralen Datenbank. Das Auslagern der Daten von den einzelnen Arbeitsplätzen (Rechnern) zu einem gemeinsamen Pool vermeidet die redundante Datenhaltung mit diversen Aktualisierungsständen. Die so gesammelten Daten lassen sich zentral sichern (Backup).

Die eigentliche Herstellung des Produktes geschieht in der **Fertigungsebene**. Hier werden die einzelnen Werkstattschritte ausgeführt.

- *Fertigungsvorbereitung*
  Das aus dem Lager zu entnehmende Halbzeug (Blechplatten) ist für die Einzelteile auf Maß zu bringen (Blechschneiden). Die Rohlinge (z.B. Ronden für das Drücken) werden zu den einzelnen Fertigungszellen transportiert und dort weiterverarbeitet.

- *Fertigungszellen*
  Auch die einzelnen Fertigungszellen (z.B. Drücken, Walzrunden etc.) lassen sich weiter in Module zerlegen. So kann man z.B. neben der Maschinensteuerung eine Betriebsdatenerfassung (BDE) und die Meßdatenerfassung einer Sensorik vorfinden.

- *Transportsysteme*
  Werden innerhalb der Fertigung Transportsysteme eingesetzt, so sind diese auch als eigenständige Zelle zu betrachten. Die hier benötigten

Ablaufsteuerungen werden meistens rechnergestützt erzeugt und überwacht.

- *Lager*
  Die fertig produzierten Teile müssen gelagert werden. In einem großen System werden auch die hier anfallenden Daten mittels EDV erfaßt und zum Abruf gespeichert.

Projektmanagementebene:

In einem vernetzten System kann die Projektplanung mit geeigneten Mitteln die gesamte Fertigungslinie überblicken. Es können so z.B. Statistiken über die Maschinenauslastung, Standzeiten und Verweildauern angefertigt werden oder der Status einzelner Zellen abgefragt werden. Stehen entsprechende Programme bereit, so ist auch eine Online-Visualisierung einzelner Zellen oder des gesamten Prozesses möglich (AAE).

Bestandteile des DAE

Wie das **Bild 2** zeigt, werden alle Zellen des oben beschriebenen Systems exemplarisch mittels DAE gekoppelt. DAE stellt hier als logisches Verbundsystem eine Vielzahl von Funktionen zur Verfügung. Diese Funktionen lassen sich in 7 Hauptgruppen unterteilen, die jeweils ein entsprechendes Aufgabengebiet umfassen:

IBM-Communications System/2 (CS/2)
Als zentraler Bestandteil von DAE enthält CS/2 die gesamten Systemschalenfunktionen zur Konfiguration und Kommunikation der einzelnen Systemressourcen. Unter dem Begrif Ressourcen sind hierbei alle Komponenten des Systems gemeint, die mit Hilfe eines Namens angesprochen werden können. (Das sind z.B. Programme, aber auch Einheiten, wie Terminals, Drucker oder andere Peripheriegeräte).

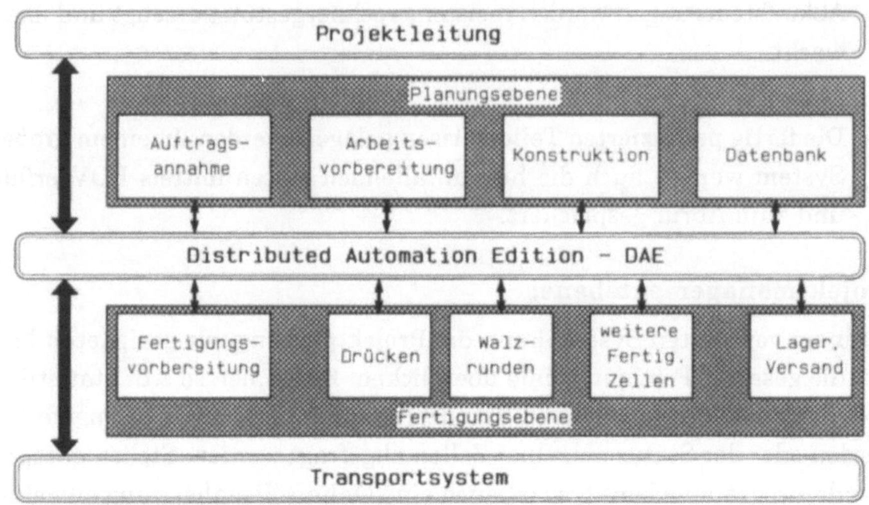

Bild 2: Ein verteiltes System mit DAE-Netzwerk

Material-Logistics System (MLS)
Diese Systemkomponente bietet die Grundbausteine für ein Förder- und Transportsystem auf der Fertigungsebene. Es kann der Status der Fertigungszellen und der Material- und Datenfluß im gesamten Bereich einer Fertigungsanlage koordiniert und überwacht werden. Zusätzlich sind hier die Funktionen zur Verwaltung von Programmen und Daten innerhalb des DAE-Netzwerkes integriert (Library Management).

Host-Link/2
Die Verbindung von CS/2-Anwendungsprogrammen zu Programmen, die auf Hostrechner des Typs IBM/370 laufen, wird über die Host-Link-Funktionen des DAE hergestellt. Die benötigten Datentransparenz-Funktionen übernehmen die Kodierung und Dekodierung der Daten vom und zum Zielsystem ohne Einfluß des Benutzers.

Communications Protocol Programs (CPPs)
Zur Kommunikation der DAE-Komponenten mit programmierbaren logischen Steuereinheiten, die über einen Realtime Interface Coprocessor (RIC)

angesteuert werden, stellen die CPPs entsprechende Komponenten zur Verfügung. Der RIC ist ein programmierbarer Adapter mit bis zu acht seriellen Anschlüssen und unterstützt verschiedene Protokolle mit mehreren elektronischen Schnittstellen (RS232, RS422) unter einem eigenen Betriebssystem (RCM). Für folgende Steuerungen bestehen CPP/A-Lizenzprogramme: Allen-Bradley, GE Fanuc, MODICON und Texas Instruments. Kommen andere Steuerungen zum Einsatz, so sind durch den Anwender oder den Systementwickler spezielle CPP/LDIP-Versionen zu generieren.

Extended Device Support / 2
Peripherie-Einheiten, die nicht über einen Koprozessor angeschlossen werden, müssen über diese Erweiterung des CS/2 an das System gekoppelt werden.

Data Collection Device Support / 2 (DCS)
Diverse Datenerfassungsstationen können über die hier bereitgestellten speziellen Übertragungsprotokollprogramme (CPPs) Daten zum DAE-Netzwerk senden.

Tools / 2
Tools/2 beinhaltet die Aufbauhilfsprogramme des User-Interface (UI, Benutzerschnittstelle). Mit diesen Werkzeugen können Anwendungsprogrammierer Benutzeranzeigen und Dialogbildschirme entwerfen.

Anwendung

Ein DAE-Netz besteht aus Einzelknoten, die mindestens die Minimalkonfiguration der Distributed Automation Edition-Software ausführen. Jeder dieser Knoten enthält Ressourcen, Elemente also, auf die über einen logischen Namen zugegriffen werden kann. Die Ressourcen, auf die sich ein Knoten bezieht, sind in der Konfiguration dieses Knotens definiert. Sie können mehrere Alias-Namen (Synonyme) besitzen. Standardmäßig sind eine Vielzahl von Definitionen innerhalb des DAEs vorgegeben. Neue Ressourcen-Namen müssen dem DAE bekannt gemacht werden und können weitere Alias-Namen besitzen. Verwendet man in einem Anwendungsprogramm diese Alias-Namen, so kann man die Ressourcen-Namen ändern (und damit auch die physikalischen Geräte, die durch diese Namen angesprochen sind), ohne daß die Programme neu codiert, umgewandelt und verbunden (gelinkt) werden müssen.

Dadurch ergeben sich folgende Vorteile:

- Auf eine innerhalb des DAE registrierten Ressource können alle Prozesse unabhängig vom physikalischen Standort zugreifen.
- Ressourcen können innerhalb eines DAE-Systems ohne Veränderung der Anwendungsprogramme von einem Knoten zu einem anderen übertragen werden.
- Durch die Benutzung von Alias-Namen können Ressourcen ohne Auswirkungen auf das jeweilige Anwendungsprogramm geändert werden.

Zur Installation des vorgestellten Systems:

Alle im verteilten System physikalisch vorhandenen Rechner sind mit dem Betriebssystem OS/2 und den Kernkomponenten des DAE als Betriebssystemerweiterung ausgestattet. Sie sind über ein Token-Ring-Netzwerk miteinander verbunden. Jeder Rechner erhält einen eindeutigen Namen (z.B. NODE1, NODE2 ...) und wird als Knoten angesehen. Zur Systeminitialisierung, Knotensteuerung und zum Systemabschluß stellt DAE entsprechende Funktionen bereit.

Durch Einsatz des DAE-Systems kann mit Hilfe der Anwendungsschnittstelle (API) des CS/2 von jedem Knoten ein Zugriff auf die Servicefunktionen erfolgen. Diese Zugriffe können durch das Systemprotokoll aufgezeichnet werden und sind (zu einem späteren Zeitpunkt) über ein spezielles Dienstprogramm abrufbar. Rundsendungen ermöglichen es den einzelnen

Knoten (und auch dem gesamten System) Informationspakete auszutauschen. In dem beschriebenen System ist es z.B. denkbar, daß der Konstrukteur eine Konstruktionsänderung an die entsprechende Fertigungszelle sendet. Soll eine Alarm-Meldung von einem Knoten zu einem anderen erfolgen, so stellen die Kernkomponenten entsprechende Routinen bereit. Ausnahmesituationen werden erkannt und dem Benutzer angezeigt (EXCP-Handling). Durch das Prinzip des Nachrichtentransports sind die Routinen und Anwendungsprogramme in der Lage, Nachrichten knotenunabhängig von einer beliebigen Stelle innerhalb des Netzwerkes konsistent Informationen von einer Anwendung zu einer weiteren zu senden.

Neben diesen Basiskomponenten bietet DAE dem Anwender weitere Systemfunktionen. Die Datenkomponenten ermöglichen den Datenaustausch mit externen Datenbankdateien und den Transfer von Daten zwischen Hostrechnern und den CS/2-Knoten. Duch diese Dienste ist die im Beispiel vorgestellte zentrale Datenhaltung möglich. Die von der Konstruktion und Simulation kommenden Daten (CAD-Zeichnungen, CNC-Programme) werden auf dem Datenbankknoten in einer SQL-Datenbank gespeichert und können von jedem Knoten, der die entsprechenden Rechte besitzt, abgerufen werden. So kann das zum Walzrunden benötigte Steuerungsprogramm direkt an der Maschine vom Maschinenbediener abgerufen werden.

Die Kommunikation einer Applikation mit den DAE-Systemprogrammen erfolgt über die API-Schnittstellen des CS/2 (**Bild 3**). Innerhalb des Anwendungsprogramms können auch weiterhin Betriebssystemaufrufe erfolgen. So wird innerhalb eines C-Programms eine Datei mit der OS/2-Betriebssystemfunktion DosOpen() zum Lesen geöffnet und der Nachrichtentransport zwischen DAE-Ressourcen mittels DAE-Funktion CS2_SEND() abgewickelt.

Die Benutzerschnittstelle ermöglicht es, daß ein Bediener an einem Terminal (oder Rechner) mit dem Communications-System/2 kommuniziert. Diese Schnittstelle ist ein tabellengesteuertes Programm ohne Eigenintelligenz. Die Einträge des Anwenders werden in die Systemtabellen des CS/2 geschrieben. Es wird für jede Anwendung, für die durch diese Einträge eine Anforderung erfolgt, eine eigene Task angelegt. Mit Hilfe dieser Schnittstelle (dem DAE-Hauptmenü) sind auch die Tabelleneinträge für die Konfiguration, Unterstützungsprogramme und die Einheitenverwaltung modifizierbar.

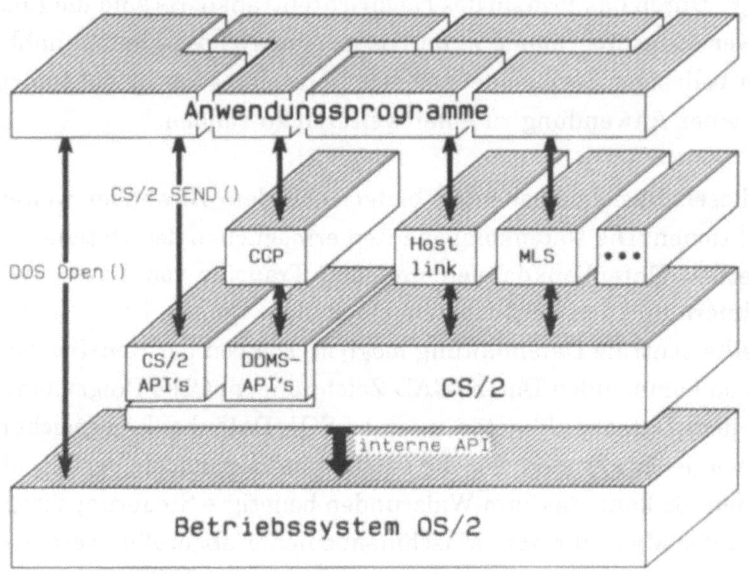

Bild 3: Programmierschnittstelle OS/2 - CS/2

Die durch DAE dem Benutzer bereitgestellten Anwendungskomponenten umfassen die Alarmverwaltung, Datenversorgung, Bibliotheksverwaltung und die Materiallogistik. Anwendungsprogramme können über die Alarmverwaltung des CS/2 Alarmanforderungen an andere Ressourcen, wie z.B. Programme, Terminals und Drucker, senden. Der Inhalt, die Form und der Adressant dieser Nachrichten kann vom Systemintegrator festgelegt werden. Ist in dem gegebenen Beispiel z.B. an der Drückmaschine eine (bekannte) Ausnahmesituation aufgetreten, so kann der Maschinenbediener eine in der Alarmtabelle definierte Meldung an einen fernen Knoten (z.B. Produktionsüberwachung) übertragen. Werden so z.B. Daten (Text- oder

Binärdateien) angefordert, so wird mit Hilfe der Datenversorgungskomponente der Datentransfer innerhalb des DAE-Netzes abgewickelt. Dabei müssen vom Benutzer keine Informationen über den physikalischen Speicherbereich und Ursprung dieser Informationen angegeben werden, da die Daten mittels konfigurierbarer Datenversorgungstabelle innerhalb des Systems gesucht werden.

Eine Zusatzkomponente des DAE ist das Material-Logistik-System (MLS). Es bietet die Grundbausteine zur Steuerung eines Förder- und Transportsystems. In dem Beispiel ist es denkbar, alle Fertigungszellen über ein Transportsystem zu verbinden. Innerhalb dieses Systems werden die Ablaufsteuerung, die Routen und die Bewegungen des Fördersystems durch das MLS bestimmt und überwacht. Zur Datenfernverarbeitung (DFV) des DAEs mit Anwendungen auf Host-Basis wird das zusätzliche Lizenzprogramm Host-Link als Erweiterung des Communication Systems benötigt. Hiermit ist innerhalb einer heterogenen Netzwerkumgebung der Datenaustausch möglich.

Einheitenkomponenten
Zur Ansteuerung externer Geräte bietet IBM einen programmierbaren RIC-Adapter als Hardwareerweiterung an. Dies ist ein Realtime-Interface-Coprocessor (RIC) auf der Basis des Intel 80186-Prozessors, der mit einem eigenen Betriebssystem ausgerüstet ist und bis zu 8 serielle Anschlüsse zur Kopplung der Peripherie bereitstellt (**Bild 4**). Der RIC besitzt ein eigenes Echtzeit- und Multitasking-Betriebssystem (Realtime Control Microcode, RCM), das es erlaubt, die Außenwelt (Peripherie) von dem Hauptrechner zu entkoppeln. Durch den Einsatz einer Einheitenverwaltung (Device Data Management Support, DDMS) ist die einheitenunabhängige Kommunikation zwischen Programmen und (Steuer-) Einheiten möglich. DDMS richtet eine definierte Schnittstelle zwischen dem DAE und einer über den Koprozessor angeschlossenen Steuerung ein. Die device-abhängigen Funktionen sind in einer entsprechenden Schnittstellenprozedur für logische Einheiten (Local Device Interface Procedure, LDIP) hinterlegt und werden mit den DDMS-Library-Funktionen zusammengebunden. Das Communica-

tion Protocol Program (CPP) ist dann für die Umsetzung des device-spezifischen Kommunikationsprotokolls in eine für die angeschlossene Steuerung verständliche Form zuständig. LDIP und CPP sind eine zusammengehörende Einheit und müssen für eine spezifisches Gerät aufeinander abgestimmt sein!

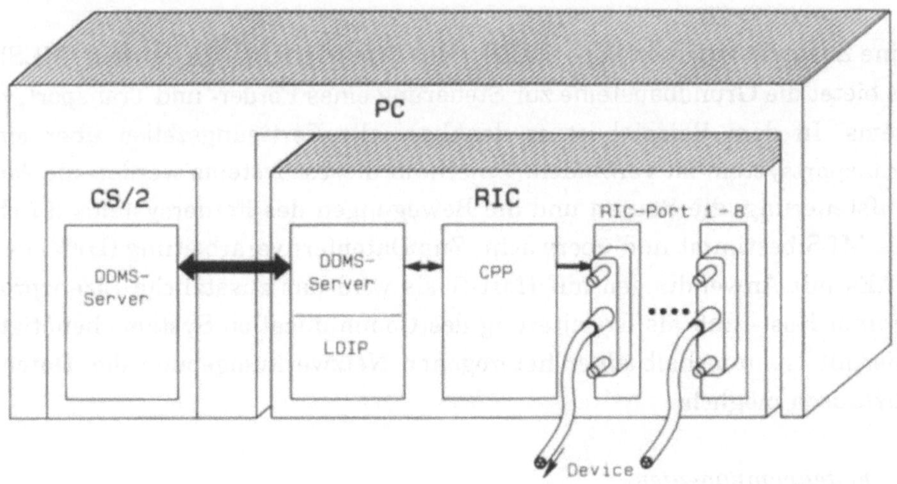

Bild 4: DDMS-LDIP-CPP im DAE

In der vorgestellten Fertigungslinie ist z.B. die Walzrundsteuerung über einen Port des RIC-Adapters mit dem DAE verbunden. Steuerungsanforderungen werden so über ein speziell für die Mehrprozessorsteuerung (MPST) entwickeltes CPP/LDIP übertragen. Weitere RIC-Ein/Ausgänge sind zur Meßwerterfassung, Betriebsdatenerfassung (BDE), Prozeßvisualisierung und zur Steuerung weiterer im Prozeß integrierter Einheiten (z.B. Handhabungsgeräte, Transportsysteme etc.) nutzbar.

Zusammenfassung

Mit dem gezielten Einsatz der EDV und speziell entwickelten Anwendungsprogrammen erfolgte eine wirksamere Verwaltung von Produktionsprozessen. In der heutigen Fertigung ist der Einsatz der Datenverarbeitung unerläßlich. Durch kürzere Lieferzeiten, höhere Qualitäten, verringerte Lagerhaltung und geringere Kosten kann flexibler auf Marktänderungen und Anforderungen reagiert werden. Um diese Ziele zu erreichen, müssen die Bearbeitungsprozesse automatisiert und gekoppelt werden.

Zur Integration aller Einzelstationen sind Strukturen gefordert, die einerseits Daten gemeinsam verwenden und zur Verfügung stellen und andererseits zusammenhängende Informationen über alle Vorgänge im Unternehmen liefern können. Durch den enormen Preisverfall der Hardware liegen die unternehmerischen Investitionsschwerpunkte nicht mehr im Einsatz geeigneter Rechner, sondern in der Auswahl und Entwicklung geeigneter Programme zur Bildung eines verteilten Systems.

Auf der Plattform eines Multitasking-Betriebssystems (OS/2) bietet Distributed Automation Edition durch eine Vielzahl von Komponenten ein homogenes Konzept zur Realisierung dieser Netzwerke. Die konsequente Anwendung der gegebenen Möglichkeiten erlaubt es, sowohl im Planungsbereich als auch in der Fertigung einen höheren Wirkungsgrad zu erreichen.

Literatur

[1] **Finckenstein, E. v.; Ludowig, G.**: Computer Aided Roll Bending of Thin Sheet. Annals of the CIRP, Vol. 33/1/1984, S. 133 - 136

[2] **N.N.**: IBM, Distributed Automation Edition: Überblick. GC12-2010-02

[3] **N.N.**: IBM, Plant Floor Series: DAE-Communications System. Technical Guide and Reference S33F-7722-01

[4] **Kleiner, M.**: Der Einsatz von Mehrprozessorsteuerungen in der Umformtechnik am Beispiel des Walzrundens. Dr.-Ing. Dissertation, Universität Dortmund, Fortschritt-Berichte VDI, Reihe 2, Nr. 129, VDI-Verlag, Düsseldorf 1987

[5] **Kleiner, M.; Reil, G.; Sievers, S.; Straßmann, T.**: Mehrprozessorsteuerungen in der Umformtechnik. Industrie-Anzeiger 113 (1991) 41, S. 46 - 50

[6] **Ludowig, G.**: Rechnerintegriertes Fertigungssystem für das Walzrunden von Blechen. Dr.-Ing. Dissertation, Universität Dortmund, Fortschritt-Berichte VDI, Reihe 2, Nr. 108, VDI-Verlag, Düsseldorf 1985

Neue Steuerungs- und Regelungskonzepte für Umformverfahren

Dipl.-Ing. Gerhard Reil
Lehrstuhl für Umformende Fertigungsverfahren, Dortmund

Einleitung

Die Entwicklung moderner CNC-Steuerungen begann in den frühen 50er Jahren. Bereits 1972 wurden zum erstenmal Mikroprozessoren in Steuerungen eingesetzt, die ein Vielfaches an Flexibilität und Rechenleistung innerhalb der Steuerung in sich vereinen. Parallel zum Aufbau immer komplexeren Steuerungssystemen wurde ein weiterer Zweig der Automatisierung, die Regelungstechnik, immer besser an vorhandene fertigungstechnische Probleme angepaßt. Bei einer umformenden Fertigung mit CNC-Maschinen sind außer einer gewünschten Zielgeometrie noch weitere Einflußgrößen zu berücksichtigen, wie

- Werkstoffkenngrößen,
- Maschinenauffederungen und
- Chargenschwankungen der Halbzeuge.

Im folgenden werden verschiedene neue Steuerungs- und Regelungskonzepte für die Umformtechnik an den Beispielen Hochkantbiegen, Zweiwalzen-Rundbiegen und Drücken dargestellt.

Hochkantbiegen

Eine Verfahrensvariante zum Biegen von Flachmaterialien und offenen Profilen ist das Biegen mit überlagerten Druckspannnungen durch Kombination mit einem Flach-Längswalzvorgang. **Bild 1** zeigt das Verfahrensprinzip dieses Walzbiegeverfahrens am Beispiel eines Blechstreifens [1,2].

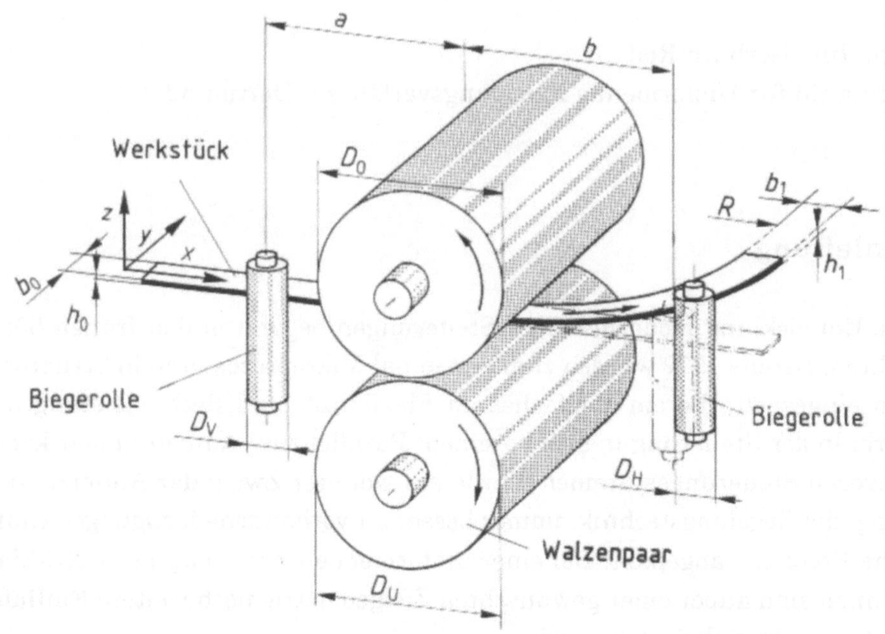

Bild 1: Darstellung des Walzbiegeverfahrens mit überlagerter Druckspannung

Die für dieses Biegeverfahren eingesetzte Maschinensteuerung beruht auf dem Mehrprozessor-Steuerungskonzept (MPST) (**Bild 2**). Dieses System basiert auf einem zentralen Bussystem, das hinsichtlich der Hard- und Softwareschnittstellen bezüglich des Datenaustausches nach DIN 66264 genormt ist. Über diesen MPST-Bus werden sämtliche prozeßrelevante Daten ausgetauscht. Grundsätzlich wird zwischen aktiven und passiven Teilnehmern innerhalb dieses Steuerungskonzeptes unterschieden [3].

Aktive Teilnehmer sind Hardwarebaugruppen, die über einen eigenen Mikroprozessor samt zugehöriger Peripherie verfügen. Auf diesen Systemkomponenten können sowohl benutzererstellte Applikationen wie auch Firmwareprodukte, z.B. das Bahnmodul für eine CNC-Steuerung, ablaufen. Desweiteren können aktive Teilnehmer mit seriellen Schnittstellenkarten gekoppelt werden, so daß eine Kommunikation mit übergeordneten Rechnern erfolgen kann.

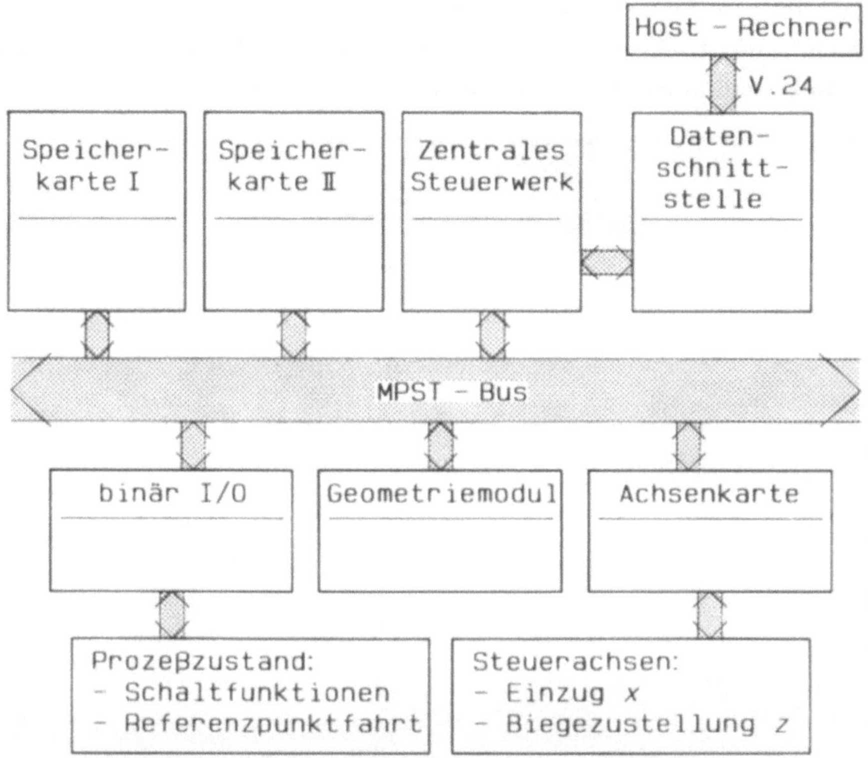

Bild 2: MPST-Hardwarekonzept zum Walzbiegen mit überlagerter Druckspannung

Innerhalb der eingesetzten MPST-Steuerung besteht die Möglichkeit, den laufenden Prozeß durch Einsatz eines speziellen Geometriemoduls zu beeinflussen. Dieses Modul übernimmt Korrekturwerte in eigens hierfür reservierte Speicherbereiche, die während zweier Lageregeltakte (8 ms) ausgewertet werden. Bei dieser Berechnungsart werden die Korrekturwerte, in Form von Offsets zu einer zu erreichenden Zielposition, und die durch die Interpolation bestimmten Sollwerte addiert. Das Ergebnis wird nach Überprüfung der Sollage (Regelfenster) und des Schleppabstands innerhalb eines Lageregeltaktes ausgegeben.

Zusätzlich zu den zuvor genannten passiven Teilnehmern wurde eine MPAT-Buskopplerkarte eingesetzt, die es erlaubt, einen handelsüblichen PC als aktiven Teilnehmer am MPST-Bus anzumelden. Hierdurch ist es möglich, zeitkritische Daten, welche in erster Linie bei einer Prozeßregelung auftreten, hinreichend schnell zu übertragen [4].

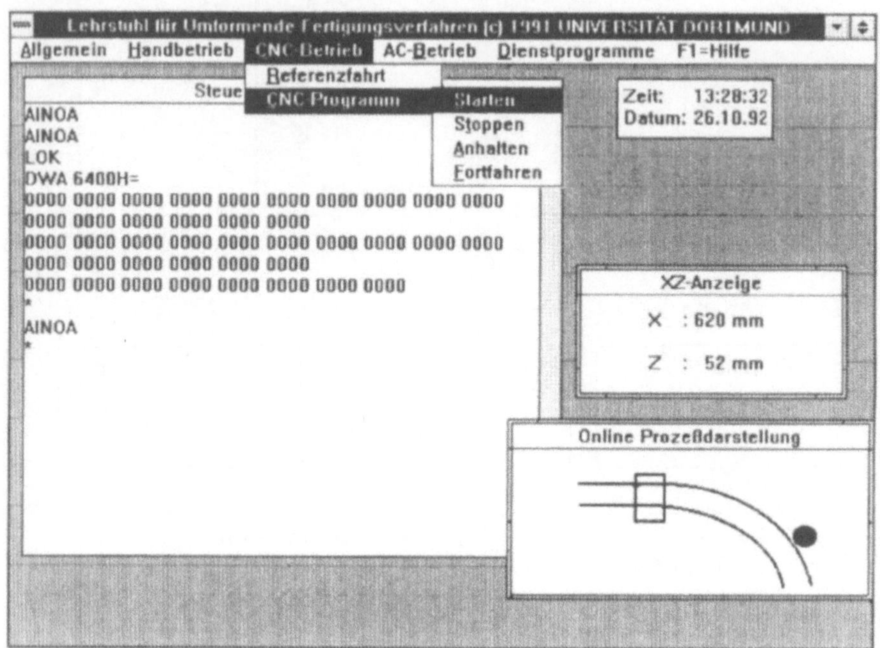

Bild 3: Steuerungsoberfläche für Werkzeugmaschinen

Die Entwicklung von Softwaremodulen für dieses Steuerungssystem erfolgte auf einem IBM-kompatiblen Industrie-PC. Durch den Einsatz von diesen Personal Computern ist man in der Lage, auf ein sehr vielfältiges Angebot an kommerziellen Tools und Programmiersprachen zurückgreifen zu können. Hiermit wurde die Entwicklungszeit der Steuerungssoftware wesentlich reduziert. Aus Gründen der Übersichtlichkeit wurde als Benutzeroberfläche das Programmpaket Windows 3.1 der Firma Microsoft eingesetzt. Auf Basis dieser Oberfläche wurde die eigentliche Steuerungsoberfläche, die sogenannte Mensch-Maschine-Schnittstelle (MMS), erstellt (**Bild 3**).

Konzeptionell umfaßt die erstellte Steuerungssoftware drei Bereiche:

- die Bedienoberfläche,
- die Ablaufsteuerung
- und den Anschluß an ein Host-System (DNC-Schnittstelle).

Mittels Cursortasten ist der Maschinenbediener in der Lage, spezielle Steuerungsoptionen auszuwählen. Folgende Betriebsarten sind verfügbar:

- Handbetrieb
- CNC-Betrieb
- AC-Betrieb.

Der Einsatz des schon erwähnten Geometriemoduls in der Steuerung, das eine Änderung der Solldaten während des Umformprozesses gestattet, erlaubt es, "online" in diesen Prozeß einzugreifen. Dies ist die grundlegende Voraussetzung zum Aufbau einer Prozeßregelung. Anhand eines in [5] dargestellten Meßprinzips wurden online Krümmungen des Werkstücks ermittelt. Aus dem Vergleich der Ist- mit der Sollgeometrie ergibt sich eine Korrekturgröße, die anschließend von dem Geometriemodul ausgewertet wird. Die Krümmungsmessung und das Initialisieren der Regelung erfolgt in der AC-Betriebsart.

Der zweite Teil der Steuerungssoftware - die Ablaufsteuerung - setzt die vom Bediener ausgewählten Befehle in die für die CNC-Steuerung relevanten Anweisungen um. Diese Befehle werden über eine serielle Schnittstelle zur eigentlichen CNC-Steuerung übertragen. Im Versuchsbetrieb stellte sich heraus, daß die Übertragung von sämtlichen prozeßrelevanten Daten (Position, Kraft, Krümmung) ausschließlich über diese serielle Kopplung nicht möglich war. Aus diesem Grunde wurde eine MPAT-Kopplung der Firma Liebherr eingesetzt, die es erlaubte, den Datenstrom auf zwei Kanäle aufzuteilen. Durch den so erzielten erhöhten Datendurchsatz konnte eine grafische "online"-Prozeßdarstellung realisiert werden.

Im Hinblick auf zukünftige CAD/CAM-Anbindungen wurde in die Steuerungssoftware ein Kommunikationsmodul zum Anschluß an ein Host-System integriert. Somit ist man in der Lage, NC-Programme, aufgrund von Simulationsergebnissen, direkt in die Steuerung zu übertragen. Darüberhinaus kann diese Versuchseinrichtung mittels einer "Remote Option" von dem Host-System gesteuert werden.

Durch den Einsatz des o.a. modifizierten Geometriemoduls und der Krümmungsmessung sind die wesentlichen Voraussetzungen zur Regelung dieses Biegeprozesses gegeben. Aus einer anliegenden Meßspannung wird der zugehörige Radius ermittelt. Dieser Radienwert wird einem Regelalgorithmus übergeben, der aufgrund einer eventuell vorhandenen Regelabweichung eine Korrekturgröße ermittelt, welche in Form von Offsetwerten an die Steuerung übertragen wird. Diese Offsetwerte werden in ein spezielles Korrekturregister im Übergabespeicherbereich des Geometriemoduls eingetragen. Anschließend erfolgt das Auslesen und Auswerten der Korrekturwerte durch die Lageregelung der Steuerung [6].

Zweiwalzen-Rundbiegen

Zur Herstellung von Behältern, Gehäuseteilen und Leuchtenreflektoren wird in der blechverarbeitenden Industrie das Umformverfahren Walzrunden vielfach verwendet. In der Regel werden dabei asymmetrische 3-Walzen- sowie symmetrische 3-/4-Walzenmaschinen eingesetzt.

Eine andere Verfahrensvariante zum Fertigen solcher Werkstückgeometrien ist das Zweiwalzen-Rundbiegeverfahren (**Bild 4**). Außer zum Biegen von Blechen wird das Zweiwalzenprinzip mit Elastomerunterwalze auch zum Profilieren, Prägen und Scherschneiden genutzt. Aufgrund der hohen Wirtschaftlichkeit und der erreichbaren Präzision der gefertigten Werkstücke gewinnen diese Verfahren in der industriellen Praxis immer größere Bedeutung [7].

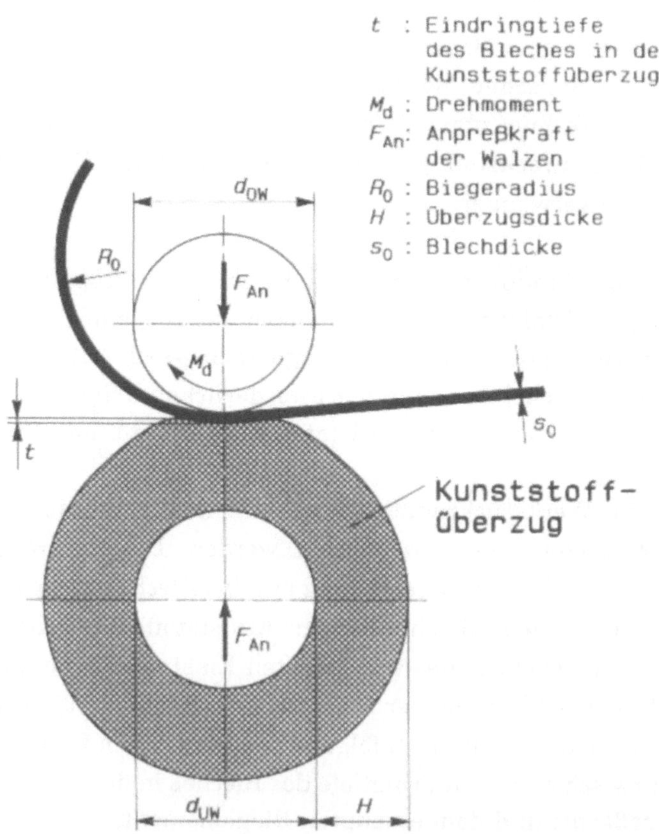

Bild 4: Darstellung des Zweiwalzen-Rundbiegeverfahrens

Die Vorteile des Zweiwalzen-Rundbiegeverfahrens sind unter anderem:

- hohe Produktivität, da ein Werkstück in einem Durchgang gefertigt werden kann,
- gute Form- und Maßgenauigkeit,
- Rundheit über den ganzen Umfang, ein Anrunden ist in der Regel nicht erforderlich,
- die Möglichkeit zum Runden perforierter Bleche.

Das Umformprinzip des Zweiwalzen-Rundbiegens ist mit dem Tiefziehverfahren mit nachgiebigem Kissen (nach DIN 8584) [8] sowie mit dem Gesenkbiegen mit elastischer Matrize [9,10] vergleichbar. Dabei wird das Werkstück mit Hilfe eines starren Oberwerkzeugs in ein elastisches Kissen gedrückt. Als Kissenwerkstoff werden elastische Kunststoffe (z.B. Polyurethan-Elastomere) verwendet.

Beim Zweiwalzen-Rundbiegen wird das Blech im Walzspalt durch eine Drehbewegung der Walzen umgeformt, wobei das Biegemoment durch die elastische Verformung der Unterwalze aufgebracht wird. Aufgrund der sehr kurzen wirksamen Hebelarme und der erforderlichen hohen Anpreßkräfte eignet sich dieses Verfahren für die Umformung von dünnen Blechen.

Unterschiedliche Werkstückradien können durch die Variation der Eindringtiefe der starren Oberwalze erzielt werden. Die Verdrängung des Elastomers bewirkt eine Druckverteilung auf das Blech entlang der Berührungslinie zwischen dem Blech und der Kunststoffwalze, die von dem Durchmesser und der Härte des verwendeten Elastomers abhängt. Da die Anpreßkraft hauptsächlich von der Druckverteilung abhängt, wird auch sie von der Eindringtiefe beeinflußt. Infolgedessen besteht ein funktionaler Zusammenhang zwischen der Eindringtiefe des Bleches in den Kunststoffüberzug, der Anpreßkraft und dem erzeugten Biegemoment.

Für die Steuerung des Prozesses wird im folgenden die Eindringtiefe gewählt, da das hier vorgestellte Werkzeug als Zusatzwerkzeug für eine weggesteuerte Gesenkbiegepresse eingesetzt wird. Durch die Variation der Eindringtiefe, wie hier verwirklicht, oder der Anpreßkraft kann eine größtmögliche Flexibilität des Verfahrens im Rahmen einer Prozeßsteuerung bzw. -regelung erreicht werden [11,12].

Für die Untersuchung des praktischen Einsatzes eines Zweiwalzen-Rundbiegewerkzeuges auf einer konventionellen Gesenkbiegepresse wurde ein Werkzeugprototyp mit einer Nutzlänge von 500 mm entwickelt. **Bild 5** zeigt die Gesenkbiegepresse mit eingebautem Zweiwalzen-Rundbiegewerkzeug.

Bild 5: Gesenkbiegepresse mit eingebautem Zweiwalzen-Rundbiegewerkzeug

Die starre Oberwalze wird an den Preßbalken der Presse montiert, während die kunststoffbeschichtete Walze auf dem Pressentisch befestigt wird. Der Blecheinzug erfolgt mittels eines Drehstrom-Stirnrad-Getriebemotors, der die starre Oberwalze antreibt. Außerdem ist an der Stirnseite der starren Walze ein Drehgeber für die Ermittlung der Blecheinzugslänge angebracht.

Zur Integration des entwickelten Werkzeugs in die weggesteuerte CNC-Gesenkbiegepresse vom Typ Hera COP 110/3100 mußte die Maschinensteuerung der Presse, eine Cybelec DNC 9000, um eine Zusatzsteuerung erweitert werden.

Um eine größtmögliche Flexibilität zu gewährleisten, wird für diese Zusatzsteuerung ein handelsüblicher Industrie-PC eingesetzt, der mit einer Lageregelbaugruppe und einer binären Ein-/Ausgabekarte für die Positionierung des Werkstücks ausgerüstet ist.

Die Steuerung des Blecheinzugs sowie die vorgegebene Zustellung der Oberwalze zur Erzielung der Werkstückradien erfolgt durch zwei CNC-Programme:

Das *erste* CNC-Programm, das auf der Hauptsteuerung der Gesenkbiegepresse (Cybelec) abläuft, beginnt mit der Zustellung des Preßbalkens auf eine bestimmte Position. Bei Erreichen dieses Punktes übergibt dieses Programm die Kontrolle für die weitere Fertigung an die Zusatzsteuerung.

Das *zweite* CNC-Programm, das auf der Zusatzsteuerung abläuft, beinhaltet die Zustellung der Oberwalze bis zu einer bestimmten Eindringtiefe in die Elastomerwalze sowie die Steuerung der Rotationsbewegung der Walzen. Da der erzeugte Radius hierbei über die Eindringtiefe festgelegt wird, muß bei der Oberwalzenzustellung die Blechdicke berücksichtigt werden.

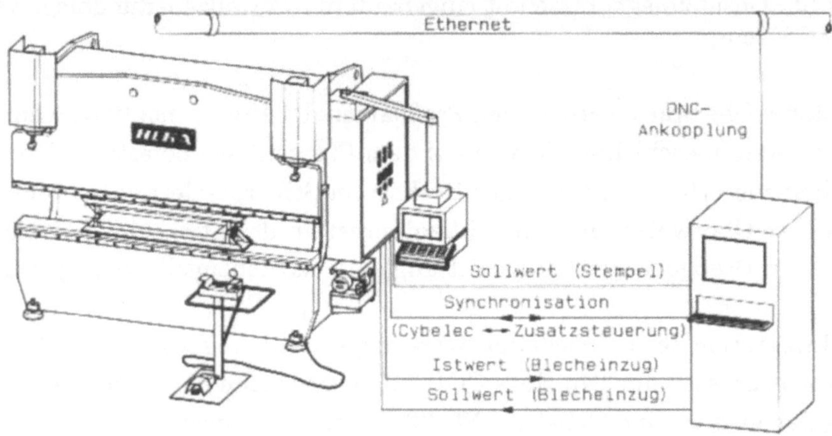

Bild 6: Ankopplung der Zusatzsteuerung an die vorhandene CNC-Gesenkbiegesteuerung

Zur Synchronisation der beiden Steuerungen (Cybelec und Zusatzsteuerung) wurde ein spezielles Interface entwickelt, das zusätzlich den Datenaustausch zwischen den CNC-Programmen verwaltet. **Bild 6** zeigt schematisch die Ankopplung der beiden Steuerungen.

Im Hinblick auf eine flexible, rechnerunterstützte Fertigung ist es erforderlich, den Biegeprozeß weitgehend zu automatisieren. Dies beinhaltet zum einen die Erstellung von CNC-Programmen zur Beschreibung der Werkstückgeometrie und zum anderen die Sicherung einer geforderten Werkstückqualität durch regelungstechnische Eingriffe in den Prozeß.

Oft können Umformprozesse mathematisch nur näherungsweise beschrieben werden. Aus diesem Grund ist dann eine Modellbildung, die Voraussetzung zur Konzeption eines klassischen Reglers ist, nicht möglich.

Hier bietet sich eine neue Art von Prozeßreglern an, die mit Hilfe von Erfahrungswissen den Prozeß kontrollieren. Grundlage hierfür bildet die Theorie unscharfer Mengen, die von Zadeh [13] im Jahr 1965 entwickelt wurde. Im folgenden wird die Vorgehensweise zur Erstellung eines derartigen Reglers für das Zweiwalzen-Rundbiegen vorgestellt.

Bei diesem Umformverfahren werden online die Werkstückradien mittels einer CCD-Kamera [14] und die Reaktionskräfte der Unterwalze mit Kraftaufnehmern erfaßt. Diese Eingangsgrößen werden in der Theorie unscharfer Mengen mittels *linguistischer* Variablen beschrieben. Eine linguistische Variable ist beispielsweise die *'Radienabweichung'*, die sich aus der gemessenen Werkstückgeometrie ergibt.

Nachdem die einzelnen linguistischen Variablen definiert worden sind, werden die Zugehörigkeitsfunktionen für diese bestimmt. Anschließend erfolgt die Definition der Regelbasis, die das eigentliche *"Expertenwissen"* enthält. Zum Beispiel können folgende Regeln formuliert werden:

- wenn die Radienabweichung groß ist, dann stelle ΔY positiv groß zu
- wenn die Radienabweichung klein ist, dann stelle ΔY negativ klein zu

ΔY stellt den Offsetwert zur Regelung der Oberwalzenzustellung dar.

Nach einer Inferenzbildung, die die Verknüpfung der Variablen unter Berücksichtigung der Regelbasis beinhaltet, muß das Ergebnis - die unscharfe Stellgröße - für den realen Prozeß umgewandelt werden. Anschließend wird der ermittelte Korrekturwert an die Stellglieder der Gesenkbiegepresse übertragen.

Drücken

Beim Drücken von Hohlkörpern nach DIN 8584 wird eine Blechronde zentrisch gegen ein Drückfutter gespannt. Anschließend wird die Hauptspindel in Rotation versetzt und das Blech mit der Drückwalze stufenweise umgeformt, womit zwangsläufig eine Blechdickenverminderung des Werkstücks einhergeht. Ziel eines für dieses Umformverfahren zu entwickelnden unscharfen Reglers war es, dieser Blechdickenverminderung entgegenzuwirken, um möglichst konstante Umformgradverläufe entlang der Abwicklung l des Werkstücks gewährleisten zu können [15].

Die grundlegende Vorgehensweise zum Aufbau eines unscharfen Reglers besteht in folgenden Arbeitsschritten:

- Festlegung der Ein- und Ausgabegrößen
- Bestimmung der Zugehörigkeitsfunktionen
- Erstellung der Regelbasis
- Auswahl der Inferenzmechanismen und Vorgehensweise zur Ermittlung einer scharfen Stellgröße.

Unterteilt man die prozeßrelevanten Einflußgrößen nach deren zeitlichen Auftreten im Fertigungsprozeß, so kann eine Unterteilung in zwei Gruppen vorgenommen werden:

- Parameter, die sich während der Umformung ändern und
- Parameter, die sich zu Beginn der Umformung ändern.

Hierbei sind die Prozeßgrößen, die sich während der Umformung ändern, die Umformkraftkomponenten F_x und F_z und die Positionsänderungen X und Z der Drückwalze. Aus diesen Meßgrößen werden die Eingabeparamter für den unscharfen Regler berechnet. Diese sind:

- Krafteinwirkung der Drückwalze in axialer Richtung F_A
- Krafteinwirkung der Drückwalze in radialer Richtung F_R
- Abstand der Drückwalze zum Drückfutter α
- und Drückwalzenposition entlang der Abwicklung der Blechronde l_{Po}.

Neben den Eingabeparametern müssen entsprechende Ausgabegrößen, die den Prozeß direkt beeinflussen, bestimmt werden. Um Kraftanteile definiert beeinflussen zu können, werden als Ausgangsgrößen Offsetwerte in X- und Z-Richtung ermittelt. Das Zustellen der Drückwalze in nur einer Richtung würde z.B. eine Erhöhung der Kraft in dieser Richtung bewirken.

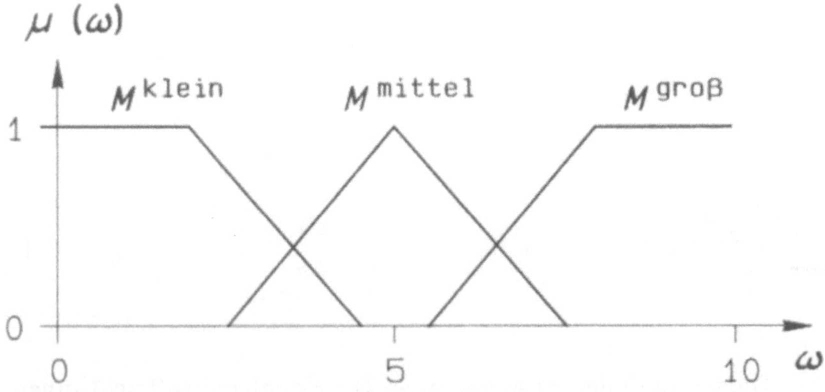

Bild 7: Beispiel einer Zugehörigkeitsfunktion in Dreiecksform

Nachdem die nötigen Ein- und Ausgabeparameter für den Regler bzw. für die Regelbasis bestimmt worden sind, folgt nun die Beschreibung geeigneter Zugehörigkeitsfunktionen, die zur Realisierung eines unscharfen Reglers herangezogen werden. Zur Anwendung kommen Zugehörigkeitsfunktionen in Dreiecksform. Diese werden häufig bei regelungstechnischen Anwendungen eingesetzt, da der maximale Wert eines linguistischen Terms nur einmal vorkommen kann. Anzahl und Weite der einzelnen linguistischen Terme sind im wesentlichen von der Schärfe der Information und der zu erzielenden Stabilität des Reglers abhängig (**Bild 7**) [16].

Ein weiterer Schritt zum unscharfen Regler ist die Erstellung der Regelbasis. Gespräche mit erfahrenen Maschinenbedienern ergaben, daß der Mensch während der Fertigung intuitiv eine Kraftumkehr, d.h. eine Änderung der Gesamtkraftrichtung, vollzieht. Dies erfolgt immer dann, wenn ein Fehler auftritt oder eine geforderte Form- oder Maßgenauigkeit ohne Kraftänderung nicht mehr erzielt werden kann.

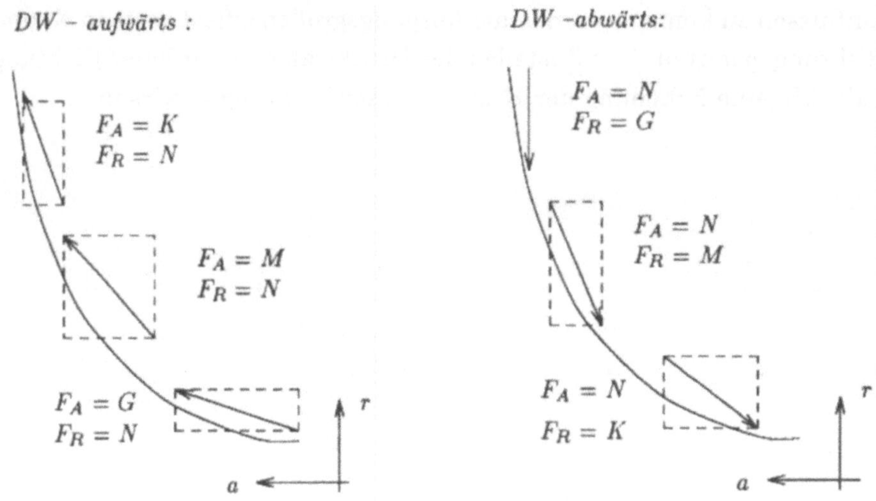

Bild 8: Darstellung der zu erzielenden Drückwalzenkraftrichtungen

Durch eine gezielte Kraftumkehr ist es möglich, Material entweder erst gar nicht zum Rondenrand fließen zu lassen oder wieder nach innen zu ziehen. Ein weiterer Vorteil liegt in der verbesserten Fehlertoleranz des Gesamtsystems, indem es, wie der Mensch durch die Sinne Gehör und Auge, frühzeitig und intuitiv Versagensfälle, wie z.B. Falten- und Rißbildung, erkennen und entsprechend reagieren kann. Um diese menschliche Eigenschaft einem Prozeß zugänglich zu machen, bedarf es einer Sensorik und eines

Algorithmus, der die menschliche Unschärfe erfassen und verarbeiten kann. Die Informationsverarbeitung, auf der menschliches Handeln beruht, findet sich bei einem unscharfen Regler in der Regelbasis wieder. Aufgrund der vorangegangenen Überlegungen kann folgendes Ziel für die zu erstellende Regelbasis formuliert werden:

> "Es ist eine Regelbasis zu erstellen, die der während des CNC-gesteuerten Umformprozesses auftretenden Materialverschiebung zum Rondenrand hin entgegenwirkt und gleichmäßige Umformgradverläufe entlang der Abwicklung einer Blechronde gewährleistet."

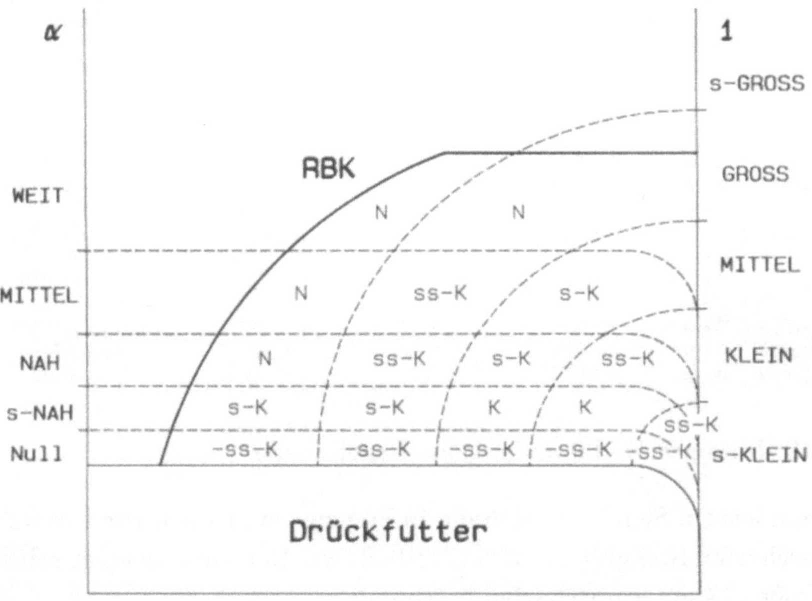

Bild 9: Unterteilung der Drückwalzenbahn in Kraftsegmente

In **Bild 8** sind die geforderten Drückwalzenkraftrichtungen dargestellt. Weiterhin wird die Fläche oberhalb des Drückfutterkonturschnittes in Segmente unterteilt, in denen sich die Drückwalze bewegt. Diese Aufteilung erfolgt über zwei Parameter, der Drückfutternähe α und der Drückwalzenposition l_{Po}, an denen die jeweiligen Zugehörigkeitsfunktionen aufgetragen sind. In den hierdurch entstandenen Segmenten sind die Sollkräfte der unscharfen Variablen F_A und F_R eingetragen (**Bild 9**)[17].

Anhand dieses Bildes lassen sich die einzelnen Regeln sehr einfach aufstellen. **Bild 10** zeigt ein Beispiel für eine Regeltabelle, die sich aus obigem Sachverhalt (Bild 9) ergibt.

	Prämisse				*Konklusion*
		Axialkraft F_A	*Drückfutter-nähe α*	*Abwicklung l_{Po}*	*ΔA*
Regel 0	Wenn	NULL			dann NULL
Regel 1	Wenn	KLEIN	NULL		dann –ss-KLEIN
Regel 2	Wenn	KLEIN	s-NAH	s-KLEIN	dann ss-KLEIN
Regel 3	Wenn	KLEIN	s-NAH	KLEIN	dann KLEIN
Regel 4	Wenn	KLEIN	s-NAH	MITTEL	dann KLEIN
Regel 5	Wenn	KLEIN	s-NAH	GROSS	dann s-KLEIN
Regel 6	Wenn	KLEIN	s-NAH	s-GROSS	dann s-KLEIN
Regel 7	Wenn	KLEIN	NAH	KLEIN	dann ss-KLEIN
Regel 8	Wenn	KLEIN	NAH	MITTEL	dann s-KLEIN
Regel 9	Wenn	KLEIN	NAH	GROSS	dann ss-KLEIN
Regel 10	Wenn	KLEIN	NAH	s-GROSS	dann NULL
Regel 11	Wenn	KLEIN	MITTEL	KLEIN	dann ss-KLEIN
Regel 12	Wenn	KLEIN	MITTEL	MITTEL	dann s-KLEIN
Regel 13	Wenn	KLEIN	MITTEL	GROSS	dann ss-KLEIN
Regel 14	Wenn	KLEIN	MITTEL	s-GROSS	dann NULL
Regel 15	Wenn	KLEIN	WEIT	MITTEL	dann ss-KLEIN
Regel 16	Wenn	KLEIN	WEIT	GROSS	dann NULL
Regel 17	Wenn	KLEIN	WEIT	s-GROSS	dann NULL

Bild 10: Die nach Bild 9 aufgestellte Regeltabelle

In einem letzten Schritt werden die Inferenzmechanismen zur Ermittlung der unscharfen Stellgröße und die Methode zur Berechnung einer scharfen Stellgröße aus einer unscharfen bestimmt.

Zusammenfassung und Ausblick

Anhand der Umformverfahren Hochkantbiegen, Zweiwalzen-Rundbiegen und Drücken wurde gezeigt, daß durch eine geeignete Wahl von Steuerungs- und Regelungsstrukturen eine weitgehend zeit- und kostenoptimierte Fertigung möglich ist. Besonders der Einsatz von Mehrprozessor-Steuerungssystemen zur individuellen Anpassung an Werkzeugmaschinen erhöht die Flexibilität von Umformprozessen. Darüberhinaus ist der Einsatz moderner Regelungsstrategien, wie z.B. das Konzept von unscharfen Reglern, sehr effektiv in der Lage, das Wissen erfahrener Maschinenbediener relativ einfach einem Fertigungsprozeß zu Verfügung zu stellen. In Zukunft gilt es, das schon allgemein verfügbare Prozeßwissen noch zu erweitern und z.B. vorhandene Regelungstechniken mit neuen informationstechnischen Verfahren zur Wissensakquisition, z.B. dem Einsatz von neuronalen Netzen, zu kombinieren. Durch die immer weiter steigenden Prozessorleistungen und den weiter sinkenden Hardwarekosten können diese Techniken in Zukunft auch in kleinen und mittelständischen Unternehmen rentabel eingesetzt werden.

Literatur

[1] **Finckenstein, E. v.; Adelhof, A.; Kleiner, M.; Liewald, M.**: Biegen von Flachmaterial und offenen Profilen in Kombination mit einem Walzvorgang. Fortschritt-Berichte VDI, Reihe 2, Nr. 205, VDI-Verlag, Düsseldorf 1990

[2] **Finckenstein, E. v.; Adelhof, A.; Kleiner, M.; Liewald, M.**: Abschlußbericht zum Forschungsvorhaben "Untersuchungen zum Biegen von Kupferleitern". Lehrstuhl für Umformende Fertigungsverfahren, Universität Dortmund 1988

[3] **N.N.**: Technische Unterlagen zur MPST-Hardware. Firmenschrift der Fa. ABB, Heidelberg 1990

[4] **N.N.**: Dokumentation mpst-IBM/AT-Buskopplung. Liebherr Verzahntechnik, Kempten 1989

[5] **Liewald, M.**: Entwicklung eines Foliensensors zur Konturerfassung von Biegeteilen. Blech Rohre Profile 35 (1988) 2, S. 118 - 120

[6] **Stute, G.**: Regelung an Werkzeugmaschinen. Hanser-Verlag, München Wien 1981

[7] **Kleiner, M.; Reil, G.; Sulaiman, H.**: Zweiwalzen-Rundbiegen auf CNC-Gesenkbiegepressen. Vortrag "Internationaler Kongreß Blechbearbeitung 92" am 27.-28.10.1992 in Hannover

[8] **Finckenstein, E. v.; Kleiner, M.**: Flexible Numerically Controlled Tool System for Hydro-Mechanical Deep Drawing. 41st CIRP General Assembly, 18.-24.8.1991, Stanford, USA, Annals of the CIRP, Vol. 40/1/1991, S. 311 - 314

[9] **Schiefenbusch, J.**: Untersuchungen zur Verbesserung des Umformverhaltens von Blechen beim Biegen. Dr.-Ing. Dissertation, Universität Dortmund, Fortschritt-Berichte VDI, Reihe 2, Nr. 60, VDI-Verlag, Düsseldorf 1983

[10] **vom Ende, A.; Engel, U.; Geiger, M.**: Herstellung von Blechteilen mit U-förmigem Querschnitt durch Biegen mit elastischer Matrize. Blech Rohre Profile 36 (1989) 8, S. 612 - 615

[11] **Zakirov, I. M.:** Prozeßparameter der Biegeumformung auf einer Walzenbiegepresse mit elastischem Walzenüberzug (Titel russisch). Kuznečno-Štampovočnoe Proizvodstvo 19 (1977) 7, S. 29 - 32

[12] **Lepilin, A. T.:** Experimentelle Untersuchung des Biegens von Profilen auf einer Zweirollen-Rundbiegemaschine (Titel russisch). Kuznečno-Štampovočnoe Proizvodstvo 20 (1978) 11, S. 33

[13] **Zadeh, L. A.:** Fuzzy-Sets. Information and Control 8 (1965), S. 338 - 353

[14] **Kleiner, F.-J; Maevus, F.; Sulaiman, H.:** Erprobung einer videografischen Meßeinheit für online-Geometrieerfassungen beim Walzrunden von Feinblechen. Blech Rohre Profile 39 (1992) 5, S. 394 - 398

[15] **Köhne, R.:** Rechnergestützte Ermittlung und Verarbeitung von Umformparametern für das Fertigungsverfahren Drücken. Dr.-Ing. Dissertation, Universität Dortmund, Fortschritt-Berichte VDI, Reihe 2, Nr. 77, VDI-Verlag, Düsseldorf 1984

[16] **Hellendoorn, H.:** Fuzzy Logic and Fuzzy Control. One Day Symposium On Clear Applications Of Fuzzy Logic, Delft University of Technology, Netherland 1991

[17] **Reil, G.; Töns, M.; Westhoff, D.:** Entwicklung eines unscharfen Reglers für das Drücken rotationssymmetrischer Hohlkörper. Interner Bericht, Universität Dortmund, 1992

[18] **Kleiner, M.:** Der Einsatz von Mehrprozessor-Steuerungen in der Umformtechnik am Beispiel des Walzrundens. Dr.-Ing. Dissertation, Universität Dortmund, Fortschritt-Berichte VDI, Reihe 2, Nr.129, VDI-Verlag, Düsseldorf 1987

[19] **Adelhof, A.:** Komponenten einer flexiblen Fertigung beim Profilrunden. Dr.-Ing. Dissertation, Universität Dortmund 1992

AC-Drücken mit Mehrprozessor-Steuerung (MPST)

Dr.-Ing. Heinrich Dierig; Dipl.-Inform. Stephan Sievers
Lehrstuhl für Umformende Fertigungsverfahren, Dortmund

Dr.-Ing. Raimund Köhne
Friedrich Gustav Theis Kaltwalzwerke GmbH, Hagen

Einleitung

Das Drücken umfaßt eine Gruppe von Fertigungsverfahren zur Herstellung von meist rotationssymmetrischen Hohlkörpern mit nahezu beliebiger Form der Hohlkörper-Mantellinie. Als Ausgangsformen werden ebene Blechzuschnitte bzw. rohr- oder napfförmige Halbzeuge aus metallischen Werkstoffen verwendet.

Beim Drücken nach DIN 8584 wird in der Regel eine Ronde zentrisch gegen ein Drückfutter gespannt, in Rotation versetzt und mit einer Drückwalze in mehreren Umformstufen an die Drückfutter-Kontur angelegt. Zwischengeschaltete bzw. abschließende Drückwalzprozesse (DIN 8583) verbessern die Form- und Maßgenauigkeit bzw. die Oberflächengüte.

Obwohl das Drücken und Drückwalzen oft in Kombination eingesetzt werden, findet das Drückwalzen in der industriellen Praxis auch als eigenständiges Verfahren seine Anwendung. Hier dient es insbesondere zum Längen von rotationssymmetrischen Werkstücken bzw. zum Herstellen konischer Drückteile, wobei die jeweilige Wanddicke gezielt vermindert wird.

Da die erzielbare Werkstückqualität nicht nur von den Einstellparametern (Vorschubgeschwindigkeit und Hauptspindeldrehzahl) bzw. der Umformstufen-Geometrie, sondern auch vom thermischen und elastischen Maschinenverhalten sowie von der Halbzeugqualität (Chargen-, Blechdicken- und Festigkeitsschwankungen) abhängt, wurden in den letzten Jahren flexible Steuerungen entwickelt [1-4], die die genannten unerwünschten Einflüsse kompensieren. Das MPST-Steuerungssystem ermöglicht durch eine flexible Programmierung eine zeitparallele Datenerfassung und -auswertung sowie regelnde Eingriffe in den Umformprozeß. Auf der Basis dieses Steuerungskonzeptes wurde eine adaptive Regelung für das CNC-Drücken realisiert.

Optimierungsstrategien

Die heute üblichen CNC-Steuerungen bieten zahlreiche Möglichkeiten zur flexiblen Programmierung von Werkzeugbahnen sowie zur Ausführung unterschiedlicher Maschinenfunktionen. Das Detektieren

- eines Werkzeug- bzw. Werkstückversagens,
- einer unmittelbar drohenden Gefahr der Faltenbildung,
- einer unzulässigen Blechdickenverminderung oder
- von veränderten Umformbedingungen, wie sie z.B. durch thermische oder elastische Maschinen- bzw. Werkzeugdehnungen bzw. -auffederungen hervorgerufen werden,

erfordert darüberhinaus eine umfassende Erweiterung der Maschinensteuerung.

Neben den steuerungstechnischen Erweiterungen sind Optimierungsziele zu definieren, so daß durch den Einsatz einer adaptiven Regelung die größtmögliche Stückzahl in der geforderten Werkstückqualität bei geringsten Fertigungskosten bzw. geringster Fertigungszeit erzielt wird [5].

Die AC-Regelung ist dadurch gekennzeichnet, daß sie an die Gewichtung der o.g. Optimierungsziele angepaßt wird. Die Führung des Bearbeitungsprozesses erfolgt selbsttätig. Die Meßwerterfassung der Prozeßkenngrößen, die - bedingt durch die o.g. Einflüsse - nicht oder nur schwer vorhersehbaren Schwankungen unterliegen, wird online durchgeführt. Nach dem Vergleich von Soll- und Istwerten werden die Stellgrößen im Sinne einer Rückführung korrigiert und tragen somit zu einer Verbesserung des Bearbeitungsprozesses bei.

In Abhängigkeit von den teilweise komplexen Regelstrategien erfolgt eine Einteilung von AC-Systemen in ACC- und ACO-Systeme:

ACC-Systeme (Adaptive Control Constraint) für das Drücken beinhalten eine Grenzkraftregelung. Zur Vermeidung unzulässiger Blechdickenreduktionen darf die Umform-Axialkraft bestimmte Kraftwerte nicht überschreiten.

ACO-Systeme (Adaptive Control Optimization) enthalten eine Optimierregelung, d.h. durch Vorgabe von definierten Kraftverläufen soll ein optimaler Prozeßablauf realisiert werden. Diese Kraftverläufe werden unter Berücksichtigung der bereits o.g. Optimierungsziele und zusätzlich unter Einbeziehung der aktuellen Lohn- und Maschinenstundensätze vorgegeben.

Eine alternative Einteilung von AC-Systemen kann auf Basis der verfolgten Zielsetzung in geometrische und technologische Systeme erfolgen. Durch Regelstrategien, die vorzugsweise in geometrischen AC-Systemen eingesetzt werden, soll die geforderte Bearbeitungsqualität (Oberflächengüte, Form- und Maßgenauigkeit) erzielt werden. Diese Anwendung gewinnt daher in der Regel beim zwischengeschalteten bzw. abschließenden Drückwalzen an Bedeutung.

Regelstrategien, die im Rahmen technologischer AC-Systeme eingesetzt werden, sollen die Fertigungszeit bzw. -kosten senken. Sie werden insbesondere beim Drücken mit dem Ziel eingesetzt, Drückteile in möglichst geringer Fertigungszeit mit einem Blechdicken-Verlauf herzustellen, der innerhalb der geforderten Toleranzen liegt [6].

Drückmaschine für das AC-Drücken

Als Versuchsmaschine wird am Lehrstuhl für Umformende Fertigungsverfahren eine numerisch gesteuerte Drückmaschine vom Typ Leifeld APED 350 NC (**Bild 1**) eingesetzt. Die neu entwickelten Steuerungskonzepte und Regelvarianten erforderten eine umfassende Erweiterung bzw. Umrüstung der Versuchsmaschine. Für eine stufenlose Regelung der Hauptspindeldrehzahl wurde der herkömmliche Hauptspindelantrieb durch eine stufenlos regelbare, leistungsstarke Antriebseinheit ersetzt.

Bild 1: CNC-Drückmaschine mit Mehrprozessor-Steuerungssystem

Diese stufenlose Drehzahl-Regelung schafft die Voraussetzung für die Realisierung von Steuer- und Regelalgorithmen zum Teach-In-/Play-Back- sowie zum v = konst-Betrieb (Umformung mit konstanter Umformgeschwindigkeit). Weiterhin können die Umformkräfte innerhalb bestimmter Grenzen bzw. die Hauptspindeldrehzahl, z.B. bei zwischengeschalteten bzw. abschließenden Drückwalzprozessen, beeinflußt werden.

Die Änderung des Rondengegenhalter-Drucks zur Modifikation der Rondengegenhalter-Kraft während des Umformprozesses ist ein mittlerweile wichtiges Kriterium für den AC- wie auch für den CNC-Betrieb. Dazu wurde die Rondengegenhalter-Vorrichtung mit einem Proportional-Druckventil erweitert, so daß - in Verbindung mit einem Drucksensor - eine Regelung des Rondengegenhalter-Drucks realisiert werden konnte.

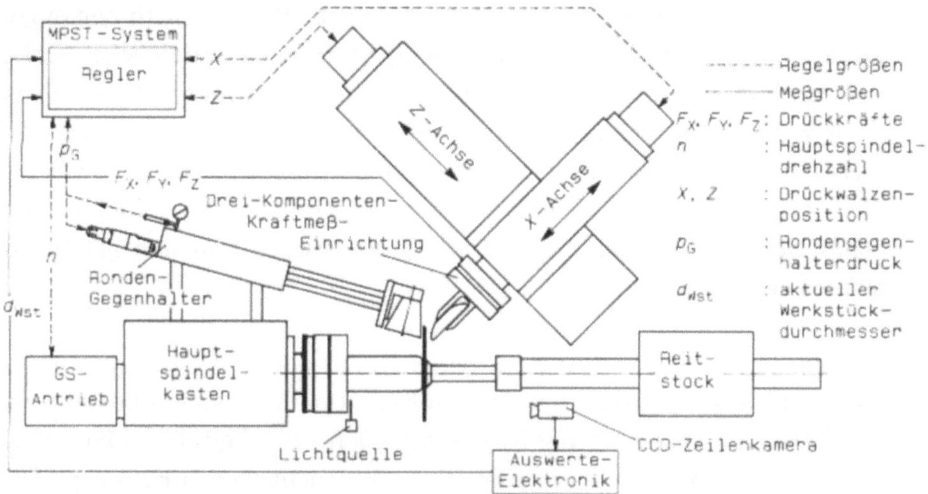

Bild 2: Sensorik an der CNC-Drückmaschine

Die für das AC-Drücken erforderliche Sensorik (**Bild 2**) [7] soll im folgenden erläutert werden. Sie wird zur Kontrolle des Umformprozesses, zur Überwachung unterschiedlicher Maschinenfunktionen und zur Vermeidung eines Werkstückversagens eingesetzt und besteht im wesentlichen aus

- einer Drei-Komponenten-Kraftmeßeinrichtung,
- einem Drucksensor für den Rondengegenhalter und
- einem CCD-Zeilenkamera-System.

Zur Kraftmessung wird eine Mehrkomponenten-Kraftmeßeinrichtung (Kistler) eingesetzt. Diese ist in den Kraftfluß zwischen Drückwalze und Obersupport integriert. Sie arbeitet auf Basis des piezoelektrischen Meßprinzips und ermöglicht die Messung der Umformkraftanteile in den drei orthogonalen Raumrichtungen [8,9].

Im Rahmen der Umrüstungsmaßnahmen wurde die Rondengegenhalter-Vorrichtung weiterhin mit einem piezoresistiv arbeitenden Absolutdruck-Transmitter ausgestattet. Damit wurde - in Verbindung mit dem o.g. Proportional-Druckventil - ein Regelkreis zur AC-geführten Variation des Rondengegenhalter-Drucks realisiert [6].

Während des AC-Betriebs können unterschiedliche Regelalgorithmen eingesetzt werden, so daß eine Änderung der Umformkraft erzielt wird. Dabei werden auch die aktuellen Werkstückdurchmesser verändert. Dies ist insbesondere dann von Bedeutung, wenn die Drückwalze den Werkstückrand erreicht. Im Falle eines groben Überfahrens dieses Randes würde das Werkstück zunächst zurückfedern. Nach der Umkehr der Drückwalzen-Vorschubrichtung bestünde eine Werkzeug- Werkstück-Kollisionsgefahr mit sofortigem Werkstückbruch.

Daher wurde ein Sensor-System entwickelt, das den Werkstückdurchmesser während des Umformvorgangs ermittelt. Das Meßsystem besteht aus einer CCD-Zeilenkamera, einer Auswertelogik für die digitale Bildverarbeitung, einem Kamera-Support und einer Beleuchtungseinrichtung. Das Meßprinzip beruht auf dem sogenannten Durchlichtverfahren [6].

Steuerungshardware

Die für einen AC-Betrieb notwendigen Steuer-, Meß- und Regelaufgaben wurden mit einem MPST-Steuerungssystem realisiert [7,10,11,12].

Die Steuerungs-Hardware (vgl. **Bild 3**) wird in vier Baugruppen unterteilt:

- Bedienfeld mit Monitor,
- sensorische Peripherie,
- Industrie-PC und
- Rack mit MPST-Komponenten.

Für die im Versuchsbetrieb notwendige Stadienplan-Erstellung bzw. -Modifikation sowie zum Auswerten von Untersuchungen wird ein Programmierarbeitsplatz genutzt.

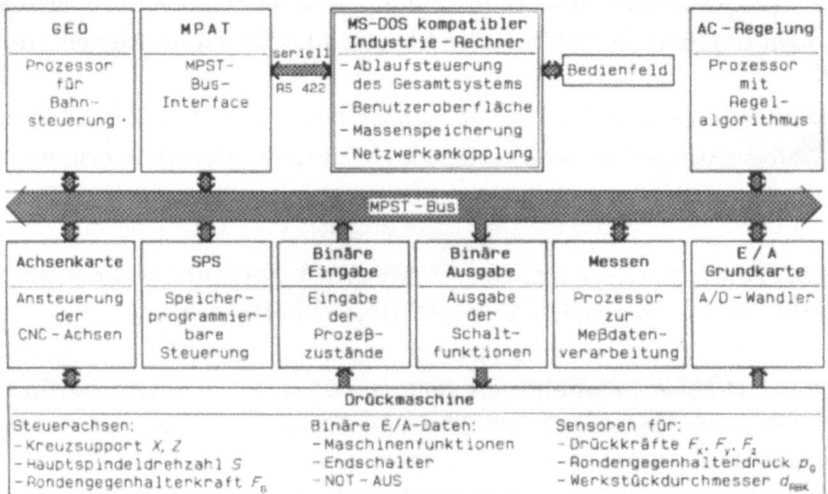

Bild 3: Hardwarestruktur der MPST-Steuerung für das AC-Drücken

Die in Bild 3 dargestellten MPST-Komponenten werden in aktive und passive Bus-Teilnehmer eingeteilt. Die aktiven Teilnehmer, die mindestens einen Prozessor beinhalten, sind:

- der Prozessor für die CNC-Bahnsteuerung (GEO),
- die Speicherprogrammierbare Steuerung (SPS),
- der Prozessor für Meßaufgaben (MESSEN),
- der Prozessor für die AC-Regelung (AC-REGELUNG) und
- der HOST-Rechner.

Die zur Ausführung ihrer Aufgaben benötigten Betriebsmittel, wie z.B. binäre Ein-/Ausgabekarten oder Speicherbaugruppen, werden passive Teilnehmer genannt.

Die Aufgaben der einzelnen Prozessoren gliedern sich im wesentlichen wie folgt:

Der *Prozessor GEO* beinhaltet eine Zwei-Achsen-Bahnsteuerung für die Drückwalze.

Neben der Steuerung des Hauptspindelantriebs und des Proportional-Druckventils führt die *SPS* alle Schalt- und Maschinenfunktionen aus.

Der *Prozessor MESSEN* ist für die sensorische Peripherie zuständig und führt Aufbereitungen der Meßwerte, wie z.B. Koordinatentransformationen, durch.

Die vom *Prozessor AC-REGELUNG* erzeugten Korrekturwerte können zur späteren Analyse vom HOST-Rechner protokolliert werden.

Der *HOST-Rechner* beinhaltet die Software-Module "Benutzeroberfläche", "CNC-Programmiersystem" und "Massenspeicherung". Durch eine direkte MPST-Busankopplung wird er zu einem aktiven Teilnehmer.

Auf Basis der gezeigten Konfiguration ist es möglich, Meßaufgaben, zeitkritische Regeleingriffe und Aufgaben zur Datenverwaltung parallel abzuarbeiten.

Untersuchungen am Beispiel von Stahl-Werkstoffen

Umfangreiche Untersuchungen [6,13,14] am Beispiel von Versuchswerkstoffen aus Stahl führten in bezug auf die Umformkraft F_{ges} sowie die Axial- F_A, Tangential- F_T und Radialkraft F_R zu folgenden Ergebnissen:

- Bei Überschreiten einer maximalen Umformkraft $F_{ges,max}$ oder Umformkraftkomponente $F_{A,max}$ bzw. $F_{R,max}$ erfolgt eine tangentiale Rißbildung.
- Oszillierende Kraftamplituden im Axialkraftverlauf F_A signalisieren den Beginn bzw. die Gefahr einer Faltenbildung.

- Ein kritischer Anstieg der Radialkraft F_R deutet zu einem relativ frühen Zeitpunkt den Beginn einer Faltenbildung an.
- Es besteht ein funktionaler Zusammenhang zwischen der maximalen Umformkraft $F_{ges,max}$ und dem maximalen Umformgrad in Blechdickenrichtung $\varphi_{s,max}$.
- Der Einfluß des Tangentialkraftanteils ist vernachlässigbar.
- Mit steigendem Vorschubverhältnis konvergieren die Umformkraft F_{ges} sowie ihre Komponenten F_A und F_R gegen einen Grenzwert.

Zahlreiche weitere Untersuchungen [6] am Beispiel der ersten Umformstufe (**Bild 4**) bestätigten, daß der Umformkraftverlauf bei identischen Stadienplänen vom Werkstück-Werkstoff, vom Rondendurchmesser D_0 und von der Blechdicke s_0 abhängt. Die Umformkraft- und Umformgrad-Verläufe korrelieren, wobei unter der Voraussetzung eines konstanten Vorschubverhältnisses ein linearer Zusammenhang zwischen der maximal auftretenden Umform-Axialkraft $F_{A,max}$ und dem maximal auftretenden Umformgrad in Blechdickenrichtung $\varphi_{s,max}$ nachgewiesen werden konnte.

Diese Korrelationen dienen als Basis für eine AC-Regelvariante. Damit wird eine unzulässige Blechdickenverminderung durch ein Begrenzen der Axialkraft verhindert.

Eine weitere Einflußgröße ist die Rondengegenhalter-Kraft. Diese Kraft wird der Umformkraft überlagert, so daß entsprechend höhere Kraftverläufe entstehen. Diese bewirken eine ungewollte Beeinflussung des Umformgradverlaufes φ_s, wobei der maximale Umformgrad $\varphi_{s,max}$ in Blechdickenrichtung nicht beeinträchtigt wird.

Damit ist im Rahmen einer AC-Regelung, die als Optimierungsziel einen gleichmäßigen Blechdickenverlauf beinhaltet, die Differenz von gemessener Umformkraft und Rondengegenhalter-Kraft als Istkraft vorzugeben.

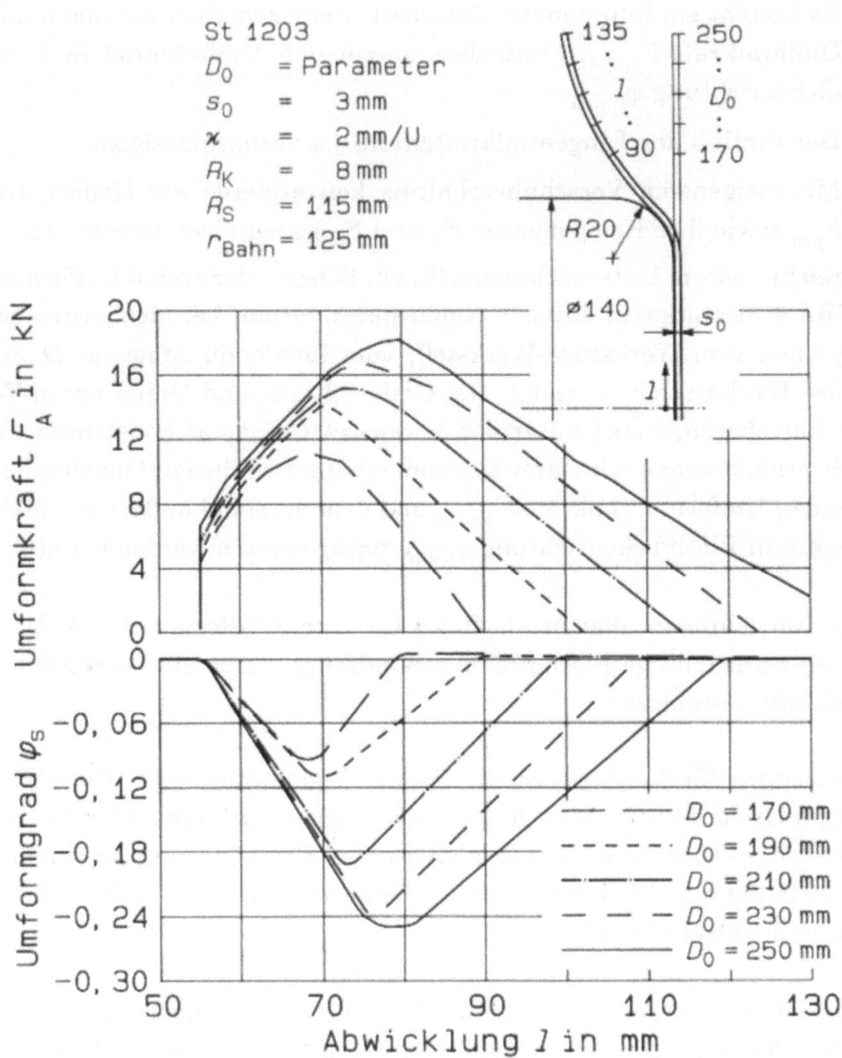

Bild 4: Kraft-Weg- und Umformgradverlauf in Abhängigkeit vom Rondenausgangsdurchmesser

Regelstrategien und -varianten

In **Bild 5** wird das Prinzip der AC-Regelung für das Drücken nach DIN 8584 und das Drückwalzen aufgezeigt. Nach dem Zustellen der Drückwalze werden die Meßwerte, wie

- die Umformkraft-Anteile,
- der Rondengegenhalter-Druck und
- der Werkstückdurchmesser

zyklisch erfaßt und dem MPST-System zur Verfügung gestellt. Ein Regelalgorithmus vergleicht die Ist- und die Sollwerte. Bei Regelabweichungen werden die Stellgrößen modifiziert. Damit ist die Rückführung auf den Umformprozeß hergestellt [13]. Im folgenden sollen unterschiedliche Regelalgorithmen vorgestellt und bewertet werden.

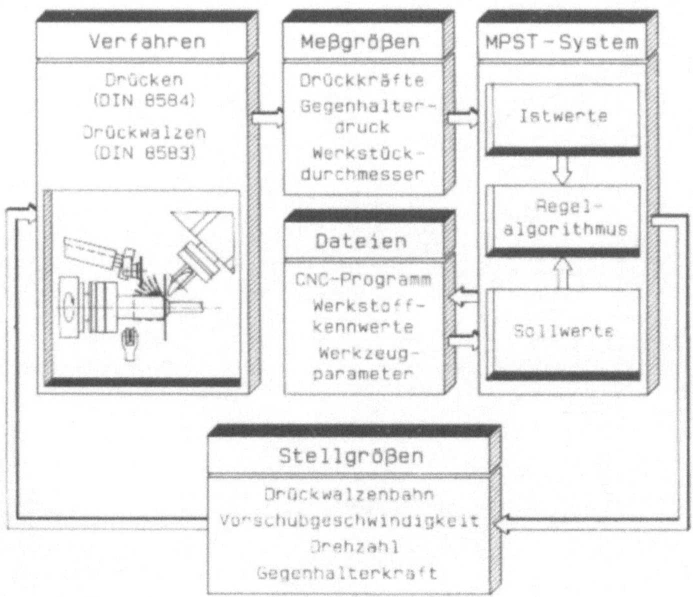

Bild 5: AC-Regelung für das CNC-Drücken

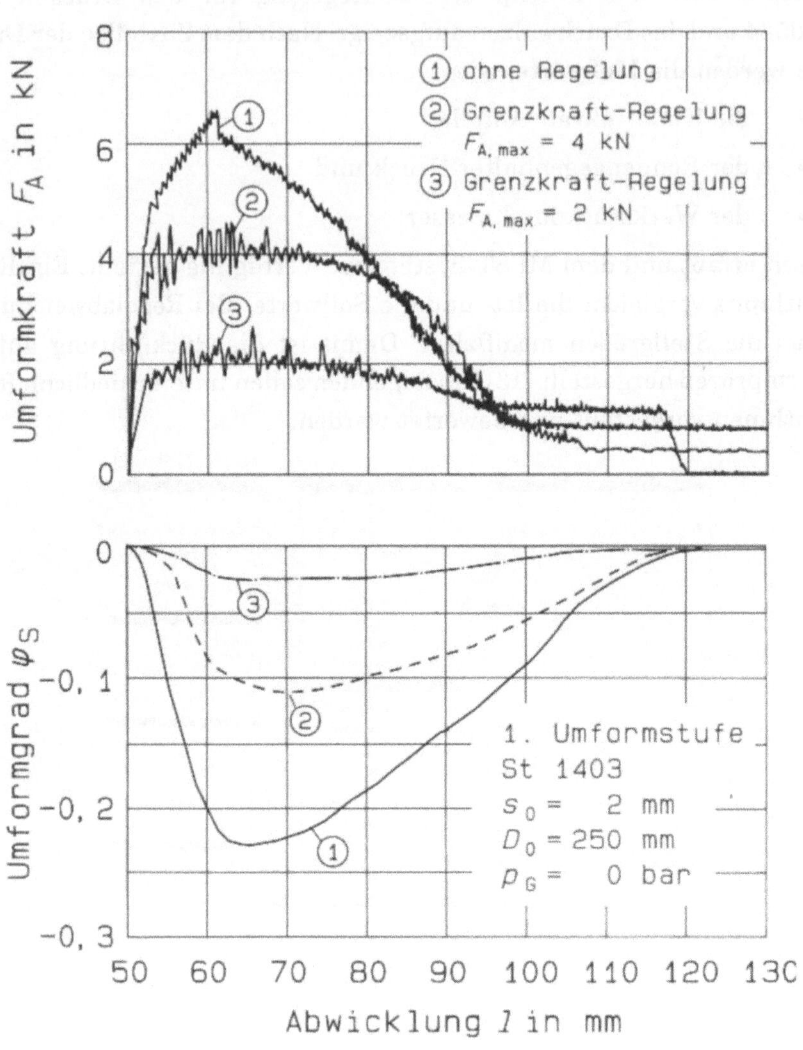

Bild 6: Kraft-Weg- und Umformgradverläufe mit und ohne Regelung

Eine effiziente Regelvariante ist die Modifikation der Umformkraft durch eine gezielte Online-Änderung des Drückwalzenbahnverlaufes, also durch eine Variation der Umformstufen-Geometrie. Bei Überschreiten der Soll-Axialkraft (Grenzkraft) wird der axiale Vorschub der Drückwalze zur Verbesserung des Umformgrades φ_s zurückgenommen (**Bild 6**). Damit sinken die Umformkraftanteile. Der weitere Verlauf der Umformstufe wird analog um den entsprechenden Betrag in axialer Richtung verschoben.

Eine weitere, mögliche Regelvariante stellt die Modifikation des Vorschubverhältnisses dar. Diesbezügliche Untersuchungen zeigten, daß Korrelationen zwischen den Umformkraftanteilen $F_{A,max}$ sowie $F_{R,max}$ und dem Vorschubverhältnis æ bestehen. Mit steigendem Vorschubverhältnis konvergieren diese Kraftanteile gegen einen Grenzwert. Damit ist eine Regelung auf Basis des Vorschubverhältnisses nur in einem geringen Umfang einsetzbar.

Eine mit relativ geringem Aufwand zu realisierende Variante ist der v = konst-Betrieb. Dieser stellt eine konstante Umformgeschwindigkeit über eine Drehzahlregelung sicher. Durch die Optimierung der kinematischen Verhältnisse wird der Auswalzprozeß im Bereich des Rondengegenhalters vermindert. Dies bewirkt eine Verbesserung des Umformgrad-Verlaufes φ_s.

Die durchgeführten Untersuchungen zeigten, daß eine Regelung der Umformkraft auf Basis einer modifizierten Umformstufen-Geometrie bei konstantem Vorschubverhältnis ein effizientes Mittel zur Beeinflussung des Umformprozesses darstellt. Darüberhinaus ist der Radialkraftverlauf zur frühzeitigen Erkennung des bevorstehenden Versagensfalls der Faltenbildung zu überwachen.

Beim AC-Drücken sollen also zwei parallel arbeitende Algorithmen berücksichtigt werden. Bei Erreichen einer bestimmten Axialkraft $F_{A,max}$ (unzulässige Blechdickenreduktion) oder bei Auftreten einer kritischen Radialkraft $F_{R,max}$ (Faltenbildung) ist der axiale Drückwalzen-Vorschub zu modifizieren.

Zusammenfassung und Ausblick

Durch den Einsatz einer AC-Regelung beim CNC-Drücken wurden Drück- und Drückwalzprozesse auf Basis von ACC- und ACO-Regelstrategien optimiert. Dabei wurde speziell der Umformgradverlauf in Blechdickenrichtung durch die Regelung der Axialkraft verbessert. Die Regelung der Radialkraft beim abschließenden Drückwalzen führt zu günstigeren Oberflächen-Qualitäten.

Damit stellt das Mehrprozessor-Steuerungskonzept MPST in Verbindung mit einer umfassenden Sensorik und geeigneten Regelstrategie eine Alternative zu den gebräuchlichen Steuerungskonzepten dar. Sie bietet insbesondere die Möglichkeit, zeitlich bedingte Störeinflüsse, wie die thermische Maschinen- und Werkzeugdehnung bzw. deren elastisches Verhalten, zu kompensieren.

Bei zukünftigen Entwicklungen sollte die herkömmliche CNC-Programmierung sowie die CNC-Steuerung unter Einsatz eines AC-Zusatzes durch eine automatisierte Rechner- bzw. kombinierte Prozessor-Steuerung ersetzt werden. Dazu erzeugt der HOST auf Basis der Werkzeug-Geometriedaten CNC-Sätze zur Anstellung der Drückwalze sowie zur Vorgabe der radialen Drückwalzen-Vorschubrichtung. Die axiale Zustell-Bewegung der Drückwalze sollte in Abhängigkeit von einer vorgegebenen Führungsgröße über den Prozessor AC-REGELUNG realisiert werden.

Literatur

[1] **Finckenstein, E. v.; Brox, H.; Kleiner, M.; Köhne, R.:** Adaptive-Control in der Blechumformung. Vortrag beim Umformtechnischen Kolloquium, Darmstadt (UKD) 6.-7. März 1985

[2] **Kleiner, M.:** Der Einsatz von Mehrprozessor-Steuerungen in der Umformtechnik am Beispiel des Walzrundens. Dr.-Ing. Dissertation, Universität Dortmund, Fortschritt-Berichte VDI, Reihe 2, Nr. 129, VDI-Verlag, Düsseldorf 1987

[3] **Massee, J.:** Forming machine. Patentschrift EP 0 125 720 A1, Europäisches Patentamt, 21.11.84

[4] **Runge, M.:** Numerische Playbacksteuerung an Drückmaschinen nutzt Umformvermögen aus. Maschinenmarkt 89 (1983) 79, S. 1807 - 1809

[5] **VDI 3426:** Numerisch gesteuerte Arbeitsmaschinen, Adaptive Control (AC) an spanenden Werkzeugmaschinen.

[6] **Dierig, H.:** CNC-Drücken mit adaptiver Regelung. Dr.-Ing. Dissertation, Universität Dortmund, Fortschritt-Berichte VDI, Reihe 2, Nr. 252, VDI-Verlag, Düsseldorf 1992

[7] **Dierig, H.; Kleiner, M.:** Tendenzen beim Drücken mit CNC und AC. Bänder Bleche Rohre 29 (1988) 4, S. 18 - 23

[8] **Köhne, R.:** Rechnergestützte Ermittlung und Verarbeitung von Umformparametern für das Fertigungsverfahren Drücken. Dr.-Ing. Dissertation, Universität Dortmund, Fortschritt-Berichte VDI, Reihe 2, Nr. 77, VDI-Verlag, Düsseldorf 1984

[9] **Köhne, R.:** Einsatz eines Kraftsensors zur Stadienplanoptimierung beim Drücken. Industrie Anzeiger 105 (1983) 88, S. 58 - 59

[10] **Dierig, H.; Kleiner, M.; Reil, G.; Sievers, S.:** Steuerungskonzepte für das AC-Drücken. Blech Rohre Profile 36 (1989) 8, S. 606 - 610

[11] **Dierig, H.; Kleiner, M.; Reil, G.; Sievers, S.; Bomheuer, N.:** Messen und Regeln beim AC-Drücken. Industrie Anzeiger 112 (1990) 98, S. 28 - 32

[12] **Kleiner, M.; Reil, G.; Sievers, S.; Straßmann, T.:** Mehrprozessorsteuerungen (MPST) in der Umformtechnik. Industrie Anzeiger 113 (1991) 41, S. 46 - 48, 50

[13] **Finckenstein, E. v.; Dierig, H.:** Drücken. Beitrag zum Lehrbuch "Umformtechnik - Handbuch für Industrie und Wissenschaft", Bd. 3: Blechbearbeitung, 2. Auflage, Kap. 12, S. 500 - 521, K. Lange (Hrsg.), Springer-Verlag, Berlin Heidelberg ... 1990

[14] **Finckenstein, E. v.; Dierig, H.:** CNC-Drücken. Annals of the CIRP Vol. 39/1/1990, S. 267 - 270

Einsatz von CCD-Array-Kameras für optoelektronische Messungen in der Umformtechnik

Dr.-Ing. Frank-Jürgen Kleiner
Lehrstuhl für Umformende Fertigungsverfahren, Dortmund

Dr.-Ing. Mathias Liewald, Stuttgart

Einleitung

CCD-Array-Kameras bilden eine Variante von Aufnehmern in optoelektronischen Meßsystemen. Die berührungslose Meßwertaufnahme bietet vor allem bei Inprozeßmessungen wesentliche Vorteile. Einzelwerte wie auch größere Meßdatenmengen im Bereich thermischer oder auch makrogeometrischer Meßaufgaben können ohne äußere Beeinflussung des Fertigungsprozesses in extrem kurzer Zeit erfaßt und protokolliert werden. Einer Detektion mikrogeometrischer Fehler mit Hilfe von bildverarbeitenden Sensorsystemen steht deren systembedingtes begrenztes Auflösungsvermögen entgegen [1]. Nach Schmid [2] wird im Rahmen der Prozeßkontrolle (SPC) die Forderung nach automatisch arbeitenden Sensorsystemen immer größer. Gerade deshalb bieten sich für Methoden der berührungslosen Meßwerterfassung in Verbindung mit einer rechnergestützten Auswertung vielseitige Anwendungsmöglichkeiten.

Silizium-Halbleiterelement als Detektor

CCD-Array-Kameras arbeiten im allgemeinen mit einem Silizium-Halbleiterchip als aktivem Sensorelement und liefern ein normgerechtes Videosignal gemäß der in Deutschland gültigen CCIR-Norm. Die spektrale Empfindlichkeit von Silizium erstreckt sich über das sichtbare Wellenlängenspektrum bis hin zu etwa 1200 nm in das nahe Infrarot, so daß der Einsatz sowohl als thermografischer wie auch als geometrischer Sensor möglich ist

(Bild 1). In Verbindung mit einer rechnergestützten Bildverarbeitung und -auswertung stellen solche Meßsysteme eine vielseitig einsetzbare Meßkonfiguration dar. Beispielsweise steuern bildverarbeitende Sensorsysteme im sichtbaren Spektralbereich Funktionen von Handhabungsautomaten/Industrierobotern, ebenso werden Produktionsabläufe videografisch kontrolliert. Infrarotmeßaufgaben zur Istwerterfassung im Rahmen einer Prozeßregelung werden später genauer dargestellt.

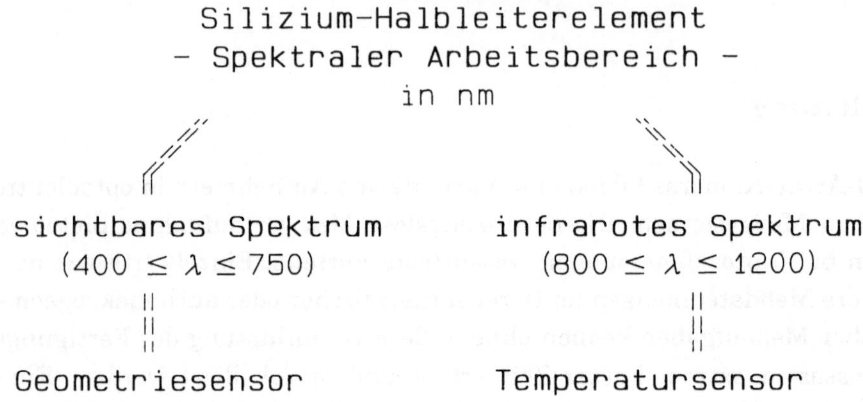

Bild 1: Spektraler Arbeitsbereich von Silizium-Detektoren

Videothermografisches Meßsystem

Thermografie ist der Oberbegriff für ein berührungslos arbeitendes Meßverfahren zur quantitativen Temperaturfeldanalyse von Oberflächentemperaturverteilungen. Das Meßprinzip basiert auf der Quantifizierung der temperaturabhängigen infraroten Strahlung, die sich innerhalb des elektromagnetischen Wellenlängenspektrums direkt an den Bereich des sichtbaren Lichtes anschließt **(Bild 2)**.

Aufbauend auf den Arbeiten von Beyer [5] entwickelte Clemens [6] am Lehrstuhl für Umformende Fertigungsverfahren der Universität Dortmund

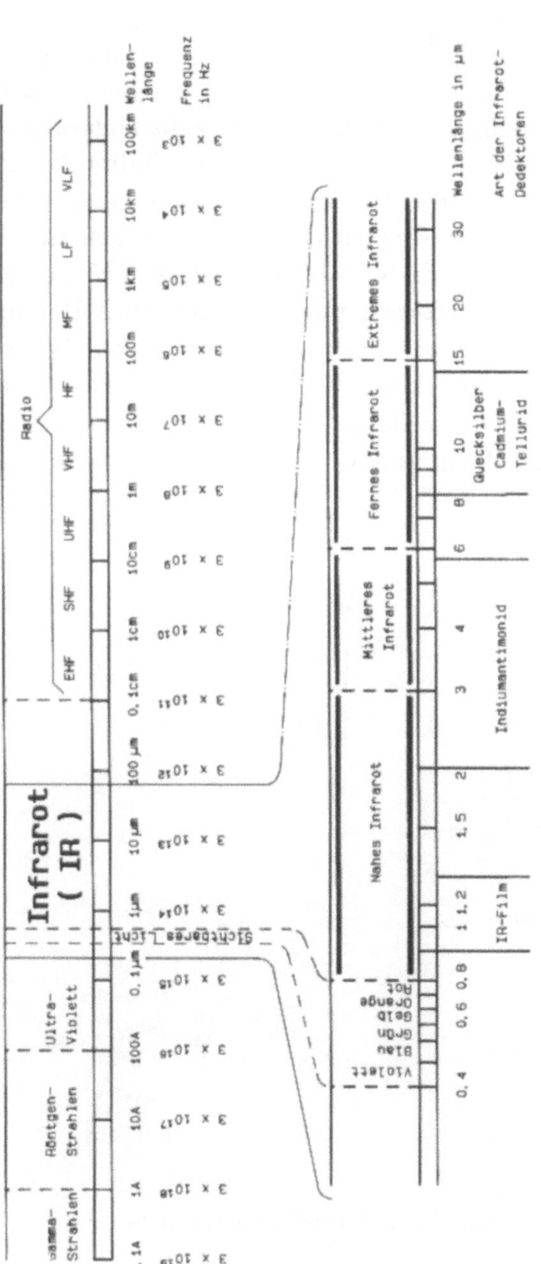

Bild 2: Elektromagnetisches Wellenlängenspektrum

ein erstes Videothermografiesystem. Die Weiterentwicklung führte zu einem industrietauglichen Meßsystem für prozeßbegleitende Temperaturfeldanalysen, das vorrangig für Temperaturfelduntersuchungen im Bereich des Fertigungsverfahrens "Gesenkschmieden" eingesetzt wurde [7]. So wurden verfahrensbedingte, kritische Temperaturänderungen an PKW-Achsschenkeln quantifiziert und infolge dieser Online-Temperaturüberwachung eine deutliche Verbesserung der zeitabhängigen Temperaturführung des Fertigungsprozesses erreicht. Untersuchungen zum temperaturabhängigen Standmengenverhalten von Schmiedewerkzeugen basierten auf rechnergestützten Temperaturfeldanalysen [8-10]. Auch Steininger [11] hat u.a. die Videothermografie eingesetzt, um an Stauchproben den Wärmeübergang zwischen Werkstück und Werkzeug bei unterschiedlicher Materialpaarung zu bestimmen. Im Bereich der spanenden Fertigungsverfahren wurde das System zur Bestimmung von Zerspanungstemperaturen eingesetzt [12].

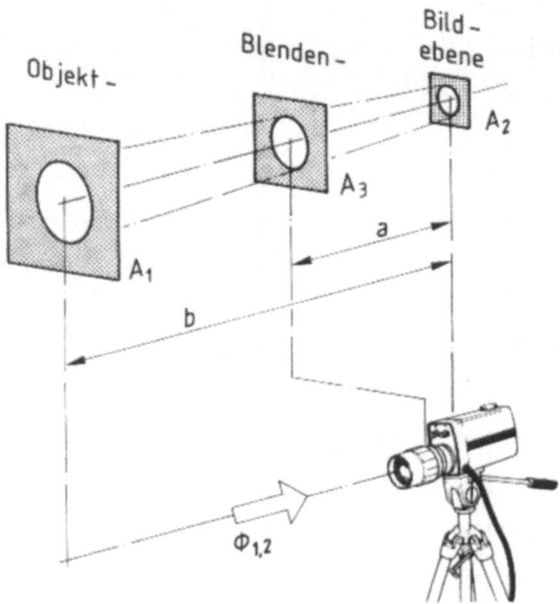

Bild 3: Meßprinzip eines Strahlungsthermometers

Physikalische Voraussetzungen

Die qualitative Darstellung in **Bild 3** zeigt am Beispiel eines Strahlungsthermometers die Umsetzung des optischen Eingangssignals in ein quantitativ bewertbares elektrisches Signal. Bei thermografischen Messungen wird derjenige Strahlungsfluß $\Phi_{1,2}$ bewertet, der bei Temperaturen oberhalb des absoluten Nullpunktes von einer Strahlungsoberfläche A_1 emittiert und von der Detektorfläche A_2 aufgenommen wird. Der Meßabstand *b* sowie die im Strahlengang angeordnete Blende im Abstand *a* beeinflussen den Energiebetrag, den ein Strahlungsthermometer in ein temperaturproportionales, elektrisches Signal umsetzt.

Aus der Physik der infraroten Strahlung folgt für thermografische Messungen, daß derartige Meßprinzipien einschränkenden Faktoren unterliegen. Strahlungsphysikalische Randbedingungen beeinflussen das Meßergebnis entscheidend, so z.B. das Transmissionsverhalten

- der Atmosphäre (Atmosphärische Fenster) sowie
- der verwendeten optischen Bauelemente.

Daraus folgt, daß die vom Detektor aufgenommene Strahlungsenergie wellenlängenabhängig ist **(Bild 4)**. Weiterhin hängt das Meßsignal von der Abstrahlungsrichtung, vom Werkstoff des Meßobjektes sowie dessen Oberflächenbeschaffenheit (Strahlungskoeffizient) ab. Die physikalischen Zusammenhänge werden durch unterschiedliche Strahlungsgesetze beschrieben (Stahlungsgesetze von Planck, Wien, Stefan-Boltzman bzw. Lambert [13,14]). Geeignete Korrekturmaßnahmen berücksichtigen diese Einflüsse und sichern die erforderliche Meßgenauigkeit ab.

Die Einzelkomponenten des realisierten Videothermografiesystems gliedern sich in drei Systemblöcke:

- die Geräte zur Bilderfassung,
- den Bildverarbeitungsteil und
- die Wiedergabeeinheit.

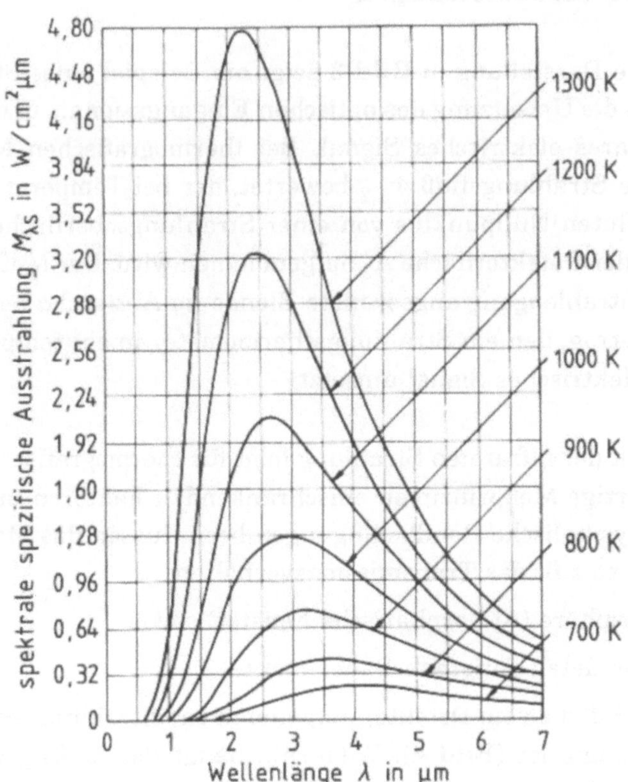

Bild 4: Isothermen des Planck'schen Strahlungsgesetzes

Im Rahmen der o.a. Untersuchungen wurden charakteristische Einzelbewertungen vorgenommen - entweder als zeitgleiches "Wärmebild vor Ort" oder aber zeitversetzt von Magnetbandaufzeichnungen. Aufzeichnungen auf einem Magnetband begünstigen eine spätere Auswertung zeitabhängiger Temperaturänderungen. Im Gegensatz zu dieser Einzelbildbewertung steht der nachfolgend beschriebene Einsatz für eine temperaturbezogene Prozeßregelung.

Dynamische Temperaturfeldanalyse

Ein Beispiel für die temperaturbezogene Prozeßregelung ist das RES-Bandplattieren **(Bild 5)**. Es handelt sich hierbei um ein Widerstands-Schweißverfahren, das in verschiedenen Variationen für die spezifische Oberflächenbeschichtung von Bauteilen z.B. mit verschleiß- oder korrosionsfesten Oberflächenschichten eingesetzt wird.

Bild 5: RES-Bandplattieren - Schweißprozeß

Eine maßgebliche Prozeßgröße ist die Temperaturverteilung im Schmelzbad. Sie kann über ein von außen geführtes Magnetfeld gezielt beeinflußt werden. Eine günstige Parametereinstellung ist u.a. durch eine symmetrische Temperaturverteilung in der Schweißraupe gekennzeichnet und wirkt sich direkt auf den Einbrand und auf die Schweißraupenbreite aus [15].

Regelungskonzept

Das Regelungskonzept **(Bild 6)** geht von einer idealen parabelförmigen Temperaturverteilung für die erstarrende Schweißraupe aus. Für die rechte und linke Hälfte der Schweißraupe können lokale Temperaturdifferenzen - d.h. also örtliche Temperaturgradienten - ermittelt werden, die eine Beurteilung der Temperaturfeldlage ermöglichen.

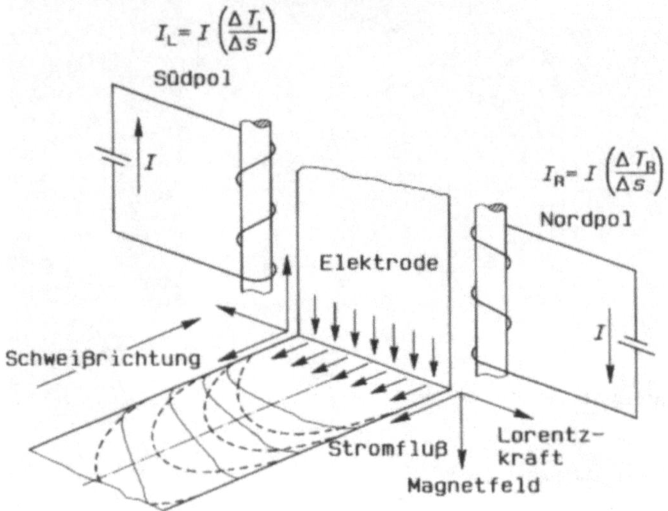

Bild 6: Schematische Regelung beim RES-Bandplattieren

Bild 7 zeigt die Anordnung von Meßfenstern zur integralen Temperaturbestimmung. Der geometrisch identische Abstand der beiden halbseitig zugeordneten Meßpositionen wird durch eine Spiegelung an der Symmetrieachse erzwungen. Die aktuelle Lage der Symmetrieachse während des Schweißens ermittelt ein Suchalgorithmus, der gleichzeitig die Koordinatenwerte für die auf die Symmetrieachse bezogene Meßfensterlage in das Regelprogramm überträgt. Eine gleichsinnige Differenzbildung (rechtsseitig minus linksseitig) führt zu einer eindeutigen Aussage über die Temperaturfeldverschiebung.

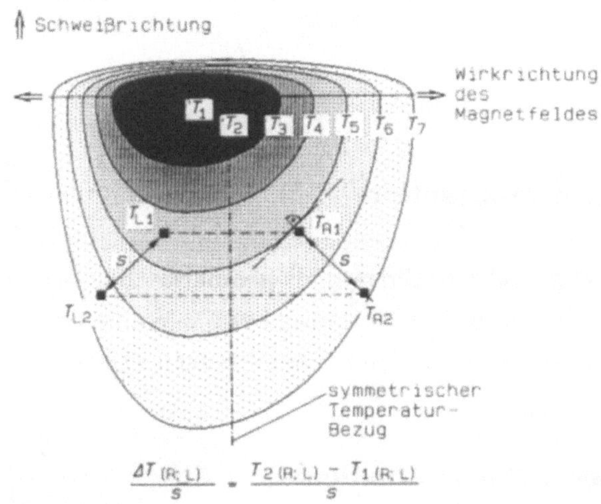

Bild 7: Lage der "Meßfenster" zur Symmetrieachse

Zeitverhalten

Dieser Prozeß stellt keine hohen Anforderungen an die Dynamik des Reglers. Eine feste zeitliche Kopplung zwischen Regler und Istwerterfassung ist über die Bildwechselfrequenz gegeben. Die quantitative Temperaturbewertung mit anschließender Stellgrößenberechnung und Ausgabe erfolgt innerhalb der Zeitspanne für den Aufbau eines Vollbildes. Da der Zugriff auf die Meßwerte immer das komplette Videobild voraussetzt, wird nur jedes zweite Videobild bewertet und so ein minimaler Zeitabstand von 80 ms realisiert.

Störeinflüsse auf die Temperaturmessung sind vor allem durch den Schlakkefluß gegeben, sofern die Meßfenster den Schmelzbadbereich mit erfassen. Es ergeben sich dann in der direkten Bildfolge erhebliche Meßwertschwankungen. Hier hat sich gezeigt, daß die Stabilität des Reglers durch eine integrale Temperaturmessung zur Istwertbestimmung unterstützt wird. Deshalb wird eine Mittelwertbildung über mehrere Einzelbilder vorgenommen, deren Anzahl über die Eingabe eines Wiederholfaktors vorgewählt werden kann.

Videografisches Meßsystem

Der eingangs angesprochene Einsatz als geometrisches Sensorsystem wird am Beispiel der Biegeradienbestimmung beim 3-Walzen-Runden sowie der Ermittlung von Biegewinkeln beim Gesenkbiegen erörtert.

Technologie des 3-Walzen-Rundens

Das Walzrunden gehört nach DIN 8586 zu den Biegeumformverfahren mit drehender Werkzeugbewegung. Die Prinzipdarstellung in **Bild 8** charakterisiert das Walzrunden in einer asymmetrischen Dreiwalzenbiegemaschine vom Typ Fasti 108, wie sie zum Runden von Blechen und Profilen eingesetzt wird. Das umzuformende Blech wird zwischen der feststehenden Oberwalze und der in vertikaler Richtung verfahrbaren Unterwalze eingespannt und durch Drehung dieser gekoppelten Walzen in die Maschine eingezogen. Die Zustellung der Biegewalze bei gleichzeitigem Einzug des Bleches bewirkt einen Biegevorgang, bei dem das Blech kontinuierlich gerundet wird.

Eine Biegeradienbestimmung ist deshalb von besonderem Interesse, weil bei einer Gestalterzeugung durch umformende Fertigungsverfahren viele Parameter gleichzeitig den Prozeß beeinflußen. Dazu gehören in diesem Fall - neben der reinen Kinematik - die Biegekräfte, die Maschinenauffederung, die Walzendurchbiegung und das elasto-plastische Werkstoffverhalten. Eine Online-Meßwerterfassung und -verarbeitung in Verbindung mit einer parameterbezogenen Korrekturrechnung führt zu Voraussetzungen, unter denen verbesserte Randbedingungen erarbeitet und dann im Rahmen eines Steuerungskonzeptes berücksichtigt werden können.

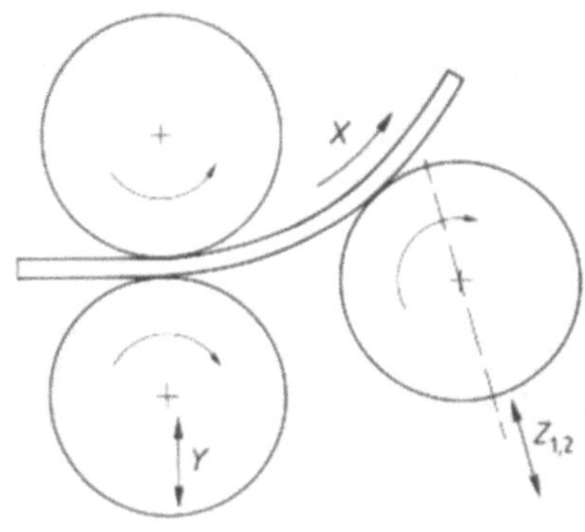

Bild 8: Prinzipdarstellung für das 3-Walzen-Runden

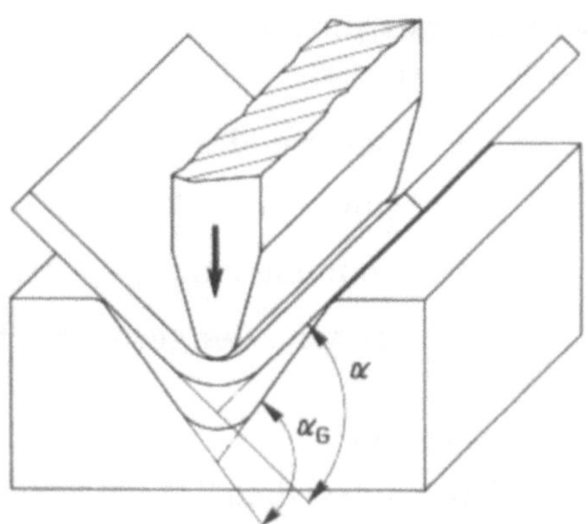

Bild 9: Prinzipdarstellung für das V-Gesenkbiegen

Technologie des Gesenkbiegens

Das Gesenkbiegen **(Bild 9)** hingegen gehört nach DIN 8586 zu den Biegeumformverfahren mit geradliniger Werkzeugbewegung. Das Werkstück wird bei diesem Verfahren zwischen einem Ober- und einem Unterwerkzeug gebogen. Die eingeleiteten Umformkräfte erzeugen in der Umformzone nicht konstante Biegemomentenverläufe. Eine Online-Qualitätskontrolle erfordert daher die Erfassung der gesamten Biegeumformzone. Aus der Integration eines solchen Meßsystems in die Produktion ergeben sich Möglichkeiten zur unmittelbaren Erfassung und Bewertung von Biegewinkeln unter Last bzw. nach der Entlastung. Winkelfehler infolge einer elastischen Rückfederung des Bleches können dann direkt korrigiert werden.

Beschreibung der Algorithmen

Die wichtigste Voraussetzung für die quantitative Bewertung der Einzelbilder besteht in dem eindeutigen Erkennen der Blechkontur. Das Programm erhält ein Videobild in einer Auflösung von 512 x 512 Punkten mit 256 Graustufen. Durch ein Standardverfahren der Bildverarbeitung wird für das Blech die Helligkeit gegenüber dem Eingangsbild verändert. Für die Radienbestimmung wurde ein Algorithmus erarbeitet, der folgende Schritte beinhaltet:

1. Einmessung des Bildes,
2. Erkennung des Bleches,
3. Bestimmung einer geometrischen Mittellinie und
4. Berechnung der geometrischen Größen.

1. *Einmessung*

Beim Walzrunden dient das Einmessen der Festlegung eines (Längen-) Maßstabes, der als Grundlage für eine Umrechnung "Radius in Pixel" nach "Radius in mm" erforderlich ist. Es wird daher je Entfernungseinstellung gleichzeitig ein Linearmaßstab aufgenommen, so daß eine eindeutige, quantitative Bewertung unterschiedlicher Geometrien gegeben ist.

Aus den Abbildungsverhältnissen resultiert immer eine winkelabhängige Verzerrung für alle Punkte der Blechkontur außerhalb der optischen Achse des Aufnahmesystems. Solche geometrischen Abbildungsfehler führen bei der Berechnung der geometrischen Größen zu ortsabhängigen Fehlern. Aufgrund konstanter meßtechnischer Randbedingungen können diese Fehler durch entsprechende Korrekturrechnungen ausgeglichen werden. Derartige Korrekturmodelle müssen davon ausgehen, daß bei einer Ausrichtung der optischen Achse auf die Bildmitte (Schnittpunkt der Bilddiagonalen) eine konzentrische Fehlerstruktur vorliegt. Die zusätzliche Berücksichtigung der variablen Meßentfernung führt zu einem dreidimensionalen Modell, um die o.a. geometrischen Abbildungsfehler zu beschreiben.

2. *Erkennen des Bleches*

Die Blecherkennung entspricht im wesentlichen einem modifizierten Verfahren, das sogenannte "Floodfill". Dabei ist es das Ziel, möglichst jeden Pixel des Bildes zu erkennen, der einem Punkt auf dem Blech entspricht. Für die Detektion dieser Bildpunkte gilt, daß sich die einzelnen "Blechpixel" in ihrer Helligkeit nur geringfügig voneinander unterscheiden. Eine Unstetigkeit im Helligkeitsverlauf bedeutet folglich einen Übergang von einem Bildbereich in einen zweiten und ist damit ein Kriterium für die gesuchte Blechkante. Bei bekanntem "Blechpixel" der Helligkeit g sind alle Nachbarpunkte ebenfalls "Blechpixel", wenn sich ihre Helligkeit nur innerhalb vorgegebener Grenzen von g unterscheidet.

Im Rahmen von Testmessungen wurde dieser Suchlauf manuell gestartet. Durch Berücksichtigung zusätzlicher Kriterien, wie z.B. der Nachbarschaftslage von Blechpixeln im Bereich einer als konstant angenommenen Blechdicke u.a.m., arbeitet dieser Suchalgorithmus inzwischen automatisch.

3. *Bestimmung einer geometrischen Mittellinie*

Alle als "Blechpixel" detektierten Bildpunkte bilden visuell ein breites Band, aus dem im nächsten Schritt n Punkte gesucht werden, die möglichst genau im Mittenverlauf dieser Linie liegen. Diese n Punkte werden nachfolgend als "neutrale Pixel" bezeichnet. Ein solcher "neutraler Pixel" wird gefunden, indem zunächst auf ein "Blechpixel" zugegriffen wird. Danach wird eine sternförmige Suche gestartet, die in 8 Richtungen (2 horizontal/2 vertikal/4 diagonal) die Blechausdehnung überprüft. Die gegenüberliegenden Entfernungen werden addiert und die kleinste Summe ausgewählt. Der Mittelpunkt dieser Strecke ist dann zwangsläufig ein "neutraler Pixel". Als Ausnahme ist hier der kontinuierliche Übergang "Werkstück/Werkzeug" zu nennen. Hier wird zur Formulierung eines zusätzlichen Kriteriums die bekannte Blechdicke genutzt.

4. *Errechnung der geometrischen Größen*

Die abschließende Bestimmung der geometrischen Größen erfolgt allein auf der Basis dieser "neutralen Pixel".

Die *Radienbestimmung* ist ein Standardverfahren (Gauß-Methode) und wird derzeit unter der Annahme eines konstanten Biegeradius angewendet. Dieses Verfahren errechnet aus den vorbestimmten n Bildpunkten einen Ausgleichskreis (vgl. Nichtlineare Regression), dessen Radius direkt dem gesuchten Biegeradius des Bleches entspricht. Die *Winkelbestimmung* erfolgt in einem relativen Koordinatensystem über das Steigungsmaß der Ausgleichsgeraden in jedem Biegeschenkel.

Weitere Ausführungen finden sich in [16,17], insbesondere über

- Maßnahmen der Bildaufbereitung durch Kontrasterhöhung,
- Angaben zur Rechengeschwindigkeit und
- Möglichkeiten einer Steigerung der Meßgenauigkeit im Zusammenhang mit der Bildanordnung.

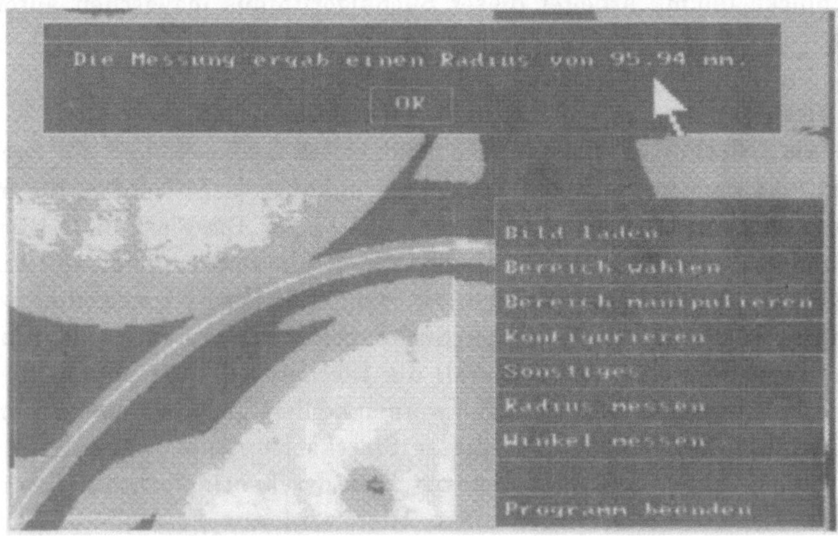

Bild 10: Geometriebestimmung beim Walzrunden

Exemplarische Meßergebnisse

Die Radienmessungen beim Walzrunden wurden an einem Blechring mit R = 96 mm durchgeführt. Der rechnerisch ermittelte Wert auf der Basis videografischer Geometrieerfassung ergab 95,94 mm (**Bild 10**). Dieser Wert wurde nach Optimierungsmaßnahmen hinsichtlich der Position des Meßfensters und seiner Größe errechnet.

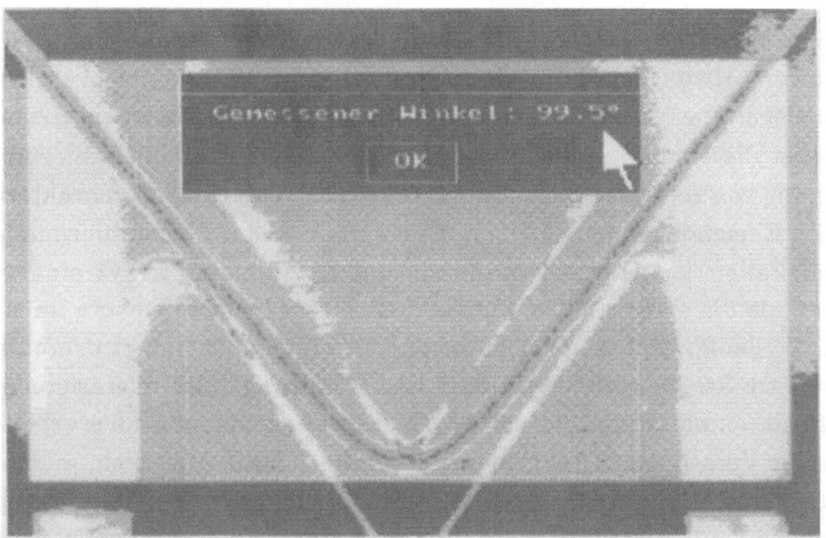

Bild 11: Geometriebestimmung beim Biegen im V-Gesenk

Bild 11 zeigt ein Meßergebnis der videografischen Biegewinkelbestimmung beim Biegen im V-Gesenk. Die dargestellte geometrisch mittlere Faser wird mit einer Genauigkeit von 1/3 Pixel bestimmt. Die absolute Blechdickenbestimmung ist aufgrund der auftretenden Beugungseffekte an der Blechkante noch nicht befriedigend. Diese wirken sich aber auf die Biegewinkelbestimmung nicht aus. Es wurde ein Gesenk mit dem Öffnungswinkel von 90° ausgewählt. Unter Berücksichtigung des in der Einmessung ermittelten Korrekturfaktors für die systemspezifischen geometrischen Verzerrungen wurde in diesem Beispiel ein Winkel von 99,5° errechnet. Der tatsächliche Biegewinkel beträgt 100,2°. Bereichslage und -größe werden z.Z. noch interaktiv festgelegt; eine Weiterentwicklung der einzelnen Algorithmen wird zukünftig auch zu einer automatischen Festlegung führen.

Zusammenfassung

Aus der Vielfalt meßtechnischer Aufgaben in der Umformtechnik lassen sich zwei Arbeitsgebiete durch optelektronische Meßsysteme vergleichsweise elegant bearbeiten. Für Fertigungsverfahren der Warmmassivumformung ist die Kenntnis der aktuellen Temperaturverteilung während der Fertigung von zentraler Bedeutung; geometrische Meßgrößen charakterisieren den Einsatzbereich bei bestimmten Verfahren der Blechumformung. In beiden Fällen können CCD-Kameras mit Si-Halbleiterarrays eingesetzt werden, da die spektrale Empfindlichkeit dieser Sensorelemente im sichtbaren Wellenlängenbereich beginnt und sich bis in das nahe Infrarotspektrum erstreckt. Die rechnergestützte Klassifizierung des Kamerasignals auf der Basis einer hard- und softwaremäßig angepaßten Bildverarbeitung bietet die Voraussetzung für quantitative thermische Aussagen, indem die Grauwertverteilung in einer Bildszene bewertet wird. Softwarelösungen, die zusammenhängende Bereiche gleicher Grauwerte und damit Konturelemente wie z.B. Blechkanten innerhalb eines Bildes selektieren, bilden die Voraussetzung für die Bewertung solcher Konturverläufe in bezug auf ein gewähltes Koordinatensystem. Auf dieser Grundlage können geometriebezogene Aussagen in Form von quantitativen Winkel- oder Radienangaben erarbeitet werden.

Literatur

[1] **Ahlers, R. J.; Schreiber, L.:** Optische Sensoren für die Blechteileprüfung. IPA-Technologie-Forum (1987), S. 117 - 137

[2] **Schmid, J.:** Sensoren zur automatischen Qualitätskontrolle bei der Blechumformung. Blech Rohre Profile 37 (1990) 9, S. 547 - 551

[3] **Liewald, M.:** Prozeßführung numerisch gesteuerter Umformprozesse mittels algorithmischer und wissensbasierter Regler. Dr.-Ing. Dissertation, Universität Dortmund, Fortschritt-Berichte VDI, Reihe 2, Nr. 211, VDI-Verlag, Düsseldorf 1991

[4] **Fait, J.:** Technologische Grundlagenuntersuchung zur Erhöhung der Flexibilität des Schwenkbiegens. Dr.-Ing. Dissertation, Universität Dortmund, Fortschritt-Berichte VDI, Reihe 2, Nr. 207, VDI-Verlag, Düsseldorf 1990

[5] **Beyer, H.:** Infrarot-Fernsehthermografie - Ein Beitrag zur Erfassung der Temperatur am Drehmeißel. Dr.-Ing. Dissertation, TU Berlin 1972

[6] **Clemens, E.:** Computergestützte Auswertung der Fernsehthermografie. Messen & Prüfen (Sonderdruck) (1977) 6, S.334 - 339

[7] **Kleiner, F.J.:** Videothermografische Erfassung und Analyse von instationäre Temperaturfeldern beim Gesenkschmieden von Stahl. Dr.-Ing. Dissertation, Universität Dortmund, Selbstverlag, Dortmund 1989

[8] **Steininger, V.:** Eine Untersuchung zur FE-Simulation von Gesenkschmiedeprozessen. Dr.-Ing. Dissertation, Universität Dortmund, Fortschritt-Berichte VDI, Reihe 2, Nr. 195, VDI-Verlag, Düsseldorf 1990

[9] **Finckenstein, E. v.; Kleiner, F.-J.:** Videothermographie beim Gesenkschmieden eingesetzt. Industrie-Anzeiger 107 (1985) 4, S. 27 - 31

[10] **Finckenstein, E. v.; Kleiner, F.-J.:** Rechnergestützte Temperaturfeld-Analyse für Gesenkschmiedeverfahren. 12. Internationale Gesenkschmiede-Tagung, Orlando, Florida, USA, November 1986

[11] **Finckenstein, E. v.; Kleiner, F.-J.:** Verbesserung der Werkzeugstandmengen durch optimierte Werkzeugtemperaturen. Abschlußbericht zum AIF-Forschungsvorhaben Nr. 6176, Dortmund 1988

[12] **Baik, M.; Steininger, V.; Meister, D.:** Temperaturmessung beim Drehen von Hartbeschichtungen. WGP-Bericht, Industrie-Anzeiger 111 (1989) 21, S. 40 - 41

[13] **Brügel, W.:** Physik und Technik der Ultrarotstrahlung. 2. Auflage, C.R. Vincentz-Verlag, Hannover 1961

[14] **Lieneweg, F.:** Handbuch Technische Temperaturmessung. Vieweg & Sohn Verlagsgesellschaft, Braunschweig 1976

[15] **Paßmann, C.:** Optimierung des Elektroschlacke-Schweißenplattierens mit Bandelektroden durch eine "dynamische Temperaturfeldanalyse" der Schweißzone. Interner Bericht, Lehrstuhl für Umformende Fertigungsverfahren, Universität Dortmund 1992

[16] **Kleiner, F.-J.; Maevus, F.; Sulaiman, H.:** Erprobung einer videografischen Meßeinheit für Online-Geometrieerfassungen beim Walzrunden von Feinblechen. Blech Rohre Profile 39 (1992) 5, S. 394 - 398

[17] **Kleiner, F.-J.; Maevus, F.; Sulaiman, H.:** Online Erfassen - Online Geometrieerfassung beim V-Gesenkbiegen. Industrie-Anzeiger 114 (1992) 34, S. 24 - 26

Dissertationen

1978 - 1992

Lawrenz, K.-J.:
Untersuchungen zum Tiefziehverhalten organisch beschichteter Feinbleche und die Prüfung dieser Verbundwerkstoffe.
Selbstverlag, Dortmund 1978

Milcke, F.:
Ermittlung der Längseigenspannungen in walzprofilierten Kaltprofilen.
Selbstverlag, Dortmund 1978

Stabel, J.:
Finite Element Methoden zur Berechnung von Problemen der Warmmassivumformung.
Selbstverlag, Dortmund 1981

Schiefenbusch, J.:
Untersuchungen zur Verbesserung des Umformverhaltens von Blechen beim Biegen.
Fortschritt-Berichte VDI, Reihe 2, Nr. 60, VDI-Verlag, Düsseldorf 1983

Herold, U.:
Verbesserung der Form- und Maßgenauigkeit kreiszylindrischer Werkstücke aus unterschiedlich verfestigenden Werkstoffen durch hydromechanisches Tiefziehen.
Selbstverlag, Dortmund 1984

Köhne, R.:
Rechnergestützte Ermittlung und Verarbeitung von Umformparametern für das Fertigungsverfahren Drücken.
Fortschritt-Berichte VDI, Reihe 2, Nr. 77, VDI-Verlag, Düsseldorf 1984

Ludowig, G.:
Rechnerintegriertes Fertigungssystem für das Walzrunden von Blechen.
Fortschritt-Berichte VDI, Reihe 2, Nr. 108, VDI-Verlag, Düsseldorf 1985

Witt, S.:
Beitrag zur Vorwärmung und Temperaturführung schwerer Gesenkschmiedewerkzeuge mit integrierten elektrischen Beheizungssystemen.
Fortschritt-Berichte VDI, Reihe 2, Nr. 109, VDI-Verlag, Düsseldorf 1985

Kahl, K.-W.:
Untersuchungen zur Verbesserung der Form- und Maßgenauigkeit beim Biegen von Blechen.
Fortschritt-Berichte VDI, Reihe 2, Nr. 114, VDI-Verlag, Düsseldorf 1986

Kleiner, M.:
Der Einsatz von Mehrprozessor-Steuerungen in der Umformtechnik am Beispiel des Walzrundens.
Fortschritt-Berichte VDI, Reihe 2, Nr. 129, VDI-Verlag, Düsseldorf 1987

Preckel, U.:
Rechnergestützte Bestimmung von Eigenspannungen I. Art in umgeformten Bauteilen.
Verlag TÜV Rheinland, Köln 1988

Brox, H.:
Rechnergestützte Ermittlung von Werkstoffkenngrößen zur Beschreibung des Umformverhaltens oberflächenveredelter Feinbleche.
Fortschritt-Berichte VDI, Reihe 2, Nr. 162, VDI-Verlag, Düsseldorf 1988

Kleiner, F.-J.:
Videothermografische Erfassung und Analyse von instationären Temperaturfeldern beim Gesenkschmieden von Stahl.
Selbstverlag, Dortmund 1989

Rothstein, R.:
Einsatz der Prozeßsimulation zur Analyse und Weiterentwicklung von Gesenkbiegeverfahren.
Fortschritt-Berichte VDI, Reihe 2, Nr. 194, VDI-Verlag, Düsseldorf 1990

Steininger, V.:
Eine Untersuchung zur FE-Simulation von Gesenkschmiedeprozessen.
Fortschritt-Berichte VDI, Reihe 2, Nr. 195, VDI-Verlag, Düsseldorf 1990

Fait, J.:
Technologische Grundlagenuntersuchungen zur Erhöhung der Flexibilität des Schwenkbiegens.
Fortschritt-Berichte VDI, Reihe 2, Nr. 207, VDI-Verlag, Düsseldorf 1990

Liewald, M.:
Prozeßführung numerisch gesteuerter Umformprozesse mittels algorithmischer und wissensbasierter Regler.
Fortschritt-Berichte VDI, Reihe 2, Nr. 211, VDI-Verlag, Düsseldorf 1991

Schilling, R:.
Finite-Elemente-Analyse des Biegeumformens von Blechen.
Reihe "PSU - Prozeßsimulation in der Umformtechnik", K. Lange (Hrsg.), Nr. 2, Springer-Verlag, Berlin/Heidelberg/New York/London/Paris/Tokyo/-Hongkong/Barcelona/Budapest 1992

Dierig, H.:
CNC-Drücken mit adaptiver Regelung.
Fortschritt-Berichte VDI, Reihe 2, Nr. 252, VDI-Verlag, Düsseldorf 1992

Adelhof, A.:
Komponenten einer flexiblen Fertigung beim Profilrunden.
Selbstverlag, Dortmund 1992

Habilitationsschriften

Zicke, G.
Numerische Berechnungsverfahren und Steuerungskonzepte als Bausteine für CAD/CAM im Bereich der Umformtechnik.
Selbstverlag, Dortmund 1983

Kleiner, M.
Prozeßsimulation in der Umformtechnik.
Selbstverlag, Dortmund 1991

LEHRSTUHL FÜR UMFORMENDE FERTIGUNGSVERFAHREN

D-4600 Dortmund 50
Baroper Straße 301
Postfach 50 05 00
Tel.: (0231) 755-2680
Fax: (0231) 755-2489
Telex: 8 22 465 unido d

Univ.-Prof. Dr.-Ing. Eberhard v. Finckenstein

Oberingenieur:	Priv.-Doz. Dr.-Ing. Matthias Kleiner
Wissenschaftliche Mitarbeiter:	Dr.-Ing. Alois Adelhof Dr.-Ing. Heinrich Dierig Dipl.-Inform. Andreas Greve Dipl.-Ing. Folker Haase Dipl.-Ing. Lutz Keßler Dr.-Ing. Frank-Jürgen Kleiner Dipl.-Inform. Frauke Maevus Dipl.-Ing. Gerhard Reil Dr.-Ing. Robert Schilling Dipl.-Inform. Stephan Sievers Dipl.-Ing. Christian Smatloch Dipl.-Ing. Hosen Sulaiman Dipl.-Ing. Thomas Straßmann Dipl.-Ing. Ralf Warstat Dipl.-Ing. Thomas Wehle
Technische Angestellte:	Klaus Aufdemkamp Dipl.-Inform. (FH) Dirk Dehnert Werner Feurer Ing. (grad.) Heinrich Klünder Heinz Ludwig Ulrich Wornalkiewicz
Verwaltungsangestellte:	Beate Ulm

46 studentische Hilfskräfte

(Stand September 1992)